本书由以下基金资助出版：
住房和城乡建设部科学计划项目（项目编号2021-K-039）
华南理工大学亚热带建筑科学国家重点实验室课题（项目编号2021ZB02）
高密度人居环境生态与节能教育部重点实验室（同济大学）开放课题（项目编号2019030202）
武汉工程大学科学研究基金（项目编号K201847）
武汉工程大学人文社科基金（项目编号R202014）

居住街区
空间形态的演变
——以武汉市为例

The evolution of the residence block morphology in Wuhan

胡珊 著

中国建筑工业出版社

图书在版编目（CIP）数据

居住街区空间形态的演变：以武汉市为例=The evolution of the residence block morphology in Wuhan / 胡珊著．—北京：中国建筑工业出版社，2023.6（2024.9重印）

ISBN 978-7-112-28612-6

Ⅰ.①居… Ⅱ.①胡… Ⅲ.①城市—居住区—空间规划—研究—武汉 Ⅳ.①TU984.12

中国国家版本馆CIP数据核字（2023）第063121号

居住街区是城市的载体，居住街区空间形态是城市中观层面空间形态的重要组成部分。居住街区的空间形态受到了城市的自然条件、政治经济、社会人文等多方面因素的影响。本书通过对武汉市居住街区空间形态演变的研究，更深刻地了解武汉市不同时期的社会经济背景对城市具体空间形态的影响。同时，武汉城市空间形态的发展也为城市规划设计在街区中观层面的实践提供丰富的理论指导。

本书可供广大城乡规划师、建筑师、城市建设管理者、高等建筑院校建筑学、城乡规划学等师生学习参考。

责任编辑：吴宇江　陈夕涛
版式设计：锋尚设计
责任校对：张　颖

居住街区空间形态的演变——以武汉市为例
The evolution of the residence block morphology in Wuhan
胡珊　著
*
中国建筑工业出版社出版、发行（北京海淀三里河路9号）
各地新华书店、建筑书店经销
北京锋尚制版有限公司制版
建工社（河北）印刷有限公司印刷
*
开本：787毫米×1092毫米　1/16　印张：16¼　字数：282千字
2023年8月第一版　2024年9月第二次印刷
定价：**58.00**元
ISBN 978-7-112-28612-6
（41016）

前言

居住街区是城市的载体。居住街区空间形态是城市中观层面空间形态的重要组成部分，它受到城市的自然条件、政治经济、社会人文等多方面因素的影响。本书对居住街区空间形态的研究立足于构成城市空间形态的物质空间形态、社会空间形态以及居住街区空间的演变过程等，同时在研究中考虑各方面的影响因素。

本书以建筑学和城市形态学理论为基础建构整体框架，并引入历史学、社会学等相关学科理论，将居住街区空间形态的演变纳入社会史研究的进程中，建立一种多维的分析视角，并结合地域文化和时代背景。由于城市史相关研究不宜选择太近的时间点，因此，本书选择1949—2010年武汉市居住街区空间形态的演变作为研究对象，从中观层面对其形成因素进行分析。全书共分为三大部分：

第一部分是本书研究的缘起（第1章和第2章），提出研究的背景及意义，确定研究的范畴、研究对象的概念以及居住街区空间形态的构成要素、国内外文献综述，提出本书的创新点、研究方法、研究框架，归纳国内外相关理论，并研究居住街区空间形态的影响要素。

第二部分为本书的主体部分（第3章至第8章），研究1949—2010年中华人民共和国成立以来武汉市居住街区空间形态的演变。首先在第三章阐述了武汉市的城市背景。第四章至第八章，主要分析了1949年以后武汉市每个阶段的居住街区空间形态及各个历史阶段的演变过程。以1978年为界分为1949—1978年社会主义计划经济和1979—2010年改革开放后两个大的阶段。第一阶段分为2个时期，第二阶段分为3个时期。社会主义计划经济阶段分为1949—1957年中华人民共和国成立初期以围合式居住街区为主的时期、1958—1978年城市建设缓慢发展以及停滞期、以行列式居住街区为主的时期。改革开放以来分为1979—1991年改革开放初期以多层居住街区为主的时期、1992—1997年社会主义市场经济初期，即居住街区开始富于变化的时期、1998—2010年住房制度完全市场化后居住街区出现多元化特征的时期。

第三部分为结论及展望部分（第9章和第10章）。本部分对1949—2010年武汉市居住街区空间形态各个阶段的演变特征作出总结性分析，并展望了今后武汉市居住街区的发展前景。

居住街区空间形态演变的研究可以为城市发展研究和具体的建筑空间形态研究提供参考意见。通过研究武汉市居住街区空间形态演变的案例，可以更深入地了解武汉市不同时期社会经济背景对城市具体的空间形态的影响以及武汉城市空间形态的发展。同时，为城市规划设计在街区中观层面的实践提供理论参考。

目录

3 第三部分

结论及展望 / 205

1

第一部分
研究的缘起

- 绪论
- 理论研究

第1章 绪论

1.1 研究背景

中华人民共和国成立以来，我国步入社会主义现代化的新时代，城市建设发生了翻天覆地的变化。城市发展史具有重要的历史文化价值，是研究城市未来发展的历史理论基础。在城市发展史中，居住街区的发展历程是重要内容，甚至是主体内容。因此，对我国居住街区空间形态进行调查研究，并对中华人民共和国成立初期具有浓厚社会主义特色的居住街区空间形态进行保护和利用的研究具有重要的现实意义。

2011年我国城镇化率首次突破50%，标志着我国已跨入“城市时代”。随着城市人口的急剧增长，城市住宅建设在城市化进程中占有愈来愈重要的比重。人口的增长、市场经济的变革、土地的限制等问题，都将影响新一轮居住街区空间形态的变化与发展。2020年我国城镇化率达到63.89%，标志着城市建筑从“增量”向“存量”转变。在此背景下，研究居住街区的历史演变具有重要意义。

武汉是我国中部地区具有典型代表特征的特大城市，是一座历史文化名城。1949年以来武汉一直是中国中部地区的中心城市，其城市发展在时间和空间上都没有中断和转移，在同一个城市中涵盖了不同社会经济发展时期的居住街区空间形态，此背景为本书提供了一个难得的研究平台。武汉市的居住街区空间形态具有一定的研究价值。本书研究对象为中华人民共和国成立后不同历史时期武汉市在城市中形成的居住街区空间形态，并分析社会经济背景变化的影响，具体研究居住街区空间形态的街区尺度、道路空间形态、公共设施空间形态、绿地景观空间形态、地块组合、地块肌理以及居住文化等。

中华人民共和国成立前武汉市的居住街区空间形态主要有里份等建筑类型，是一种中西合璧的居住建筑类型。从1949年到2010年，这60多年的历史时间里，武汉市有很多承载着历史价值的不同类型居住街区都被完整保留。中华人民共和国成立初期，由于当时确立的以中部和东北部城市、地区为重要重工业基地，以及苏联政治体制、思想的影响，国家大力发展计划经济体制等原因，居住街区空间形态和中华人民共和国成立前呈现出完全不同的形态特征。本书对1949—1978年间社会主义计划经济时期的居住街区空间形态进行了研究，归纳了历史建筑保护和城市建设之间的关系，提供了新一轮旧城更新运动的基础资料。本书对1979—2010年间社会主义市场经济时期的居住街区空间形态做了研究，找到其发展方向，对当今的住宅建设以及城市日后的住宅发展研究提供了基础资料。本书翔实掌握武汉市居住街区空间形态资料，为其保护和发展提供依据，全书具有一定的创新性。

从社会学及历史的角度审视武汉市居住街区空间形态的沿革，可发现中华人民共和国成立的前30年间，城市居住街区空间形态在计划经济体制的影响下，无论是居住街区的物质形态还是社会形态方面都缺乏多样性。但在社区建设方法和住房发展目标中蕴含着舒适卫生、社会公平等理念，对于今天的中国来说仍然是可以借鉴的。改革开放以来，特别是20世纪90年代大规模建设商品住房后，城市的居住环境虽然改善了，人们的居住水平提高了，但我们似乎又失去了什么。住房的社会保障问题，社会的和谐问题等无不令人担忧。在当今城市化、信息化、市场化的浪潮中，城市居住街区也在快速发展。特别是在当代市场经济体制作用下，随着不同群体的分化，中国城市的居住街区空间形态正处于极度剧烈的变化中。居住街区的功能结构迅速重组，其形态格局日益分化激烈。在此背景下，城市居住街区从中华人民共和国成立初期的同质化、均质化转化为当今的异质化、多元化等特征。居住街区的迅速变化导致城市街区在发展过程中出现突变和断裂，产生城市发展中的矛盾和不平衡。本书即是基于此研究背景并对武汉市居住街区的空间形态展开研究，试图找到其特征和演变规律。

1.2 研究意义

本书研究的对象是1949—2010年武汉市居住街区空间形态的演变，其研究意义主要有以下3个方面：

（1）居住是人类生存和生活的场所体验，具有鲜明的政治、经济和文化特性。

居住形态研究的基本问题是人与居住环境之间的关系，以及社会、经济、文化等要素在居住形态中的综合体现[①]。“居住改变生活”，居住街区不仅是一种空间现象而且是一种社会历史现象，每一种时代的空间现象都是在前一时段状态基础上连续增长的反映。由于自然环境、政治、经济和文化的变迁，每一历史时期的居住街区作为居住空间的载体都会出现相应的变化。城市中地块的形状及其形成和发展，展示了一部与城市密切相关的城市财产和阶级的悠久历史[②]。

（2）居住街区空间形态最能体现城市中观层面的空间形态，它是建筑形态与城市形态之间的媒介。

居住街区空间形态是城市空间形态的重要组成部分，它与城市空间结构的形成和发展有着密切的关系。研究居住街区空间形态有利于提高对城市空间形态的认识。城市并不只是许多单栋房屋的集合，也不只是一座“大建筑”。作为我们日常生活的舞台，城市中的邻里和街区是由一些建筑要素构成的，其尺度介于那些个别的建筑单体和那些被称为邻里甚至整个城区的更大单元之间。这些要素在一栋房屋或者一块用地的个体性（和私密性）与更复杂城市环境的群体性（和公共性）之间起着中介作用[③]。居住街区是城市空间的重要组成部分，其空间形态最能体现城市中观层面空间形态的特征，是建筑形态与城市形态之间的媒介。在不同历史时期的社会经济背景影响下，产生了相异的居住街区空间形态，因而形成多元的城市空间形态。

（3）有利于武汉市城市文脉的延续，产生更好的城市设计。

1949年后武汉市的居住街区发展是中国众多内陆城市中的一个典型。新的居住街区空间形态和旧的居住街区空间形态一直存在并存的现象，并且随着时间的推移相互影响、逐渐变化。对空间形态学的研究强调客观事物的演变过程，事物的存在有其时间意义上的关联，历史的方法可以帮助理解研究对象，这包括其过去、现在和未来在内的完整的序列关系[④]。认识、了解中华人民共

---

① 于一凡．城市居住形态学[M]．南京：东南大学出版社，2010：3.

② 罗西．城市建筑学[M]．黄士钧，译．北京：中国建筑工业出版社，2006：52.

③ 别克林，彼得莱克．城市街区[M]．张路峰，译．北京：中国建筑工业出版社，2011：75.

④ 段进，邱国潮．空间研究5：国外城市形态学概论[M]．南京：东南大学出版社，2009.

和国成立后武汉市居住街区空间形态的变化，可以在新的居住街区建设中更好把握传统和现代的关系，保持武汉市城市文脉的延续。

在城市中，各种街区以不同的形态特征、组合类型存在于城市布局中，它们通过限制或者促进城市功能而影响着人们的生活。所以，对居住街区的认识可以影响我们对城市的设计。通过研究典型的居住街区，利用这些知识去分析城市中不同组合和混杂的形态，在武汉市新一轮城市设计中有所考虑，产生优秀的城市设计。

1.3 研究范畴的确定

1.3.1 研究时间范畴的确定

1949年是中国城市发展的一个分水岭，中华人民共和国成立以来政治体制、经济、社会、文化等各方面都发生了深刻变革。在大的社会历史背景影响下，居住街区空间形态发生了巨大转型。伴随中国社会经济的不断发展，在不同的历史时间段内出现了各具特色的居住街区类型。本书研究的中华人民共和国成立后历史时间划分主要依据社会发生的重大历史事件，以1978年改革开放为界，分为改革开放前30年和改革开放后30年两大时间段。由于关于历史相关研究不关注太近的时间段，本书研究的时间范畴确定为1949—2010年。

1. 1949—1978年

（1）1949—1957年，中华人民共和国成立初期，居住街区以围合式为主的空间形态阶段。

（2）1958—1978年，城市建设缓慢发展及停滞期，居住街区以行列式为主的空间形态阶段。

2. 1979—2010年

（1）1979—1991年，改革开放初期，居住街区以多层住宅空间形态为主阶段。

（2）1992—1997年，社会主义市场经济初期，居住街区空间形态开始富于变化阶段。

（3）1998—2010年，住房制度完全市场化后，居住街区空间形态多元化阶段。

1.3.2 研究空间范畴的确定

武汉市是我国中部地区的交通枢纽，是湖北省的省会，三镇鼎立，两江交汇。武汉市由于优越的居中地理位置和得水而优的特点，自古以来就有“九省通衢”的美称。武汉市2022年末常住人口1373.90万人，面积约8569.15km^2，是国家历史文化名城、中部地区中心城市，也是一个具有典型代表意义的特大城市。武汉市有7个中心城区和6个远城区，本书空间范畴确定为武汉市7个中心城区，包括汉口、汉阳、武昌三镇（下辖江岸区、江汉区、硚口区、汉阳区、武昌区、青山区、洪山区，共7个中心城区）。

1.3.3 研究对象的确定

“作为城市细胞的住宅与居住区，它的肌理与质地对于构成历史文化名城的建筑环境体系至为重要，宜顺其发展，而不宜随便破坏。”①居住街区的空间形态决定了中观层面城市的空间形态。因此，认识和研究居住街区空间形态不仅能在城市快速发展中保持自己的历史文化特色，而且顺应了城市发展的需要，保证了城市发展的与时俱进。因此，研究对象确定为：居住街区的空间形态。

1.4 研究对象概念的界定

1.4.1 居住街区

街区在《现代汉语词典》中的解释是：城市中某一片区域，也指某种特征划分的地区，如商业街区、历史街区等。《城市街区的解体——从奥斯曼到勒·柯布西耶》②一书认为，街区是一部分城市用地与其相邻部分被截断“隔开”。街区首先不是一种建筑的形式，而是一组相互依赖的产权地块的集合，只有放在与道路系统的辩证关系中去看待才有意义。

---

① 吴良镛. 北京旧城与菊儿胡同[M]. 北京：中国建筑工业出版社，1994.

② 巴内翰，卡斯泰，德保勒. 城市街区的解体：从奥斯曼到勒·柯布西耶[M]. 魏羽力，许昊，译. 北京：中国建筑工业出版社，2012：172.

在本书中，将街区定义为“不被城市公共交通穿越的土地划分单元”[①]，即街区是城市进行土地划分时不被外部交通穿越的最小单元。一个街区包含有一个或若干个地块，街区的形式和尺寸会影响地块的大小形态以及布局，街区的空间形态与地块和建筑的形态息息相关。城市街区具有多种不同的功能，如商业、居住、绿地、工业等。城市居住街区指的是其功能以居住为主的城市街区，代表着普通城市市民的一般生活，属于一般城市街区的范畴。居住街区的组成要素包括物质要素和非物质要素。其中物质要素包括街区的地块、建筑及其他景观要素，它是街区中各种功能的物质载体。非物质要素包括街区中进行的各种社会、文化等活动和现象。

1.4.2 空间形态

“形态”一词最早来源于希腊语Morph（构成）和Logos（逻辑），指的是形式的构成逻辑。最早的形态学研究来自生物学，它是生物学中研究生物体在自然进化过程中表现出某种形式状态的学科。《辞海》对“形态”的解释是：形状和神态，即指事物存在与发展的形式、模式和状态。《现代汉语词典》对“形态”的解释，一是“事物的形状或表现”；二是“生物体外部的形状”。

伴随城市研究的日益兴起，形态学被引入城市研究的领域。用形态学分析的方法研究城市的形成、发展以及演变等问题，将城市放置于相对的时空结构去研究城市发展和演变的规律，并分析城市的物质与社会环境。空间形态是城市整体的物质形状和内在文化双方面特征的综合体现，是城市内在的文化传统、社会结构等的表现，体现在城市建筑群的布局特征以及城市和居民点分布的组织形式上。所以，空间形态是社会各种功能系统以及各种要素作用下的城市建筑风格、布局结构等的直观而具体的有形表现。

空间形态是一种客观存在。《辞海》中对“形态”的解释是“形状和神态”，“也指事物在一定条件下的表现形式”。空间形状是物质的，而神态是由人去感受的，它是精神的。因此可以认为，空间形态具有物质与精神的双重属性。人是空间的主体，是空间的创造者和感受者。没有人的存在，空间形态就没有意义了[②]。空间形态的构成要素包括物质要素和非物质要素，其中物质要素包

---

① 朱怿. 从“居住小区”到“居住街区”：城市内部住区规划设计模式探析[D]. 天津：天津大学，2006.

② 宛素春，等. 城市空间形态解析[M]. 北京，科学出版社，2004.

括用地、通道、网络、节点、界面和空间组织关系等；非物质要素包括社会组织结构、居民行为心理和生活方式、文化价值观、民俗风情、政治、社会以及经济结构和城市意象等。

1.4.3 居住街区空间形态

城市的构成往往根据城市规划的安排形成不同的功能分区，如文化教育区、居住区、商业区、行政区、工业区、仓储区等，不同分区建筑的性格不同，使用者在其间的活动也不同，并形成完全不同的氛围，这直接影响城市空间形态①。城市空间形态的研究分为宏观、中观和微观三个层面，居住街区空间形态属于中观层面的空间形态学研究范畴②。居住街区空间形态的发展变化是居住街区“有机体”内外矛盾的结果，它是可变的。在漫长的历史长河中，不同的自然条件和地域特征、制度因素、经济结构、社会结构、科技水平和设计思想等构成了居住街区空间形态在特定环境下的特征。

居住街区空间形态指居住街区在一定条件下的表现形式和组成关系，表现为物质属性（实体空间范畴）和非物质属性（人类活动范畴），它具有物质空间形态和社会空间形态的双重特征，其研究的对象是由居住街区的实体空间和居住街区的人类活动空间共同组成的“空间-社会”统一体。

居住街区的空间形态有广义和狭义之分。在广义的居住街区空间形态中，其中可以定量表达、具有显性形态的物质空间称之为居住街区的物质空间形态。而难以具体描述和量化的意识形态称之为居住街区的社会空间形态。这具体包括居住街区中的有形要素的空间布局、居住文化特色、社会分层现象、居民对居住街区的心理感知等。狭义的居住街区空间形态指居住街区实体所表现出的具体空间物质形态，主要包括居住街区的空间结构和居住街区的外部轮廓等内容。

1.5 居住街区空间形态的构成要素

城市空间形态的构成要素非常广泛，齐康教授在《城市建筑》中把其归纳

① 宛素春，等. 城市空间形态解析[M]. 北京，科学出版社，2004.

② 李军. 城市设计理论与方法[M]. 武汉，武汉大学出版社，2010.

为架、核、轴、群、界面这五种要素。凯文·林奇（Kevin Lynch）在《城市意象》中根据人的心理感受把其归纳为路径、节点、边界、标志、区域这五要素。康泽恩（M.R.G.Conzon）在其《市镇规划分析》中认为城市街区的构成要素有：街区尺寸与街区形式、街道构成、土地利用状况、街廓与地块划分、地块肌理。本书根据前人的研究，把居住街区空间形态中容易量化的部分划定为居住街区的物质空间形态（即居住街区的硬形态），其中难以量化的部分划定为居住街区的社会空间形态（即居住街区的软形态）。居住街区的物质空间形态的构成要素主要有尺度和形式、土地利用、道路空间形态、公共服务设施空间形态、绿化景观空间形态、空间肌理、建筑群及单体建筑空间组织这几个方面。居住街区的社会空间形态有居住文化和居民生活方式等几个方面。本书根据每个案例特点的不同，选取其不同的物质空间形态和社会空间形态进行具体研究。

1.5.1 居住街区的物质空间形态

居住街区的物质空间形态，即居住街区的硬形态，包括街区的尺度和形式、土地利用、道路空间形态、公共服务设施空间形态、绿化景观空间形态、空间肌理、街廓与地块划分、建筑群及单体建筑空间组织、容积率等方面。

1．尺度和形式

居住街区的尺度和形式决定了居住街区的规模，且与城市干道的密度相关联。不同尺度和形式的居住街区导致人们到达最近的公共交通站点的距离有所不同，相同尺度和形式的居住街区也会因为区位的变化存在差异。

2．土地利用

在居住街区中，由于不同功能的用地分布在街区不同的位置上，因此对交通可达性的需求程度也就不同。混合功能的用地布局模式更有利于人们用尽可能短地步行和公交出行。

3．道路空间形态

在居住街区空间形态中，道路空间形态起着骨架的作用。居住街区道路空间形态包括道路网络布局等五方面的内容。

1）道路网络布局

道路网络布局即道路整体组织形成的网络结构，它使街区内的人可以到达街区中的每一个角落。道路网络由承载不同交通方式的道路构成，包括行驶公共交通和小汽车等的机动车道路、步行道以及自行车道。道路空间形态的网络布局需要满足使用功能的要求、满足安全和防护的要求以及满足经济和节约用地的要求。道路空间形态的网络布局大致分为贯通式、环通式和尽端式。此外，还有这3种基本形式相结合的自由式和混合式等多种形式。一般情况下，居住小区的道路布局结构按照三级道路布置。

2）道路横断面

道路横断面的适宜尺度能够促进道路上各种交通方式的使用，并重点为步行和自行车交通创造舒适的道路空间。在保证公共交通道路宽度合理的基础上，尽量将道路用于步行和自行车交通。

3）微观道路平面

微观道路平面指形成适合步行及自行车交通的道路环境。当步行、自行车交通与公共交通以及小汽车交通等混行或形成交叉时，应当从道路的界面铺装、道路路缘石的形式以及道路停车带的布置等方面去创造步行和自行车优先的环境。

4）人、车流的组织形式

人、车流的组织形式分为人车混流和人车分流两种形式。

（1）人车混流：适用于车流量较小的组团、邻里内部的道路。

（2）人车分流：人车分离，各设独立交通系统。在人车流量较大、交叉的地区可采用人车立交通行、高架立交或地道立交的方式。

5）静态交通布置

静态交通布置包括停车设施、回车场、广场、交通岛等。在居民小汽车停车面积较大情况下，为减少环境污染、干扰和节约用地，可以建设地下停车设施。地下停车设施可附建于活动场地或集中绿地的地下，或附建于建筑底层做成架空层，或附建于高层住宅地下层。可以采用单建式停车设施，露天停车场可作为小型临时停车备用。停车设施的布置需要避免对用户产生干扰。

4．公共服务设施空间形态

居住街区的公共服务设施空间形态是居住街区的核心建设因素，它以居住街区人口的规模为依据进行配建，与居住街区的规划布局、功能结构等紧密结合，并与住宅、绿化、道路等同步规划建设，从而满足居民的物质生活和精神生活的多层次需求。

公共服务设施既要求方便使用、利于形成社区活动中心、满足公建自身要求，同时也要利于经营管理、适应社会发展。

公共服务设施根据居住街区的规划布局和不同项目的使用功能，应采用适当分散和相对集中的合理布局方式。公共服务设施分为医疗卫生、教育、文体、商业服务、社区服务、市政公用、金融邮电、行政管理等八大类，每一类又分为若干小类。

公共服务设施的空间形态可分为沿街布置、成片布置、沿街成片混合布置及其他布置等多种形式。

沿街布置是一种最普遍、历史最悠久的布置形式。它可分为双侧布置、单侧布置、混合布置及步行街等。双侧布置适用于交通量不大、街道不宽的情况，这样居民采购穿行于街道两侧，其交通量不大，也安全省时。如居住街区主干道超过20m，可将居民经常使用的商业服务设施和不经常使用的商业服务设施分别置于街道的两侧，这样可以减少车流和人流的交叉，让居民过马路更方便安全。沿街单侧布置适用于车流量较大、街道较宽，或街道另一侧与水域、绿地、城市干道相邻的情况。沿街布置公共服务设施，将机动车交通引向外围，只有少量供货车辆定时出入，以形成步行街。步行街的车行分流形式有分枝型、环型、立体型等形式。

成片布置是一种在干道临街的地块内以建筑组合体或群体联合布置公共设施的一种形式。它便于管理和使用，易于形成独立的步行区，但交通流线比步行街复杂。布置方式根据不同的周边条件可以分为广场型、院落型、混合型等多种形式。其空间组织主要通过建筑围合，辅以铺地、绿化、小品等。

混合布置是沿街和成片混合布置相结合的形式，综合体现了两者的特点。

还有针对特殊情况特殊处理的其他布置，如托幼、小学、老年设施就近安排等。

5. 绿化景观空间形态

居住街区的绿化景观包括公共绿地（居住街区公园、小游园、组团绿地）、宅旁绿地、道路绿地、公共服务设施专用绿地等非公共绿地，此外还包括防护、生态绿地等。其功能有三方面：①构建室外的生活空间，满足人们健身、休闲、交往等活动的需要；②净化、美化居住环境，运用绿化创造优美的环境，提高环境品位和质量，发挥绿化的生态作用；③为了避难防灾留有隐蔽疏散的安全防备。

绿化景观空间形态形式较为多样，一般可分为规则式、自然式、自然和规则相结合3种形式。规则式绿化景观空间形态较为规整，以轴线形式组织景物，采取对称均衡的布局。园路采取几何规则或直线形，各构成因素采取图案形和规则几何形。例如绿篱树丛修剪整齐，花坛、水池为几何形，花坛内种植的植物也为几何图案，重点大型花坛呈毛毯形，在构图中心或道路交叉点布置喷泉、雕塑、跌水等观赏性较强的小品。自然式空间形态中的各种构成要素均采取自然形式，不追求规整对称，但追求自然生动。自然式空间形态多见于我国传统造园中。混合式空间形态是规则式和自然式相结合的形式，它与周围环境相协调，对位置和地形的适应较为灵活。

6．空间肌理

肌理一词常用在纺织品上，用于表现纺织品的质地及表面的质感。在生物学中，它是指植物的组织及构造。“城市肌理”表达两层含义：①关于城市中可视的，它短暂地忽略城市的整体组织、结构及骨架，而重点在于那些结构之间的部分。②城市空间的组织，这个组织同时表现了所有构成元素与它们改变、变化能量之间的相关性。也就是说，城市肌理是指城市构成要素在空间上的结合形式，反映了构成城市空间要素之间的联系及其变化，是表达城市空间特征的一种方式①。

城市肌理由3个城市要素叠加构成，它们是城市道路网络、城市用地地块及建筑。城市肌理的特征经常用肌理细腻及粗糙来表达。肌理变化清晰及变化模糊也是其重要的特征之一，它表达了城市某地段构成元素及相邻元素的渐变或是突变的特征②。

城市处在不断的建设与变化之中，不同时期的城市空间肌理是有差别的。城市的不同街区，其空间肌理也有自己的特点并表现出一定的差异性。对于城市空间肌理的研究能够帮助我们认识城市空间状态、空间特征及空间密度，帮助我们断定城市空间的历史变化、城市空间的功能及不同街区的异同与特征。因此，城市空间肌理的研究有助于我们在城市建设中注重城市空间特色，在城市空间历史环境保护中把握城市空间历史文脉的延续，对于使城市空间历史环境可持续发展具有特别重要的意义③。

---

① 李军．近代武汉（1861—1949年）城市空间形态的演变[M]．武汉：长江出版社，2005：42.

② 同上。

③ 同上。

7. 街廓与地块划分

街廓中的街指的是城市街区中的内部街道，街廓中的廓指的是轮廓。街廓即街道的轮廓，是由街区内部道路划分出来的地块。大多数街区中的街廓由多个地块组成，但有的街廓内只有一个地块，街廓的形状和地块组合方式有着密切的关联性。

街道与地块的辩证关系奠定了城市肌理存在的基础，正是这种关系的经久性才形成了建筑的变化、扩展与替换，并赋予了城市适应人口、经济和文化变迁的能力，表现为演变的特征。街道的布局决定了与场地的关系、与中心的关系和扩展的能力。产权地块的面宽（临街面的长度）及其进深规定了可能的建筑类型。狭窄的地块对应于联排的住宅和小型建筑，而更大的地块则对应于别墅和独栋建筑、院落住宅、公寓。小地块的合并或大地块的再分割可以实现统合新建筑类型的历史需求。同样的街区可以容纳多种建筑和不同密度，庭院和花园可以与仓库和作坊并存，各种功能并置在一起[①]。

8. 建筑群及单体建筑空间组织

建筑是构成居住街区空间形态的基本要素，与建筑相关的空间形态包括建筑类型、建筑高度、空间组织、建筑和街道高宽比、容积率、建筑色彩等。

1）建筑类型

建筑类型是指建筑的样式，是建造这些建筑所依赖的范本，是许多建筑都有的特征。这些范本因为不同的民族、地域特点而不同。例如中国传统建筑类型有封闭性、等级性等特征，现代中国建筑类型有大屋顶等特征。

2）建筑高度（或建筑限高）

建筑高度指主体建筑的屋顶到地面（或勒脚）的垂直距离。建筑高度的限制因素包括地基承载力、建筑技术水平、建筑建造的积极因素、城市整体或局部地区的环境风貌等。经济因素和社会因素是影响建筑高度最主要的因素，现在中国很多城市因为经济利益的驱使一味追求建筑高度，造成千篇一律的城市景观。因此，规划部门需要对建筑建造提出一个许可的最大限制高度（上限），即建筑的限高指标。

中国建筑高度分区大多采用民用住宅的层数划分方法，分为4个等级[②]：

---

① 巴内翰，卡斯泰，德保勒. 城市街区的解体：从奥斯曼到勒·柯布西耶[M]. 魏羽力，许昊，译. 北京：中国建筑工业出版社，2012：170.

② 宛素春，等. 城市空间形态解析[M]. 北京：科学出版社，2004：22.

一级控制区指高度小于14m，1～3层的低层住宅；二级控制区指高度在12～24m，4～6层的多层住宅；三级控制区指高度在20～30m，7～9层的小高层住宅；四级控制区指高度在36～80m，10层以上的高层住宅。

3）空间组织①

因地区气候条件、地形条件以及规模、标准、层高等条件的不同，在组织群体时将呈现出多样的变化。大体可归纳为3种基本类型：

（1）周边式布局：住宅沿地段周边排列而形成一系列的空间院落，公共设施置于街坊的中心。这种布局可以保证街坊内部环境的安静而不受外界干扰；沿街一面建筑物排列整齐，有助于形成完整统一的街景立面。但是，由于建筑物纵横交替地排列，常常只能保证一部分建筑具有较好的朝向。另外，由于建筑物相互遮挡，造成一些日照死角，同时也不利于自然通风。这种布局形式较适用于寒冷地区以及地形规整、平坦的地段。

（2）行列式布局：建筑物互相平行排列，公共设施穿插在住宅建筑之间。大部分建筑都有良好的朝向，也有利于日照、采光与通风。但是，它不利于形成完整、安静的空间与院落，建筑群组合也相对单调。这种布局对地形的适应性较强，既适合于地段整齐、平坦的城市，又适合于地形起伏的山区。

（3）独立式布局：由于四面临空，建筑物独立分布，这有利于争取良好的日照、采光与通风。这种布局可以适应不同的地形环境，但是其用地不够经济。

4）建筑和街道高宽比

建筑和街道高宽比是指建筑物的高度和街道两旁建筑物间距离的比值，此比值影响人们对街道的感受和形象。街道作为一种特殊的空间形式，给人以封闭和围合的感受。

（1）人在不同视夹角下观察建筑的空间会有不同的感受：当视夹角为45°时，全封闭；当视夹角为27°时，半封闭；当视夹角为18°时，不封闭。

（2）两座建筑间距（D）和高度（H）的比例关系与空间感受的关系（图1–1）：当$D/H<1$时，空间呈现明显的围合封闭感，使人感觉到压抑；当$D/H\approx1$时，空间有明显的围合封闭感，但不至于压抑，两边的建筑具有密切亲和的关系；当$D/H\approx2$时，空间仍具有内向围合的感觉，两边建筑保持一定联系；

---

① 彭一刚．建筑空间组合论[M]．第3版．北京：中国建筑工业出版社，2008：73.

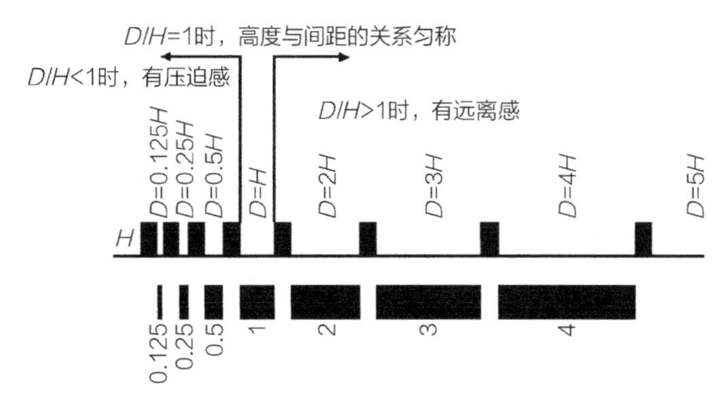

图1-1　街道中D/H的关系

来源：芦原义信．街道的美学[M]．尹培桐，译．天津：百花文艺出版社，2006.

当$D/H\approx3$时，两边建筑联系开始变得薄弱，空间围合感消失，不对空间产生限定作用。芦原义信在《街道的美学》[①]中指出：当$D/H=1$时，街道的高度和宽度之间存在匀称性。并且这种由尺度相等的三面围合成的空间具有一种相互包容的性质，有较强整体性。例如两边建筑在2层以下，街道呈现开敞的感觉；4层以上，产生封闭的感觉。

9．容积率

容积率指的是居住街区总建筑面积与建设用地面积的比值。其表达式为：

$$\mathrm{FAR} = S/s$$

式中　S——总建筑面积（万m^2）；

　　　s——建设用地面积（万m^2）。

容积率的大小反映了土地开发得益率的高低和土地的经济效益。由于开发商对利润的不断追求，容积率指标存在不断升高的趋势。人们对环境的要求也限制了容积率的大小，因此，容积率也反映了环境的质量。随着人们对环境的要求越来越高，容积率的取值逐渐降低。容积率受到社会因素的制约，不同国家不同的国情、不同城市不同的特色和城市发展水平，对容积率有不同的控制。因此，容积率受到经济、环境、社会等因素的影响，是反映土地效益和使用质量的强度指标。

容积率越低，能提供越多舒适优美的环境空间，但土地效益相应降低；容

---

① 芦原义信．街道的美学[M]．尹培桐，译．天津：百花文艺出版社，2006.

积率越高，房地产开发商可获得越高的收益，但会造成社会环境质量的降低。因此，需要确立合适的容积率，在各方面效益之间找到平衡点，促进居住街区空间形态的健康发展。

1.5.2 居住街区的社会空间形态

居住街区空间中的社会空间形态包括居住在其中的个人、群体等的活动、流动以及产生的行为等方面，如居住文化、居民生活方式等难以量化的内容。

1．居住文化[①]

居住文化是在长期居住实践活动中形成的空间含义、价值心理和聚居模式，它凝结于空间、时间和思想意识之中，通过日常生活、集体记忆和社会制度等途径加以呈现，并得以传承。居住文化浸润于居住生活之中，它与人们的日常生活息息相关，以至于人们反而不会像关注住房价格、社区服务等一样对它给予格外关注。

我们可以从以下三个方面的特征来大致掌握居住文化的形态：地域性、人本性、社会性。例如，在武汉市居住街区的居住文化中，由于处于冬冷夏热地带，夏天潮湿而炎热。长期以来，形成了独特的“竹床阵”居住文化：每到夏天，人们在操场平地或屋顶空地上洒上凉水，放上竹床或竹席睡觉，一家人或邻里间其乐融融。在拥有空调等现代化设施的今天，以“竹床阵”为代表的武汉居住文化已经在一定程度上消亡，但最近几年又有重新出现的迹象。

2．居民生活方式

1）个人行为[②]

个人行为，广义上指个人在社会交往中的行为，与“群体行为”相对应。狭义指个人在非社会交往场合中的单独行为。个人行为是个人与社会交互作用的结果，它受社会环境和个性的制约。个人行为有外在和内在之分，前者如言论行动，后者如思想意识等。

2）社会交往[③]

社会交往简称“社交”，是指在一定历史条件下人与人之间相互往来并进行物质、精神交流的社会活动。从不同的角度，把社会交往划分为：①个人交

---

① 于一凡．城市居住形态学[M]．南京：东南大学出版社，2010：203.

② 个人行为[EB/OL]．http://baike.baidu.com/view/3585576.htm.

③ 社会交往[EB/OL]．http://baike.baidu.com/view/2084959.htm.

往与群体交往；②直接交往与间接交往；③竞争、合作、冲突、调适等。

居民生活中的个人行为和社会交往都与居住街区的物质空间形态呈相互影响的关系。如计划经济时期，受苏联思想影响的居住街区围合式空间形态形成封闭的空间，一定程度上促进了居民间的相互交往；而当时社会制度下形成的集体主义生活方式，也促进围合式居住街区空间形态的形成。又如在社会主义市场经济下形成的商品房居住街区中，有很大一部分是由独栋的点式建筑组成，这些独栋的点式建筑往往孤立地分散在居住街区中，造成居住街区内部居民交往冷淡的社区氛围。在现代社区中，居民间往往不属于同一单位，繁忙的工作及现代生活的快节奏造成居民间不相往来，这些都与由独栋组成的居住街区的空间形态有关。

总之，居住街区的社会空间形态不是孤立存在的，而是与居住街区的物质空间形态相互依存、相互影响的。居住街区存在怎样的社会空间形态，必然有与之相对应的物质空间形态存在；反之，居住街区存在怎样的物质空间形态，也必然有相应的社会空间形态与之对应。

1.6 文献综述及研究创新点

1.6.1 国外研究现状

地理学家康泽恩（M. R. G. Conzen）[①]推广和发展了“市镇规划分析”（Town Planning Analysis）的方法，他提出居住街区空间形态由三部分组成：规划单元（由街道、地块和建筑基底组成）、土地利用模式和建筑类型。康泽恩认为：在城市空间演变过程中，规划单元中的“街道”和“地块”较为稳定，在新的空间形态中可找到痕迹。

怀特汉德（J. W. R. Whitehand）在“市镇规划分析”方法中加入土地经济学中的“地租理论”和“建设周期”：“地租理论”是从经济学角度进行分析，其经济关系到土地价值、建筑产业，影响到居住街区空间形态的演变；“建设周期”不仅影响到城市周边的新区，而且影响到旧城内部的更新。

① CONZEN M R G. Alnwick, Northumberland: A study town-plan analysis[M]. London: The Institute of British Geographers, 1969.

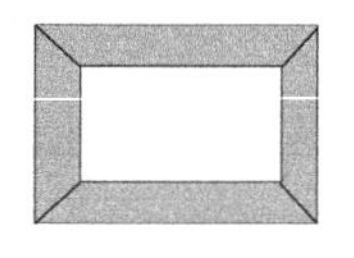

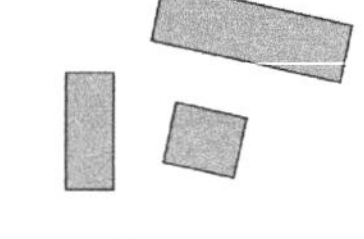

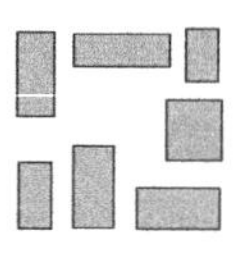

图1-2　鲍赞巴克的“三种类型”理论
来源：杜安迪教授讲座图片

法国建筑师鲍赞巴克（Christian de Porzamparc）提出了居住街区空间形态的“三种类型”理论（图1–2），并于1976年运用“开放街区”的理论进行了他的第一个规划设计“巴黎欧风路”住宅设计（Rue Des Hautes-Formes）[①]。“三种类型”理论：“第一种类型”指工业革命之前，城市空间的主要元素是“周边有道路的建筑街区，街道两边有多层住宅，它们带有院落和后院建筑”，城市住宅主要依附于城市肌理和城市街道。街区是公共空间的边界，起到了把建筑内的生活及庭院和街道上的公共空间联系起来的作用。院落、街道、户内空间都是人们生活中必不可少的一部分。“第二种类型”开始于19世纪到20世纪中叶，这一时代盛行现代主义思潮，建筑成为实体结构，脱离了城市文脉成为独立的个体，自由地分布于城市空间当中。鲍赞巴克通过分析前两个阶段居住街区空间形态的特点，提出了“第三种类型”，即“开放街区”的规划理念，具有4个特征：①围合空间的建筑单体作为自由的个体存在，相互间保持一定的独立性；②建筑单体的独立性有利于建立多样化的设计，使街区富于个性；③新城多样化的城市空间品质，不严格限制建筑的高度，街道边的人可以欣赏到不同建筑高度形成的丰富多彩的城市天际线；④强调居住街区局部空间的异质性、混杂性和矛盾性，但不失城市整体秩序的统一性。

詹姆斯·E. 万斯（James E · Vance）的《延伸的城市——西方文明中的城市形态学》[②]（1990年）对城市的形态，以及它对社会、文化、居民日常生活的影响力进行了研究，解释了城市“形态基因”在西方文明中的显赫地位，从古代礼仪和管理功能开始，穿越封建主义出现后的衰弱到中世纪晚期重新作为一个商业中心浮现出来；现代以后，它继续发展以及进化，讨论了城市对社会

① 胡珊，李军，杜安迪. 鲍赞巴克的设计理念与作品研究[J]. 沈阳建筑大学学报（社会科学版），2012，14（4）：353-357.

② 万斯. 延伸的城市：西方文明中的城市形态学[M]. 凌霓，潘荣，译. 北京：中国建筑工业出版社，2007.

结构、人口统计学、技术、政治力量、商业经济、文化机构和宗教、建筑风格和艺术以及其他方面的影响。

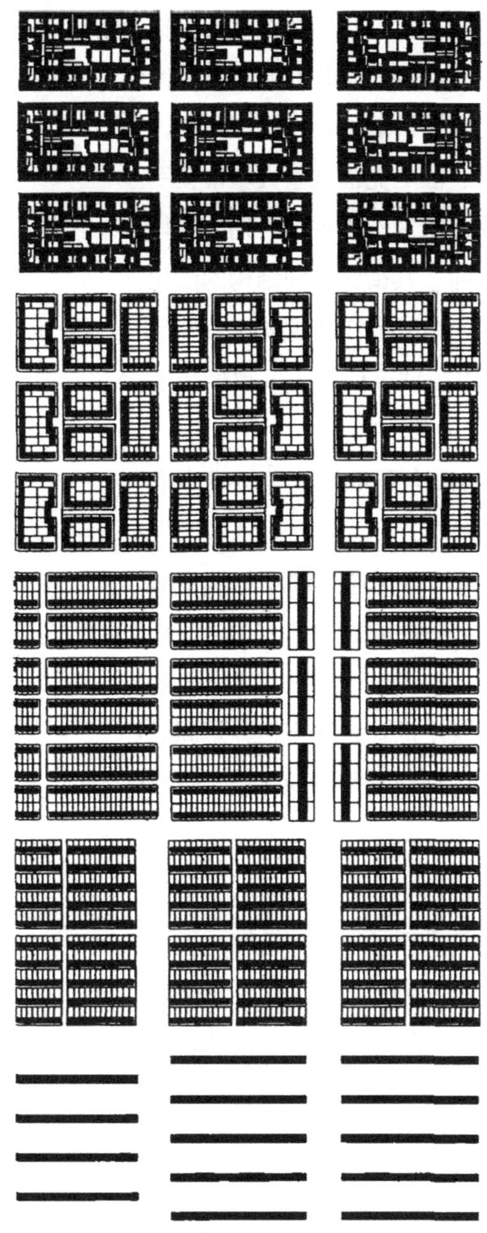

图1-3 欧洲不同城市空间肌理的演变

来源：巴内翰，卡斯泰，德保勒．城市街区的解体：从奥斯曼到勒·柯布西耶[M]．魏羽力，许昊，译．北京：中国建筑工业出版社，2012.

菲利普·巴内翰（Philippe Panerai）等编著的《城市街区的解体——从奥斯曼到勒·柯布西耶》①（Formes urbaines: de l'îlot à la barre）通过对1860—1960年间欧洲众多大城市如巴黎、伦敦、阿姆斯特丹、法兰克福的城市建设肌理的发展变化探讨和比较，以及对城市形态的分析来了解城市发展进程中各个内部因素相互作用的关系（图1-3）：基于现代主义城市规划思想的影响，传统的城市形态发生了翻天覆地的变化，如单体房屋的建设被独立起来，街道的概念也被模糊了。对这一系列现象进行观察之后，提出了街区尺度重要性的观点，我们的城市生活也正是在这一尺度中延续。城市形态的研究目的在于理解建筑和土地之间、街区和道路之间、实践和形式之间的多重关系。研究选择的对象是近一个世纪中城市发展最具代表性的四个城市，它们对城市形态的变革不仅从根本上改变了传统城市的肌理，而且也在一定程度上影响了城市的生活。在这种城市形态演变的影响之下，我们一直都在寻找一种与之相适应的发展途径，以及一种在"现代化"城市尺度和我们所熟悉的传统生活方式之间的平衡。

街区是我们熟悉的城市空间单元，对街区的继承是保留我们所熟悉的传统城市空间的一

① PANERAI P, CASTEX J, DEPAULE J-C. Formes urbaines: de l' îlot à la barre[M]. Paris: Parenthèses, 1997.

种方法，特别是对街区在现代城市空间中的消失进行了形态学和类型学的分析（街区的形态趋于开放性和零散化）。这些分析表明，欧洲城市历史上的街区经历了从传统"岛状"到现在"板楼"的历程。在这两种极端的空间形态之间，当然还有一些中间状态如巴黎、伦敦、阿姆斯特丹、法兰克福这些大城市在发展进程中的各种具体实例。菲利普·巴内翰等认为：街区作为古典时期欧洲城市的特征，它在19世纪发生了转变，20世纪则被废除，其街区空间结构的演化正趋于"没落"（agonie）。欧洲大陆的城市居住街区在城市快速发展历程中经历了从小岛到沙洲（de l'îlot à la barre）的过程，中国城市居住街区也经历了从类似封闭围合的街坊到开放形点式住宅的演变。

阿尔尼·西克斯纳（Arnis Siksna，1997年）对澳大利亚和北美城市中心区的街区进行系统研究，他认为：60～80m的小街区比大街区更适合城市发展，因为它们拥有更多沿街界面、更清晰的交通系统、更连续细致的城市肌理、更紧凑的街区。丹尼尔·费尔德尔曼（Daniel Ferdelman）和布伦达·C.希尔（Brenda C. Scheer）研究了美国小镇Over-the-Rhine，他们把不同等级的街区中的地块和街道进行分类，分析了不同种类地块中的建筑和街道在不同时期的演变，说明小镇原有的地块模式和街道系统是怎样影响街区的发展、衰败和更新的。

斯皮罗·科斯托夫[①]（Spiro Kostof）研究发现：街区的尺度与密度并非永远固定不变：网格中街区越大，就越容易被穿越；街区内部的开放空间越大，就会形成更高的建筑密度。人口在城市中不是均等分布的，这是由于土地使用造成了经济价值的不同。斯皮罗·科斯托夫描述了普南城（Priene）、奥林索斯（Olymthus）等城市街区的尺度与地块划分情况，说明了街区尺寸与形状是如何影响地块形状和数量的。

斯蒂芬·马歇尔（Stephen Marshall）的《街道与形态》（2005年）是一篇以量化分析为基础，解析城市街道网络结构形态规律的文献。该文献由两条研究线索构成：如何准确描述街道网络的空间特性，如何在特性认知的基础上探索新的城市设计道路。

综上所述，西方对于居住街区空间理论方面的研究，呈现以下特征：越来

① 科斯托夫. 城市的形成：历史进程中的城市模式和城市意义[M]. 单皓，译. 北京：中国建筑工业出版社，2005.

越注重到社会—空间的系统上；研究的重点不仅仅局限于居住街区的物质空间因素，并且研究居住街区乃至城市范围内的人文、社会、思想意识中的非物质空间因素，并研究其中的社会空间模式和结构；从人类生态学角度研究城市社会空间系统及内部社会空间的基础；对城市社会空间模式和结构的研究，包括社会区域和居住分化、住宅与市场、行为交往与居民意识、政治与社会背景等方面。新的文献也注重对空间形态量化方面的研究等。

1.6.2 国内研究现状

国内基于不同角度对居住街区空间形态从不同领域进行研究，如基于系统论的研究、基于可持续发展和绿色生态社区的研究等。

1．基于系统论的研究

我国著名建筑教育家吴良镛先生在希腊建筑师道萨迪亚斯（C. A. Doxiadis）的“人类聚居学”的基础上，对居住问题进行了深入研究，在《人居环境科学导论》[①]（2001年）一书中指出：“人居环境科学是一门以人类聚居（包括乡村、集镇、城市等）为研究对象，注重探讨人与环境之间相互关系的科学，它强调把人类聚居作为一个整体，而不像城市规划学、地理学、社会学那样，只涉及人类聚居的某一部分或是某个侧面，其目的是了解、掌握人类聚居发生、发展的客观规律，以更好地建设符合人类理想的聚居环境。”基于系统论角度的研究不是单纯就居住而讨论居住，而是动态地对待，把居住问题放在一个宏观的视角下去讨论其发生、发展的规律。

2．基于可持续发展、绿色生态社区研究

杨德昭的《新社区与新城市：住宅小区的消逝与新社区的崛起》[②]和《社区的革命：世界新社区精品集萃》[③]对我国目前以“居住小区”为主的社区模式进行批判，提出目前国际上占主导地位的社区和城市理论，包括适宜性居住理论、新都市主义理论、新道路交通理论、新城市结构理论、新型社区等。新社区理论不但终结了现代主义过时的所谓花园城市论，还为我们勾画出全新的城市和社区模式，明确了未来社区和城市的发展方向。

---

① 吴良镛. 人居环境科学导论[M]. 北京：中国建筑工业出版社，2003.

② 杨德昭. 新社区与新城市：住宅小区的消逝与新社区的崛起[M]. 北京：中国电力出版社，2006.

③ 杨德昭. 社区的革命：世界新社区精品集萃：住宅小区的消与新社区的崛起之三[M]. 天津：天津大学出版社，2007.

3．基于住房政策的研究

住房的政策制度直接影响了居住街区的空间形态。黎兴强的《住房建设规划：编制理论与技术体系研究》[①]指出：住房问题既是一个经济问题，又是一个政治问题。中华人民共和国成立以来我国政府虽然推出一系列住房政策，但目前中国的住宅业和居民的居住需求不相适应，住宅的环境和质量难以令人满意。发达国家中低收入家庭住房问题的解决和住房条件的感受很大程度依赖于政府的力量，应借助发达国家住房保障制度的经验和比较，结合中国的国情，建立适应中国国情的城镇住房保障制度。

4．基于居住空间分异的研究

居住空间分异研究是在工业化社会的阶层分化逐渐反映到居住空间的差异时为学者所体察并逐渐加以深入研究的。它将人的社会属性与居住空间相对应，通过社会空间结构的描述和批判揭示居住空间分异的情况、机制和问题。[②]最早关于居住空间分异的研究可以追溯到恩格斯对19世纪曼彻斯特的工人无产阶级的居住状况的揭示，反映出两大对立阶级之间的居住空间差异。随着社会经济发展，居住空间分异日益明显和更趋复杂，对于居住空间分异的系统研究于20世纪相继展开。[③]

黄志宏的《城市居住区空间结构模式的演变》[④]指出城市居住区空间不仅是一种“地理空间”，而且也是一种“社会空间”。“地理空间”是外表形式，“社会空间”是内在的实质。城市社会等级结构的外在体现是城市居住区空间的分化现象，这是一种“社会空间统一体”。分化现象是人与人及其社会群体之间关系的反映，它探讨了因为城市居住分异而造成的各种类型的居住区及其特点。

吴晓的《城市规划社会学》[⑤]“以社会学来审视城市，以城市规划来延伸社会学”。提出“其实空间并非中性，空间是社会的产物”。联系“社会”和“空间”两个维度，在社会背景下重新审视规划、设计、城市结构等多方面的问题，并对当前城市中的价值取向、社会隔离、社会分层、社区和社会问题等重

---

① 黎兴强．住房建设规划：编制理论与技术体系研究[M]．北京：光明日报出版社，2010.

② 王承慧．转型背景下城市新区居住空间规划研究[M]．南京：东南大学出版社，2011.

③ 同上。

④ 黄志宏．城市居住区空间结构模式的演变[D]．北京：中国社会科学院，2005.

⑤ 吴晓，魏羽力．城市规划社会学[M]．南京：东南大学出版社，2010.

要的社会学议题进行探究，研究它们在城市规划和城市空间结构方面的表现和影响，使这些社会学议题能在城市规划的过程、方法和语境中被理解、考量和干预。

王承慧的《转型背景下城市新区居住空间规划研究》[①]，着眼于经济、社会、制度、空间四方面的关联，从居住空间功能研究、社会性研究、制度研究三方面探究转型背景下城市新区居住空间的规划。

5．基于空间—时间、空间—社会、空间生产—形态演进的研究

（1）基于空间—时间的角度的研究：

陈泳的《城市空间：形态、类型与意义——苏州古城结构形态演化研究》（2006年）以苏州为案例进行系统理论研究，梳理苏州城市发展的历史脉络，探寻其演化的机制，剖析其中的真实性和规律性，引导人们对古城进行正确的维护整治和更新建设，其目的是保持古城地方文化的永久活力和独特魅力。

周春山的《城市空间结构与形态》（2007年）也是一篇基于历史角度研究城市空间形态的文献，该文献系统研究了西方国家与中国城市空间结构、形态的发展变化过程并对其未来的发展趋势做出预测。

（2）基于空间—社会学角度的研究：

肖伟智的《广州历史上居住街区空间形态的案例研究》[②]（2008年）根据广州的社会经济背景情况分成4个阶段，在这4个时间段内选择5个有典型意义的街区，采用康泽恩学派的城市形态理论分析方法，分别从街区尺度与形式、土地利用、街道样式、地块肌理、街廓与地块划分等五个方面，对其进行研究分析，分析广州不同时期社会经济背景对城市具体空间形态的影响，把对广州街区的案例研究作为城市规划设计中街区层面上的理论参考。

胡晶的《城市新区失地农民生活方式的变化及其居住空间形态研究——以武汉新区四新片区为例》[③]关注了武汉市城市新区失地农民的居住问题。基于“社会—空间”的统一体思想，讨论居住活动形态与居住空间形态之间的对应关系，借鉴社会学研究成果，建立与居住相关的生活方式和内容结构模型。

---

① 王承慧．转型背景下城市新区居住空间规划研究[M]．南京：东南大学出版社，2011.

② 肖伟智．广州历史上居住街区空间形态的案例研究[D]．广州：华南理工大学，2008.

③ 胡晶．城市新区失地农民生活方式的变化及其居住空间形态研究：以武汉新区四新片区为例[D]．武汉大学，2008.

于一凡的《城市居住形态学》[1]将“居住”这一城市最基本的功能作为对象，研究居住的主体（人）和客体（空间）在发展中呈现的特点和规律，以及这一过程中所蕴含的“日常生活形态”“社会形态”“经济形态”“文化形态”。以中华人民共和国成立以后的上海市为研究对象，分别从城市、住区和住宅三个层面着手分析居住空间形态的特征和演化过程。

余琪的《转型期上海城市居住空间的生产及形态演进》（2011年）建立了一种“空间生产—形态演进”的研究方向，从生产方式及生产关系的转变入手研究城市空间的形态演进。通过对上海城市居住空间的实证研究证明了新马克思主义学者的观点，即城市空间不仅仅是规划技术手段干预的成果，也是社会关系的产物。

6．基于定量分析的研究

张四维的《城市居住形态演化发展研究——以南京老城区定量分析为例》[2]通过对南京城市居住空间形态变化的量化研究和案例剖析，对居住形态的演变机制进行实证分析，根据“适宜空间密度”和“有机集中”的原则进行评价并提出优化策略。

总结：我国对于居住街区空间形态的研究一直处于分离于不同学科领域的状态，并且建筑学科领域大多集中在对物质空间形态及规划设计理论方法的研究，“见物不见人”，缺乏对社会人文的深层关注；对城市社会变迁以及居民的日常生活行为、心理需求等规律的研究一般从社会学、心理学角度进行，没有从建筑学、城市形态学等角度的整体研究。研究领域缺乏对居住街区空间形态从物质空间形态和社会空间形态进行系统与整合的研究，而且实证研究往往局限于北京、上海、广州等中国一线城市及沿海城市，对中国中部典型城市的实证研究较少。

1.6.3 武汉市个案研究现状

由于武汉市是中国中部典型城市，研究武汉市居住街区空间形态具有典型代表意义。在武汉市居住街区空间形态方面，主要的文献资料是李军教授的

① 于一凡. 城市居住形态学[M]. 南京：东南大学出版社，2010.

② 张四维. 城市居住形态演化发展研究：以南京老城区定量分析为例[M]. 南京：东南大学出版社，2020.

《近代武汉（1861—1949年）城市空间形态的演变》[①]。该著作选择近代武汉城市物质空间形态为研究对象，通过对宏观、中观、微观三个层次城市空间形态的研究，达到对近代武汉城市空间形态的演变及其规律的认识与把握。中观层面在分析近代城市空间肌理的基础上，发现城市空间肌理的特征及其显示的空间构成要素之间的关系，认识各街区及不同肌理空间的相互关系、不同肌理空间的尺度。研究认为造成空间肌理不同的原因有制度政策、地理环境、对外交通条件、商业经济及各国习俗等。

李军教授的武汉市个案研究仅探究了近代武汉（1861—1949年）居住街区空间形态的空间肌理特征及构成要素，但未研究居住街区空间形态的其他构成要素，而且研究没有涉及1949年之后武汉市居住街区的空间形态。因此，1949年以后武汉市居住街区空间形态的演变是目前研究领域的空白。

1.6.4 研究的创新点

本书在前人研究的基础上，对中华人民共和国成立以后武汉市居住街区空间形态进行系统研究。国内外居住街区空间形态的研究为本书的写作提供了丰富的养分，国内对于城市空间形态的个案研究，特别是武汉大学李军教授《近代武汉（1861—1949年）城市空间形态的演变》为本书的写作指明了方向。本书研究方法的创新点在于：

（1）研究理论的创新，并构建多学科综合理论体系。

首次以建筑学和城市形态学为基础，借鉴历史学和社会学等学科的研究思路和方法对武汉市居住街区空间形态进行研究。以建筑学和城市形态学为基础，从时间—社会—空间一体的多维角度对武汉市居住街区空间形态进行研究。

（2）研究内容的创新，系统研究居住街区空间形态的演变。

首次梳理了1949—2010年武汉市居住街区空间形态发展的轨迹。本书梳理了武汉市1949—2010年以来，居住街区空间形态物质层面及非物质层面的整个发展变化过程。到目前为止，还没发现任何国内外文献对1949—2010年武汉市居住街区空间形态进行相关研究。

---

① 李军. 近代武汉（1861—1949年）城市空间形态的演变[M]. 武汉：长江出版社，2005.

（3）研究结论的创新，提出本书的现实意义。

首次预测了未来武汉市居住街区空间形态的发展方向。根据对武汉市居住街区空间形态主导影响因素的分析和空间形态特征的总结，预测了武汉市未来居住街区空间形态的发展，并给未来居住区规划建设提供了建议。

1.7 研究方法

居住街区空间形态的研究涉及较多方面问题，因此研究方法也多种多样。本书针对中华人民共和国成立以来武汉市不同时期、不同地段的居住街区空间形态，采取纵向和横向的分析方法进行多维角度的综合性分析。

1.7.1 历史文献资料的收集与分析的方法

本书从时间演进的角度出发，对于中华人民共和国成立以来武汉市居住街区空间形态的影响因子进行研究分析，因此，本书的研究是建立在对居住街区空间历史文献分析的基础上。作者对武汉市1949—2010年居住街区空间形态相关的历史文献资料（如武汉市城市规划志、房地志、城市志、地方志、城市建设报告、城市地图、城市规划图与设计图等）进行收集，并尽可能地与现代技术方法相结合（如运用百度、Google地图遥感等）。同时，笔者也收集国内外有关居住街区空间形态的研究成果及理论与方法，并对这些成果进行整理和综合分析，从而发现了武汉市居住街区空间形态演变的规律及特征，并探讨了延续武汉市居住街区文脉的可能。

1.7.2 比较的方法

对武汉市居住街区纵向与横向比较：对于武汉市不同时期、阶段的居住街区进行比较，发现了不同时期居住街区的构成特点及形态特征，找到不同历史时期居住街区演变的特点及关联性（自身纵向比较）；比较同一时期不同的居住街区，找到居住街区空间形态的异同，归纳其特征（自身横向比较）。在具体的案例研究中，还和其他城市居住街区进行比较，如对工人新村和法国波尔多Chartrons历史街区进行比较分析等。

1.7.3 实地调研的方法

采用现场调研的方法，通过对武汉市居住街区的实地调查（如调查问卷、拍摄现状照片等方式），了解武汉当代居住街区现状特征，这是研究得以进行的前提条件。

1.7.4 剖析解读重点案例的方法

针对中华人民共和国成立以来武汉市5个不同时期的居住街区，我们选出每个时期若干居住街区的类型，再从每个类型中选取若干重点典型案例进行分析，发现其特征、总结和归纳其共性和个性，探索每一阶段居住街区空间形态的发展动因，从不同层次解读有代表性的个案，推演出居住区空间形态演变过程中的影响机制和特征。

1.8 研究框架

本书共10章，分为3个部分。从历史和社会的演进角度出发，对不同时期不同政治、经济体制、思想对武汉市居住街区空间形态的影响入手，从1949年苏联影响下的居住街区空间形态开始研究，直至2010年多元文化主导下居住街区空间形态的分异，总结每个时期居住街区空间形态的影响因素，并对未来进行展望。主要研究框架如图1–4所示。

第一部分：研究的缘起。首先明确本书的背景、意义，确定研究对象的概念、研究的理论基础以及研究的方法；通过对国内外研究现状的分析提出本书的创新点；总结居住街区空间形态的理论研究基础和实践的演变，归纳居住街区空间形态的影响因素，以此为基础展开中华人民共和国成立以来武汉市历史各个时期的居住街区空间形态研究。

第二部分：1949—2010年武汉市居住街区空间形态研究。首先分析研究了武汉市的城市背景，分为两个阶段：1949—1978年社会主义计划经济时期；1979—2010年社会主义市场经济时期。

1949—1957年经济恢复时期，此时的居住街区空间形态受到苏联政治体制和思想的影响，居住街区呈现典型的围合式“红房子”的特征；1958—1978年为武汉市城市建设缓慢发展及停滞期，这时期的居住街区受到极简主义的影

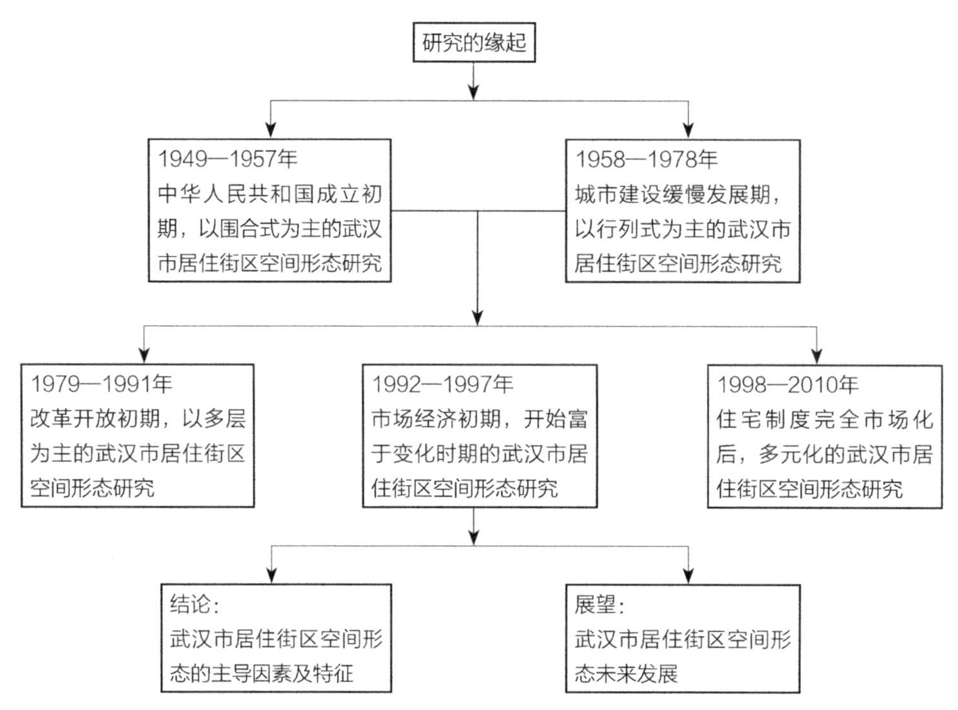

图1-4　研究框架

响，呈现行列式特征、粗制滥造的面貌。

1979—1991年改革开放初期，武汉市居住街区的空间形态暂时还不太丰富，以多层行列式居住街区为主，很多建筑呈现火柴盒形态；1992—1997年邓小平同志视察南方，确立了社会主义市场经济，武汉市居住街区的空间形态开始富于变化；1998—2010年福利分房彻底废除，在市场经济的作用下，居住街区空间朝多元化发展，出现分异的形态：在城市中心、城市边缘区及郊区出现了不同类型的居住街区形态特征，不同购买能力和不同社会地位的人亦分布在城市不同街区。

第三部分：对影响武汉市居住街区空间形态的特征进行总结，并展望武汉市未来居住街区空间形态发展的方向。

第2章 理论研究

2.1 基础理论概述

2.1.1 居住区相关理论概述

按照国家标准《城市居住区规划设计规范》GB 50180—93，城市居住区：一般指居住区，泛指不同居住人口规模的居住生活聚居地和特指城市干道或自然分界线所围合，并与居住人口规模（30000～50000人）相对应，配建有一整套较完善的、能满足该区居民物质与文化生活所需的公共服务设施的居住生活聚居地。按不同的人口规模分为居住区、居住小区、居住组团三级，根据“三级”的原则建立相应的道路系统、公共服务设施系统、绿地指标体系，各级居住组群在用地上有相对的完整性、独立性，避免外界穿越交通对小区内的打扰，以达到统一配套建设的保障（图2-1）。

按照现行国家标准《城市居住区规划设计标准》GB 50180—2018，城

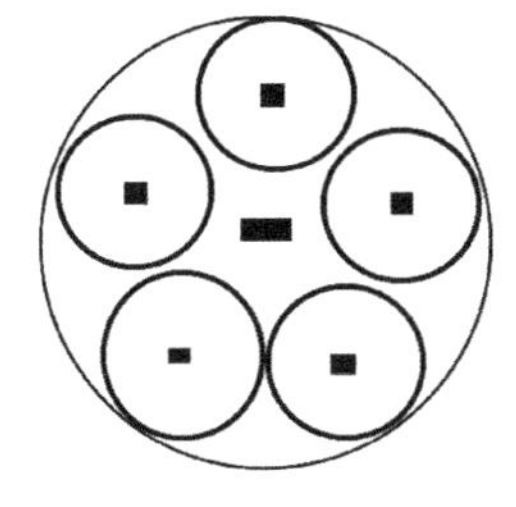

■ 居住区级公共服务设施
■ 居住小区级公共服务设施

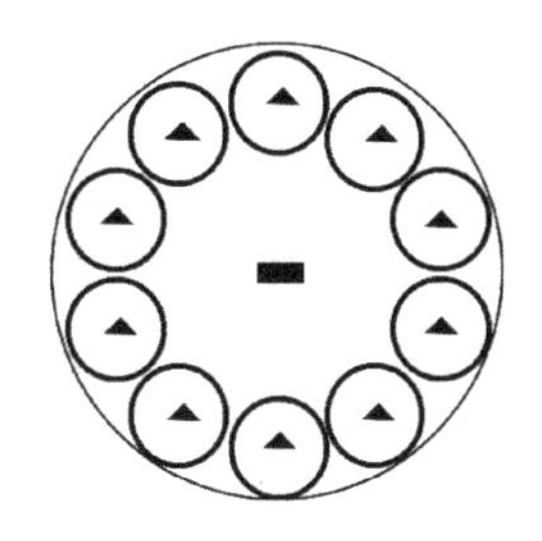

■ 居住区级公共服务设施
▲ 居住组团级公共服务设施

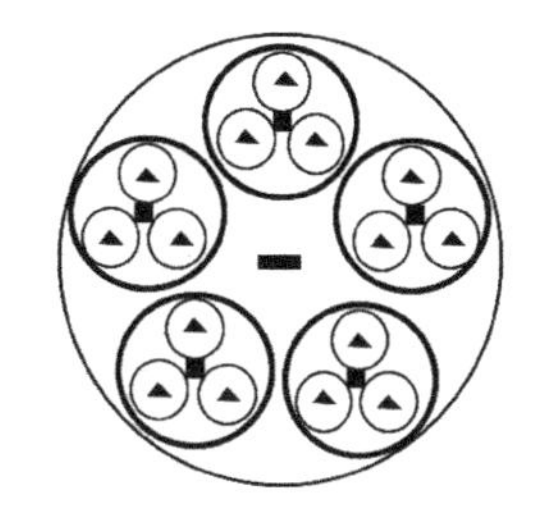

■ 居住区级公共服务设施
■ 居住小区级公共服务设施
▲ 居住组团级公共服务设施

图2-1 20世纪80年代居住区的分级示意图
来源：于一凡．住宅变迁的形态学研究：上海1949—2000[D]．上海：同济大学，2003：58.

市居住区指城市中住宅建筑相对集中布局的地区，简称居住区。居住街区指由支路等城市道路或用地边界线围合的住宅用地，是住宅建筑组合形成的居住基本单元。居住人口规模为1000～3000人（约300～1000套住宅，用地面积2～4hm^2），并配建有便民服务设施。15分钟生活圈居住区的用地规模为130～200hm^2；10分钟生活圈居住区的用地规模为32～50hm^2；5分钟生活圈居住区的用地规模为8～18hm^2。

居住区的基本要素有物质要素和精神要素两部分：物质要素包括自然因素和人工因素；精神要素包括人的因素和社会因素。居住区的物质要素是精神要素的载体，精神要素是物质要素的内涵。居住区规划是指对城市居住区的住宅、公共设施、公共绿地、道路交通、室外环境等进行的综合性具体安排。

居住区规划设计是在"以人为本"的思想下建立居住区各功能同步运转的正常秩序，谋求居住区整体水平的提高，使居住生活环境达到卫生、安全、舒适、方便、优美的要求，满足人们日益增长的物质和精神生活要求，达到经济、社会、环境三者的统一和可持续发展。

2.1.2 建筑学及城市形态学相关理论概述

1. 城市形态学理论概述

城市形态学是对城市形式的研究，即研究城市的形态、形式、街道、街区、邻里结构和组织构成。城市形态学旨在分析城市的社会与物质环境，它建立在研究城市物质空间构成、组织和相互关系的基础上。城市形态学可以划分为城镇平面图作为研究主题、第二次世界大战前城市形态学研究、第二次世界大战后城市形态学理论更新及当代城市形态学研究整合等四个阶段①。

欧洲是城市形态学的发源地，奥地利建筑师卡米洛·西特（Camillo Sitte）的《城市建设艺术》②（1889年）考察了大量欧洲中世纪城镇广场和街道，并从城镇局部平面出发研究建筑物、纪念物和公共广场之间的关系。

施吕特（O. Schlüter）在1899年发表的《城镇平面布局》标志着城市形态学作为一门学科的诞生。第二次世界大战后的城市形态学大体可以分为三个主要流派：英国的康泽恩（Conzon）学派、意大利的莫拉托里–卡尼贾（Muratori-

---

① 段进，邱国潮．国外城市形态学研究的兴起与发展[J]．城市规划学刊，2008，10（5）：34-42.

② 西特．城市建设艺术[M]．仲德崑，译．南京：东南大学出版社，1990.

Caniggia）学派和法国的凡尔赛（Versailles）学派[①]。英国的康泽恩Conzon（1962年、1966年、1975年）学派受到德国地理学的影响，在对聚居区进行系统分析的基础上发展了以平面图为起点，由城镇平面、建筑组构和土地价值等因素构成的研究方法。意大利莫拉托里–卡尼贾学派研究的重点是发掘历史建筑中的建设传统。建筑师莫拉托里（S. Muratori，1949年、1959年、1963年）提出，“城市是文化发展的物质沉淀”，他以历史地图为工具，研究不同时期的空间特征和沿革，提出空间类型是历史进化的结果。卡尼贾（C. Caniggia）在莫拉托里的研究基础上提出了“发展类型学”（Process Typology）将建筑类型的演化作为城市形态变迁的原因。法国凡尔赛学派形成于20世纪60年代末，由建筑师巴内翰、卡斯泰（J. Castex）和社会学家德波勒（J. C. Depaule）共同创立。

这三个主要城市形态学流派在1996年第一届国际城市形态论坛（International Seminar on Urban Form，ISUF）上得到交流整合，成为一个多学科交叉研究的领域，这不仅仅在于这三大主要学派的研究进展，其他相关领域如建筑学、地理学、环境行为学、生态学、社会学研究的不断深入也对该学科的整合起到了推动作用。

克里斯泰勒（W. Christaler，1933年）的“中心地理论”在商业发展的基础上，分析了城市空间和规模的关系，研究了城市用地分配及模式问题。“芝加哥学派”将生态学观点引入城市形态研究中，将城市的发展过程比喻为生物的生长，城市结构发展和空间分布都遵循生态学规律，具有共生、竞争、选择、迁移、支配等现象。伯吉斯（E. W. Burgess）提出了“同心圆城市模型理论”，罗伯特·帕克（Rober E. Park，1921年）、霍伊特（H. Hoyt，1939年）、乌尔曼（E. L. Ullmann，1945年）等提出城市空间结构模型。凯文·林奇（1958年）提出城市认知地图，刘易斯·芒福德（Lewis Mumford，1961年）提出历史人文观点，雅各布斯（J. Jacobs，1961年）提出街道生活分析。纽曼（O. Newman，1972年）提出可防御空间，阿尔多·罗西（1987年）提出城市建筑学，拉波波特（A. Rapoport，1990年）提出环境与文化理论，哈维（M. E. Harvey，1985年）提出政治经济学的理论。这些理论和研究都与城市形态学相互影响。

在我国，东南大学的齐康教授是较早介入城市形态学研究的代表人物，他

---

① 段进，邱国潮. 空间研究5：国外城市形态学概论[M]. 南京：东南大学出版社，2009：5.

在其著作《城市环境规划设计与方法》[①]一书中对城市形态作如下的定义：它是构成城市所表现的发展变化着的空间形态特征，这种变化是城市这个有机体内外矛盾的结果。他提出“城市形态的变化是城市这个有机体内外矛盾的结果”“城市的机制构成为我们形成城市结构形态的观念提供了总的思维方法”等观点。20世纪90年代中后期以来，我国一大批学者都对城市形态学的理论做了研究。城市形态学研究的对象不仅是一个自然地理和物质空间的实体，也是一个社会活动和行为知觉的场所，其内容包括空间、时间和活动[②]。

2．类型学理论概述

类型学源于18世纪生物学的发展，它是通过对不同生物的构造以及形态的观察与分类而产生的。在牛津字典里，“topology”（类型学）一词是作为微生物学的词汇来解释的。后来自然科学研究的成果及进展渗透到了人文科学的领域，启发了理性行为。19世纪晚期至20世纪初期，在罗素等一些语言学家的影响下，类型的观念在思想界获得了中心地位，并在诸多不同领域学科如心理学、古生物化石学、医学、社会学、语言学中形成系统的“类型学”学问。

20世纪60年代，西方建筑界兴起了建筑类型学理论，它首先是一种认识和思考的方式，其基础不在于具体的建筑设计操作，而是把一个统一、连续的系统按分类处理的方法应用于建筑学中，这就出现了建筑类型学。最近几十年间，类型学明确地引入了建筑设计，使得建筑类型学成为一门较新的研究课题。类型在建筑理论中有其独特的意义，它作为一种形式创造的手段，超出了史学范畴。

类型学进入建筑领域源于人们对美的需求和渴望。对类型学最权威性的定义是巴黎美术学院常务理事德坎西（Quatremère de Quincy），他于19世纪在其著作《建筑百科全书》（Encyclopédie methodique：Architecture）中用模型和类型做了比较，由比较的结果得出类型的特征：类型（type）指的是为模型（module）建立规则。模型在艺术实践操作意义上指的是自我原本的重复，而类型的基础是人们能根据此划分出各种互不相同的作品。对于模型来说，一切都是明确精准的，但类型却有些模糊不清。所以，类型模拟的是精神和情感所认识的事物，它是由不同艺术家发展差异很大的作品；而模型是按照原样不断

---

① 齐康．城市环境规划设计与方法[M]．北京：中国建筑工业出版社，1997.

② 段进．城市空间发展论[M]．南京：江苏科学技术出版社，1999：98.

地重复，它是依照研究者的意图而发展，是对于可辨清晰性质的持续掌握。

罗西在其经典理论著作《城市建筑学》中阐述了类型学理论的观点，系统地体现了其城市建筑思想。

（1）从城市的角度看待建筑，从建筑的角度入手分析城市。

罗西认为城市和建筑是同一的，也是同构的。任何建筑创作作为城市有机整体的一部分，不应当脱离其团体——城市，并应当与城市现存的历史空间形态相结合。

（2）用新理性主义类型学的方法研究城市。

在研究城市问题和建筑的发展时，应当涉及类型学的研究。从现有建筑中提取的类型是经过历史淘汰而留下的，具有强大的生命力和丰富的社会文化积淀。类型学研究的正是构成建筑、城市元素之中首要核心的问题。

（3）类型的哲学意义是指一种原型的类似物。

荣格（Carl Gustav Jung）心理学中原型的概念指的是：个人无意识的深处，存在人类世世代代普遍性的心理经验。这些长期累积的“沉淀物”，其内容并不是个人的，而是集体的记忆，是历史中“种族记忆”的重点投影。建筑的类型与其类似，是形成各种最具典型建筑物的一种内在发展，也是构成形式的逻辑原则。

罗西将建筑物的类型和原型相联系，希望通过对建筑的表现形式和人类的心理经验产生共鸣。通过研究建筑的深层结构——类型，使建筑追溯到建筑现象的源头上，并将集团无意识的心理经验反映到建筑的表层结构——形式上。

（4）对类型的提取和研究城市时所具有的历史主义倾向。

罗西认为，只有建筑同一些在历史上被赋予特定意义的元素或形态发生关系时，这种建筑才可能是建筑。从这种历史记忆或者形式表现为出发点的建筑设计不应当被视为一种凭空想象、随心所欲的设计，而是在现实和历史的语境中选择恰当类型的复杂过程。

本书应用类型学理论，将不同时代的居住街区置于历史的范畴中，对同一时代的居住街区归纳出若干典型的类型并进行具体研究。例如对于1949—1978年的居住街区，由于此阶段受到国家计划经济的影响较大，居住街区的空间形态分为围合式空间形态、行列式空间形态、低层空间肌理密集型空间形态等类型；对于1979—2010年的居住街区，该阶段主要受到社会主义市场经济的影响，基于小区的层数及容积率划分为多层、小高层、高层等居住类型。

2.1.3 社会学相关理论概述

1．社会学、社会心理学理论概述

社会学是从社会整体出发，通过社会关系和社会行动来研究社会的结构、功能、发生、发展规律的综合性学科。[①]社会学科最早得名于孔德，之后经过卡尔·马克思、马克思·韦伯等学者的不断发展，逐渐演变为具有独立理论、研究方法和范式的社会科学。社会学的研究对象相当广泛，它认为人存在于社会之中，其思想和行为不是服从于个体的理性意识，而是由社会环境的限制、塑造决定的。

最早对于空间进行社会学理论研究的是德国的社会学家西美尔（Georg Simmel），在他的论著《社会学——关于社会化形式的研究》中第九章的专题“社会的空间和空间的秩序”中讨论了社会学中的空间问题：空间是社会形式得以成立的条件，但不是事物的特殊本质，也不是事物的生产性要素。[②]

西美尔认为：人们之间的相互作用也被认为是空间的填充，每个人都占据着一定的空间位置，而人与人之间的关系则成为空间与空间之间的关系，其相互作用使在此之前无用的空间成为某种有意义的、实在的东西。[③]

西美尔还认为：当空间成为社会生活的一部分时，空间形式就具有了如下品质：①排他性。在同一社会构成中，各种社会空间都具有影射社会整体特征的共同形态，同时空间之间也由于品质不同而相互区别，而这种共同的形态与另一社会中的共同形态产生绝对的差异，即相互排斥；②空间是被分割使用的。每一块被视为一个统一体，各个部分有自己的边界，并通过边界对相邻空间发挥作用，这种界限是一种形成空间形式的社会学事实；③空间可以使其中的内容被固定化，并形成特定的关系形式，进而使地域空间具有个性化意义；④是否具有空间接触，能够使社会互动的参与者间的关系发生改变，同时空间上的距离受到社会、经济、文化、政治等因素的作用，并表现为形式和内容的某种社会化；⑤空间的形态深入分布在空间里的人类的内部结构里，整个群体或群体要素的流动与社会分化存在深刻的关系。[④]这些空间品质体现在不同层

---

① 辞海编纂委员会．辞海[M]．上海：上海辞书出版社，2000：1910.

② 西美尔．社会学：关于社会化形式的研究[M]．林荣远，译．北京：华夏出版社，2002：459.

③ 西美尔．社会学：关于社会化形式的研究[M]．林荣远，译．北京：华夏出版社，2002：461.

④ 西美尔．社会学：关于社会化形式的研究[M]．林荣远，译．北京：华夏出版社，2002：461-511.

次的形态特征上，如空间结构、道路系统、功能分区等方面。

罗伯特·帕克根据西美尔的理论在美国创立了芝加哥学派，并确立了城市社会学的研究内容，这包括：人类生态学、城市社区的划分、城市问题对策与规划、城市化。芝加哥学派将生态学引入城市社会的研究当中，并分析了城市土地利用、城市区域结构、规划和城市化问题。本书对于单位大院和门禁社区的研究即基于社会学的理论基础而展开。

1974年列斐伏尔出版的《空间与生产》全面阐述了社会空间的理论学说。列斐伏尔指出："社会空间本身作为过去行为的结果，它迎接新行为的到来，同时暗示一些行为，禁止另一些行为。在这些行为当中，有一些是为生产服务的，另一些则为消费（即享受生产的成果）服务。社会空间意指知识的极大多元化。"[①]例如在中华人民共和国成立60周年以来，在国家政策的影响下，前30年为生产服务的空间占了主导地位；而后30年为消费服务的空间（居住空间等）也占了主导地位。居住空间在这两个大的社会背景下，也呈现出两种截然不同的空间形态特征。

《空间的生产》一书指出，有一个问题过去一直悬而未决，因为从来没有谁提出过这个问题：社会关系的存在方式究竟是什么？它们是具体的、自然的呢，还是知识抽象的形式？空间研究给予了回答，它认为生产的社会关系是一种社会存在，以至于是一种空间存在。它们将自身投射到空间里，在其中留下烙印，同时又生产着空间。如果做不到这一点，社会关系将只能存在于"纯"抽象领域——即再现领域，这就是意识形态领域：咬文嚼字、夸夸其谈、空话连篇累牍[②]。因此，本书的研究是把空间的社会生产投入到具体的空间物质空间形态中，并归纳其空间形态产生的成因，这不仅仅局限于对空间的"纯"抽象领域的研究，而且把空间研究视为具体并可以量化的实体物质空间，即从肌理、密度、容积率等多方面对其进行研究。

本书还基于一些社会心理学理论展开，例如美国犹太裔人本主义心理学家马斯洛（Abraham Maslow）于1943年提出的需求层次理论，认为人的需要（生理和心理的需要）是以低级层次逐渐发展到高级层次的，成为一个需求系统，具体有5个层次（图2–2）。

---

① LEFEBVRE H. The production of space[M]. Malden: Blackwell Publishing, 1992: 73.

② LEFEBVRE H. The production of space[M]. Malden: Blackwell Publishing, 1992: 129.

这五个需要如阶梯状由低级向高级递升，当然它们的次序不是完全固定的。一般来说，满足某一层次的需要后，就会向更高的层次发展。同一时期，一个人可能有几种需要，每一时期又会有一些占主导地位的需要，并对行为起到决定作用。各个层次的需要相互重叠、依赖，即使高层次的需要发展之后，低层次的需要仍然存在，只是对行为影响的程度相对递减。

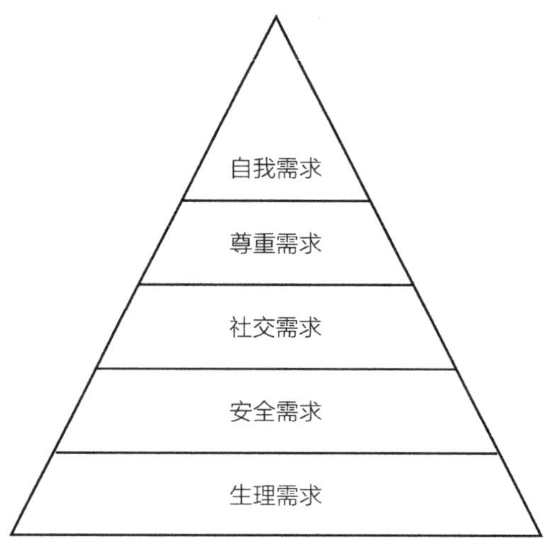

图2-2　马斯洛需求层次理论

马斯洛的需求层次理论在一定程度上反映了居住街区空间形态的主体（人）行为和心理活动的共同规律：该理论从人的需要出发，研究了激励人的行为需求，指出人在不同时期表现出的各种需要的迫切程度是不同的。居住街区空间形态主体（人）最迫切的需要是激励其行动的主要动力和原因。

2．空间认知理论概述

空间认知是由一系列心理变化所组成的过程，其理论建立在心理学的基础上。个人通过该过程获取日常空间环境中有关现象的属性和位置的信息，并对其进行编码、储存、回忆及解码。这些信息包括距离、方向、位置、组织等。空间认知首先依赖于环境的知觉，人们以各种感官捕捉环境特征，通过观察地物、道路、界限和其他环境特征获取某一地方的信息，以及认知环境的属性和事物的位置。

人们对空间认知的能力及其活动引起了城市规划学、地理学、心理学等专业学者的兴趣，但不同专业对其研究的侧重点却不同。其中心理学家关注空间认知的过程和个体差异；城市规划师和地理学者关心的是实质环境的不同形式对空间认知的影响。这种多学科的介入产生了理论、概念、方法的多元化，并创造出如认知地图这样的专业术语。心理学家托尔曼（E. C. Toleman）首先提出认知地图这一概念，他用白鼠作为研究对象，研究其在迷津中寻找地址的能力。而凯文·林奇将认知地图运用于城市规划领域，奠定了现代城市设计理论的研究基础。

认知地图是空间表象的一种形式、一种结构，它强调了图解的性质。人在记忆中可以重现空间环境的形象，而空间知识就像一张地图一样存储在人的大脑中。因此，认知地图也被俗称为头脑中的环境和心理上的地图。认知地图不是简单的存储，而是经过了大脑的加工，它是不精确的、简化的、完形的地图。

美国麻省理工学院（MIT）城市规划教授凯文·林奇通过对美国波士顿、洛杉矶、泽西城三个城市居民的调查，采用画地图草图和语言描述两种方法研究出城市居民的认知地图，并归纳总结了城市意象的五个基本要素：①路径：一般指道路，包括市内交往或交通的渠道；②节点：路网交会点和交通节点或是群众喜欢聚集的地点（车站、码头、广场等）；③边界：自然或人工的各种界线（河流、铁路等）；④标志：指城市中明显突出、用于识别方向和区位的建筑物与构筑物（高层、电视塔、重要桥梁、著名建筑物、构筑物等）；⑤区域：具有一定社会经济或自然要素意义的地区①。

凯文·林奇和其他很多研究者发现，大多数人的“实际感受”不同于平面图上的客观形象，人们往往将实质性环境信息转化为相对简单的地理模式，忽略空间中的细微差别，诸如人们把两条斜交道路组成的十字路口看成是由两条正交道路相交成的。空间认知地图在距离、方向等方面都有失真的情况，例如与实际情况不成比例或者场所的某些特征被过分弱化或强化。虽然认知地图不能准确描述空间关系，但它表明人们对描述环境是有选择性的，会将对生活有意义的空间加以处理和信息重组。不同的人由于不同年龄、个性、生活方式、社会地位的差别，再加上体验及活动的不同，因此，他们对于同一环境下的认知地图也会有不同的表达。但一群人对于某一地区环境会有一定的共识，这些共识一定程度上反映了环境本身的特点。例如波士顿、洛杉矶、泽西城的空间认知地图就是许多人对同一环境认知的结果，反映了某一群体对于一定环境的共识（图2-3）。空间认知理论是一种定性分析的方法，可以对某些居住街区的空间形态进行评价，看看是否具有可读性。

3. 社区理论概述

1887年德国社会学家滕尼斯（Ferdinand Tönnies）在《社区与社会》一书中首次提出了社区的概念，从而开创了一门崭新的学科，此学科把具有共同价值观的同质人口所组成的具有亲密关系并富有人情味的社会团体和关系称为社

---

① 凯文·林奇. 城市意象[M]. 方益萍，何晓军，译. 北京：华夏出版社，2001.

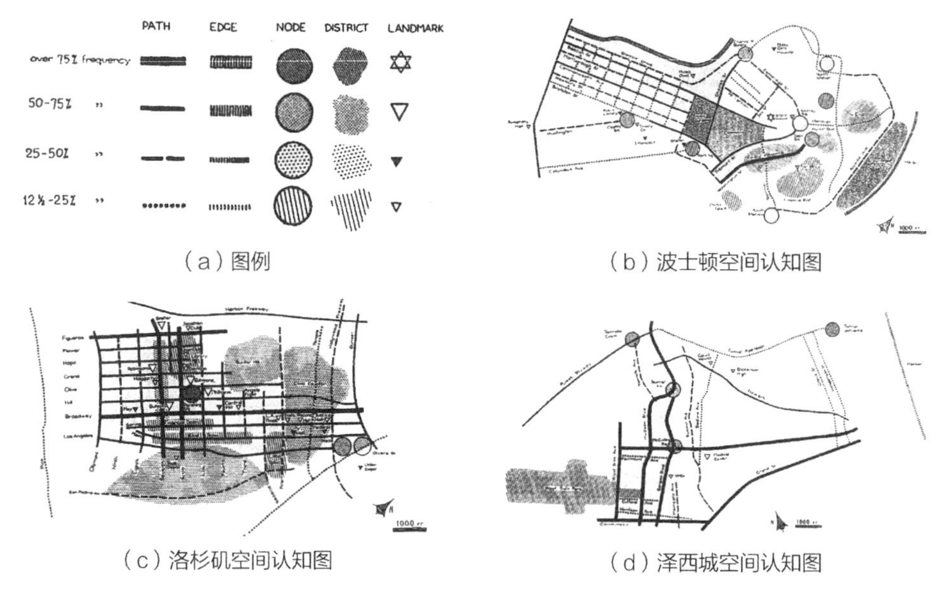

（a）图例　（b）波士顿空间认知图

（c）洛杉矶空间认知图　（d）泽西城空间认知图

图2-3　波士顿、洛杉矶、泽西城的空间认知图
来源：凯文·林奇. 城市意象[M]. 方益萍，何晓军，译. 北京：华夏出版社，2001.

区。社区是人类最广泛、最根本的生活方式的体现，是人类生活空间、居住空间、社会组织空间的集合，是居住在某一地方从事多种社会活动的人们所构成的社会区域生活的共同体。

社区理论把人与所居住的环境视为一个整体，并强调人的主体性，重视人的生活与物质环境的对应性，追求多层次的物质环境与多元化的生活方式组合，并激发居住者对所居住环境的心理和情感上的认同①。社区具备如下几个要素：①以一定社会关系为纽带组织的、达到一定规模的并且共同生活的人群；②这些人群从事一定社会活动并有一定界限领域，包括地理环境和地理位置；③适应社会生活制度、相互协调和组织管理系统；④有一整套完整的生活服务设施；⑤基于社会发展水平、社区经济和历史传统文化的生活方式；⑥居民有对自己所属社区心理上的归属感和认同感，也就是社区意识。

社区的存在必须建立在良好的社会关系上：具有良好的绿地景观和环境只是社区的一个方面，而有更多人们交往的机会和空间则是一个社区必备的条件。丰富的社会活动才能有利于促进社区的和谐发展。

---

① 廖彬. 演近中的居住概念及其建设模式：对中国城市居住小区发展模式的思考[J]. 中国水运，2007，5（6）：97-98.

如今，人们已发现街区活力、城市多样性等对住区建设的重要性。建设宜居性社区已成为西方城市发展理论研究的核心内容，它包括以下几个内容：①以步行为主；②机动车低速行驶，交通量小，无交通拥堵；③经济优质的住宅；④方便的商店、学校和服务设施；⑤开敞空间和公园；⑥清洁的自然环境；⑦安全的社区感；⑧丰富的社区景观；⑨独特的历史和生态文化；⑩居民间的沟通交流[①]。

社区理论是从社会学的角度对居住街区的认识，是对居住街区社会空间形态的分析。中华人民共和国成立以来的社区如单位大院等都是具有同质性、均质化特点的社区；中国社会转型后则出现了混合型社区，社区开始朝异质性、多元化等方向发展。

2.1.4 历史学理论概述

“以史为鉴，可以知兴替”。历史认识不仅是人类整体社会实践的一部分，也是人类必不可少的一项活动。历史学搜集不同时期的社会资料和社会现象，按照年代的先后顺序具体地研究整个社会，其资料整理收集的目的是为了确定社会某一方面的发展规律。历史学的任务就是将社会整体的具体现象统一到特定的空间和时间中，并以空间和时间为对象展开特定讨论。一方面，历史学注重重建过去；另一方面，历史学注重解释为什么过去会发生某些事情，以及这些事情为当代人所带来的参考价值。历史学是为了寻找某个问题的答案而展开研究的，而不是批判前人的对错是非。由于某些历史学家的解释不同或者历史资料不同，按照年代先后描述某些历史事件的方式就会有出差错的风险，所以对于历史学理论的参考和借鉴，原则上采纳尊重历史的基本事实，避免历史评价的干扰性，结合形态学和社会学的理论将重要历史转折点和历史脉络的史实整理清楚，并以此作背景展开定向空间的研究和分析。

素有“当代西方史学泰斗”之称的阿诺德·约瑟夫·汤因（Arnold Joseph Tonybee）在其史学巨著《历史研究》当中运用了比较研究的方法分析了不同种族产生、发展、分化、融合的规律和背景，并以此为基础对未来世界的发展和统一做了大胆的预测。历史学得出的方法无外乎“比较”。比较史学包括：

---

① 杨德昭．社区的革命：世界新社区精品集萃：住宅小区的消逝与新社区的崛起之三[M]．天津：天津大学出版社，2007：47-53.

共识性比较（水平性比较，即对空间系列上的统一阶段的横向异同比较）和历史性比较（垂直比较，即对历史现象进行时间系列上的纵向异同比较）。通过对比史学方法和理论上的借鉴，可以对居住街区空间形态在不同断代时间内进行系统的横向总结分析，也可以在不同断代之间进行纵向的比较，进行规律性的总结和推演，并且最终得到结论。

1894年，法国历史学家弗里茨（J. Fritz）的《德国城镇设施》广泛运用城镇平面图形态描述法（Morphography）分析德国城镇分布，发现超过300座被研究的城镇具有格网类型布局，它们与聚居区立法方面的联系以及规划法律和规划程序发展过程的编年史等三方面的关系，这项研究使人们认识到城镇平面图（Town Plan）作为原始历史资料的潜力。作者依照平面图类型将城镇布局分成规则布局和不规则布局等两类，并解释为在年轻的"规划"城镇和古老的"自发生长"城镇之间形成的一种反差，然后依照它们的平面图类型对城镇进行分类。①

刘易斯·芒福德的《城市发展史——起源、演变和前景》②（1961年）从人文科学的角度出发，系统阐述了西方城市各个发展阶段，并展望城市未来发展的远景。提出城市起源于人类的需要，不仅体现了自然和区域的特征，而且是人类历史和文化的沉积和延续。

华揽洪的《重建中国：城市规划三十年1949—1979》③（1981年）研究了中华人民共和国成立后直至20世纪70年代末中国的城市规划和城市建设，分析了中国在每个阶段历次运动中在这些领域造成的成功的、失败的影响和教训，并且具体分析了中国在这一阶段城市住宅及配套设施的特点。

吕俊华等主编的《中国现代城市住宅1840—2000》④（2003年）将中国近现代历史分为3个阶段，其中1949—1978年、1979—2000年这两个阶段清楚梳理了中华人民共和国成立以来住宅建筑发展的时代背景，并且通过阐述经济、政治、人文、技术等的变迁系统研究了中国住宅建筑的类型变化。

李振宇的《城市·住宅·城市——柏林与上海住宅建筑发展比较（1949—

---

① 段进，邱国潮. 空间研究5：国外城市形态学概论[M]. 南京：东南大学出版社，2009.

② 芒福德. 城市发展史：起源、演变和前景[M]. 宋俊岭，倪文彦，译. 北京：中国建筑工业出版社，2005.

③ 华揽洪. 重建中国：城市规划三十年1949—1979[M]. 李颖，译. 北京：生活·读书·新知三联书店，2006.

④ 吕俊华，彼得·罗，张杰. 中国现代城市住宅1840—2000[M]. 北京：清华大学出版社，2003.

2002)》①（2004年）从建筑历史学、建筑社会学和建筑形态学的角度分析柏林、上海的城市住宅发展脉络，住宅发展的社会背景和住宅设计的思路类型，得出类型对比的结论。

对于1949—2012年武汉市居住街区空间形态演变的研究，对历史学理论的借鉴作用主要体现在时间的选取和断代上，以及对武汉市居住街区空间形态的发展选择上。从历史学角度建立比较的方法体系，对于梳理居住街区空间形态的发展以及探求其中的演变规律有重要的意义。

2.2 居住街区空间形态的影响因素研究

2.2.1 地理、气候背景对居住街区的影响

一方水土养一方人。法国学者达维德·芒然（David Mangin）研究了农作物和居住形态的关系（图2–4），表明自然环境和居住街区空间形态互为影响。中国华中地区（如武汉及周边地区）这种适合大面积水稻生存的地带，居住街区空间形态往往也如水稻的形态一样较为规整且变化较少；而在果树或者葡萄易于生长的大面积地带（如法国波尔多及其周边大量酒庄），其居住街区空间形态也非常活泼并富于变化。从实证研究的角度看，这种理论是有一定道理的。

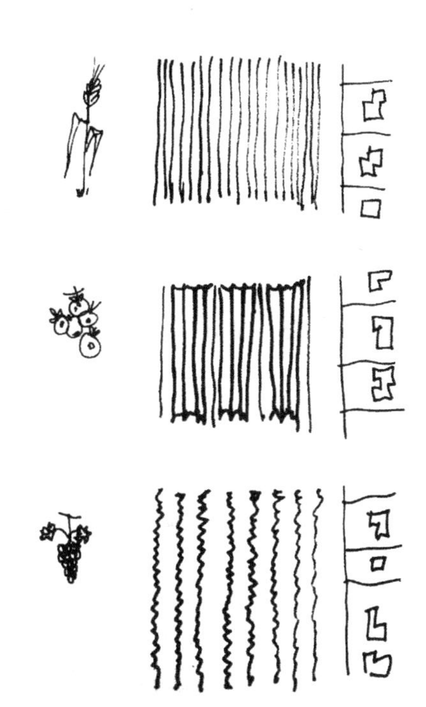

图2–4　农作物和居住形态的关系意向
来源：Mangin D. La ville franchisée: formes et structures de la ville contemporaine[M]. Editions de la Villette, 2004: 345.

例如，中国传统的四合院建筑在不同的自然气候影响下呈现千差万别的形态特征：北方气候寒冷，冬季时间长，因此需要更多的阳光，其院子

① 李振宇．城市·住宅·城市：柏林与上海住宅建筑发展比较[M]．南京：东南大学出版社，2004.

尺度也大；南方气候炎热，夏天日照厉害，所以院子小，以此保持阴凉的环境。其露天部分主要根据采光的需要，允许一部分阳光进来，以驱散潮气①。中国幅员辽阔，各地拥有不同的地理和气候背景，不同纬度的住宅以及居住街区也有着不同的空间形态。

中国城市规划设计研究院总结了中国东北、北部、中部、南部地区不同的传统住宅空间形态，并指出：在不同的气候、地域影响下，东北地区传统建筑拥有比较多的开敞空间，如庭院空间和天窗等，这是因为东北地区严寒的气候使室内活动较为频繁；而北部地区的四合院住宅结构则较为封闭，增加了一些过渡空间，如走廊等；中国南部的传统住宅拥有较多建筑的灰空间，例如骑楼等灰空间；中部地区传统住宅中的开敞空间、封闭空间（厅和房间等）及灰空间，其分布则较为折中。武汉市是处于中国中部地区的典型城市，其传统住宅能体现中部地区冬冷夏热的气候特征。

2.2.2 制度因素的影响

居住街区空间形态的形成是个人在制度框架内进行选择的结果。制度的作用包括如下4个方面：①国家、法律、文化、政治等制度作为一个整体对经济产生影响；②价格发挥着普遍而重要的作用，但由制度决定的权力结构才是决定资源配置的最基础因素；③制度调整要符合作为整体的社会利益。真正的价值判断标准是“满足人类高质量的生活”，即经济价值只是各种社会价值的一种，还应考虑除此以外的社会价值；④制度对于微观经济行为的影响是个人面临的环境约束，它不仅是收入约束，还包括交易成本约束。个人不是“完全理性”而是“有限理性”人②。

1．政治制度的影响

政治制度是上层建筑领域中各种权力主体维护自身利益的特定行为以及由此结成的关系，是人类历史发展到一定时期产生的一种重要社会现象，它对社会生活各个方面都有重大影响和作用③。我国1949年以来新的政治体制产生了不同于旧体制下的居住街区。

1949—1978年期间，武汉市居住街区空间形态主要受到国家工业发展政策

---

① 白德懋．居住区规划与环境设计[M]．北京：中国建筑工业出版社，1993：6.

② 徐桂华，魏倩．制度经济学三大流派的比较与评析[J]．经济经纬，2004（6）：13-17.

③ 政治[EB/OL]. http://baike.baidu.com/view/5073.htm.

和与之相应的计划经济体制的制约和影响。这一时期，国家发展重点是以优先重工业为核心，通过计划经济体制，采取低消费、高积累的政策，为了保证发展重工业所需要的资源，在此基础上形成了中国城乡二元化社会经济结构、城市工资、户籍、福利等一系列制度。这些制度是这个时期城市住宅发展的政策和体制基础。在“为生产服务，为人民生活服务”的指导原则下，工业生产成为住宅发展的前提。城市住宅发展的原则是保证居民的基本需求，服从工业发展，并随时为之做出让步。

中华人民共和国成立后与苏联在政治、经济、军事、文化等方面建立了密切广泛的合作和联系。“一五”时期我国编制的计划以及高度集中的计划经济体制的建立和重工业优先发展的策略都学自苏联。“一五”时期我国重工业的发展得到苏联的援助并产生156个重点项目。此外，居住街区规划的政策制度也受到苏联专家的影响。因此，苏联专家的思想对这一阶段居住街区空间形态造成了主导的影响。武汉市居住街区在“二五”时期和“文化大革命”期间，由于受到政治制度的影响而处于基本停滞阶段。

以上这些政治制度、社会变革都对居住街区空间形态的形成产生了深刻的影响。1949—1978年计划经济时期政治因素的变化，则作为居住街区空间形态发展的根本因素，也是居住街区形态转变的内在动因。

2．住房政策的影响

住房政策对居住街区空间形态产生的影响也是不言而喻的：1949—1957年的社会主义改造奠定了公有制住房的基础和福利住房的体制，居住街区空间形态呈现均质化特征；1958—1978年“大跃进”“文化大革命”到改革开放前，武汉的经济基础受到重创，住宅建设近乎停滞；1978—1991年改革开放的初期阶段，探索了以市场机制发展住宅建设的可能性；1992—1997年实行市场经济体制以来，进行了全面的住房制度改革，把住宅全面推向市场；1998—2010年以来由于停止了福利分房，住宅市场发展走向百花齐放。

改革开放后，武汉市住房制度改革（简称“房改”）大体上经历了3个阶段：

第一阶段（1985—1991年）为起步探索阶段，主要是推进了有关的单项改革。1990年成立住房制度改革领导小组，进行了合作建房、集资建房、有偿解困等改革探索。

第二阶段（1992—1997年）为全面推进阶段。1991年为适应全面改革的需要，成立了武汉市住房制度改革委员会。1992年6月出台了《武汉市住房制度改革实施方案》，确立了房改的基本思路，全面实施了调整住房租金、出售公有住房、建立公积金制度、建设安居工程等措施。1995年8月《武汉市深化城镇住房制度改革方案》出台，对已经实行的房改措施进一步完善和深化。1996年武汉市委、市政府发布了《关于制止无偿分配公有住房的通知》。

第三阶段（1998年以后）为住宅市场完全市场化阶段。1998年4月，武汉市政府发布了《关于进一步加快出售旧公有住房促进已售公房上市的通知》。1998年12月，武汉市房改委发布了《关于停止住房实物分配的通知》。武汉市的房改政策逐步把住宅推向市场，其居住街区空间形态也由改革开放之前主要受住房政策制度的影响逐渐转移到受经济制度的影响中。

3．规划控制的影响

武汉市历届总体规划界定了武汉市居住街区发展的大方向，其规划控制对居住街区空间形态的形成起到重要作用。在1949—1978年的总体规划中，武汉市居住街区的定额标准主要参考苏联模式，后又推行不切合实际的极度节约模式，这两种极端的模式都对居住街区空间形态的尺度产生重要影响。1978年改革开放后，武汉市居住街区的定额标准逐步考虑到本土的实际因素，居住层数定额和人均居住面积逐渐提高，居住街区空间形态的尺度也有所增大。1998年以后旧城区居住人口达到饱和，武汉市城市总体规划通过政策引导并梳理旧城区人口分布，在郊区建新居住组团，使得武汉市郊产生了大面积新的居住街区。

2.2.3 交通因素的影响

交通的布局、模式与居住街区空间形态呈相互影响的关系。中华人民共和国成立初期，武汉市的单位大院对公共交通产生了一定程度的影响：如武汉大学单位大院盘踞珞珈山地段，造成城市空间形态的隔离，阻碍了公共交通的畅通性；反之，交通模式也一定程度影响了居住街区的空间形态（图2-5）：如武汉市现阶段交通模式主要处于如图2-5（c）、（d）所示阶段，城市间居住街区空间形态呈现摊大饼状态，但武汉市交通模式正在往图2-5（a）、（b）模式发展，未来武汉市居住街区空间形态将会朝竖向与集约型方向发展。

2.2.4 经济因素的影响

经济环境及其投资是居住街区建成的先决条件。经济因素主要指影响城市

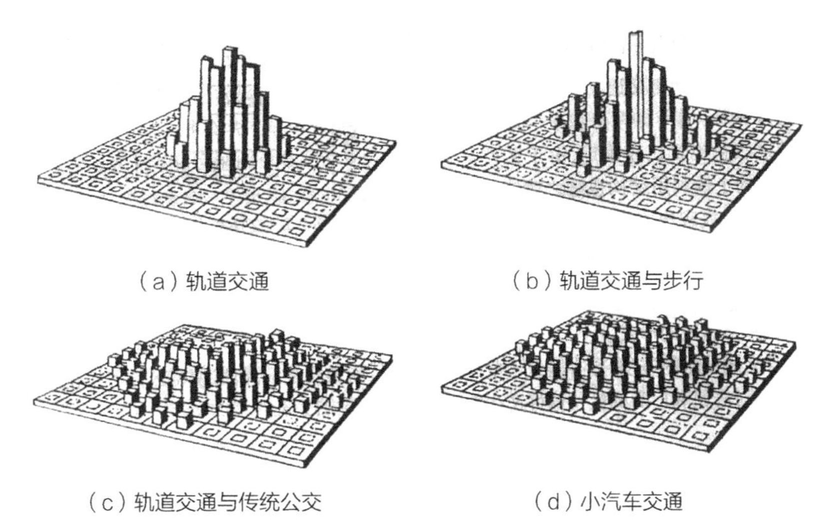

（a）轨道交通　（b）轨道交通与步行

（c）轨道交通与传统公交　（d）小汽车交通

图2-5　交通模式和居住街区空间形态的关系
来源：杨晓光教授讲座

发展的宏观经济状况，例如经济发展状况、经济结构、居民收入、消费者结构等方面的情况。居住街区的选址、街区内景观小品的设置、基础设施的更新和维护等都受到经济发展情况的制约。因此，经济环境的变化会对居住街区的空间形态产生重要影响，特别是1978年改革开放以后，随着房地产业的兴起，居住街区空间形态的变化也随着经济发展阶段的不同而起伏消长，表现出正相关的联系。

1．国家计划经济的影响

1949年中华人民共和国成立，这标志着中国彻底摆脱过去半殖民地半封建的社会形态，进入一个新的发展纪元。1949—1978年是中国计划经济的调控时期：这一时期生产资料公有，社会生产活动在国家计划统一调控下开展，社会的意识形态也被高度统一到马列主义思想体系中。国家计划经济对武汉市居住街区的影响主要表现为工业区的建设“和平等主义”的流行。

2．市场经济的影响

1979年中国终于重新打开尘封已久的国门，改革开放后的中国迎来了新生：邓小平同志把市场经济的新概念引入中国。由于长期以来束缚生产力发展的各种禁锢被打破，社会经济活动空前活跃起来，成为影响1979以后武汉市居住街区空间形态的主要驱动力。

市场经济强调市场行为活动中的行为个体（经济人）对于自身利益的最大

化追求。[①]在市场经济的影响下，武汉市计划经济时期产生的单位大院逐步瓦解，迎合不同消费者购买力和购买需要的商品房出现在历史的舞台；城市居民的人均住房面积和住房质量得到提高，居住街区开始出现分异；城市中心开始出现贫民窟、城中村，大量有城市特色的居住街区如“红房子”等正在走向消亡。

2.2.5 社会文化因素的影响

社会文化是与基层广大群众生产和生活实际紧密相连，由基层群众创造，具有地域、民族或群体特征，并对社会群体施加广泛影响的各种文化现象和文化活动的总称。[②]社会文化因素是影响居住街区空间形态发展的主要因素之一。

对居住街区空间形态社会文化的研究，主要关注于人在城市发展过程中与居住空间之间的关系、居住街区空间生活中人与人之间的关系、居住空间与社会结构的关系。总而言之，关注的是人与社会和居住街区之间的关系。其主旨在于发展健康、和谐、公平、稳定的居住街区社会空间环境，创造良好和可持续发展的居住空间。

1．家庭结构及人口结构的变化

中国社会传统意识十分强烈。家庭内部长辈和晚辈、主人和仆人都有上下、尊卑之分，其等级严明，而且男女有别、内外有别。这些都表现在居住形态之中[③]。

家庭结构是居住形态中最基本的构成单元，家庭结构的变化必然对住宅类型提出不同的要求，而且家庭结构也是经常变化的。从历史趋势来看，这个结构从大到小，而且越来越小。封建大家庭已不复存在，所谓“四世同堂”式的结构已逐步让位给一对夫妇或一对夫妇与其未婚子女的小家庭，即核心家庭。即使像中国这样一个尊老敬老、讲究伦理关系的文化之邦，儿女结婚后都选择离开父母独立成家。过去内向型、封闭式的独立独院的居住形态已不适宜现代生活。[④]

在家庭结构分裂的过程中，家庭人口的组成是动态的。由生到死，由幼变老，不断地更新换代，其居住建筑的类型也应多样化。一般住宅由卧室、过

---

① 斯密．国富论[M]．郭大力，王亚南，译．上海：上海三联书店，2009.

② 社会文化[EB/OL]. http://baike.baidu.com/view/78452.htm.

③ 白德懋．居住区规划与环境设计[M]．北京：中国建筑工业出版社，1993：10.

④ 白德懋．居住区规划与环境设计[M]．北京：中国建筑工业出版社，1993：9.

厅、厕所和厨房4部分组成。由于家庭人口的增添与迁出，户内用房除厨房、厕所比较稳定外，卧室的数量和过厅的需求要有相应的调整。[①]

武汉的家庭结构在过去50年里发生了巨大的变化。曾经的大家庭结构在新的社会背景下不复存在，独生子女政策令2+1式的核心家庭成为主要家庭模式。但是，核心家庭和老人之间的联系没有削弱，周末的大家庭聚会，两代人相邻而居的生活方式在武汉成为普遍现象。对商品房的需求上，面向年轻人的“三房两厅两卫”和面向老年人的“两房一厅一卫”成为流行房型。此外，单身出租公寓也受到市场欢迎。

城市社会人口结构的变化也对居住街区空间形态产生了影响，如武汉市人才的引进以及外来人口的增加，导致年轻单身住户增加，出现了短期租房模式。因此，适合核心家庭、单身青年居住的小户型房受到欢迎，居住街区空间形态的建筑尺度呈减小趋势。

2．居住方式、居住观念与居住街区空间形态的关系

居住由福利房向商品房的转变不仅是居住街区空间形态的转变，也是居民居住方式的改变：20世纪80年代，武汉人的住房形式主要是福利房，居住者往往为一个单位的同事及其家属，由此形成一个以业缘（单位提供福利房）、血缘为纽带的聚居群体。睦邻之间友爱互助，往往一家有难，八方来援。20世纪90年代住房制度改革后，个人购房逐渐取代单位分房，住房的来源呈多样化发展。有居民通过集资建房以及危房改造改善居住条件的，有中低收入者依靠经济适用房解决住房困难的。与此同时，越来越多的人开始购买商品房，与陌生人为邻已十分普遍。新的居住方式的改变，说明人们开始追求以满足自身居住条件为主的个性化住房，开始脱离集体和单位的“小家庭”，真正步入社会的“大家庭”。

居住观念的变化影响了人们对住房的需求，住房需求直接影响了居住街区的空间形态。20世纪80年代，人们对住房的环境和空间没有过多的考虑，房屋装修很简单，以实用性为主；住房需求很简单——实用。因此，居住街区的功能性是其主要特性。20世纪90年代之后，武汉人日益关注房子的审美功能，强调观赏性和实用性的统一。室内装饰根据个人的喜好布置，体现出个性化的居住观念；室外环境讲求人性化，注重人与自然的亲和，更注重绿化景观的美观

---

① 白德懋．居住区规划与环境设计[M]．北京：中国建筑工业出版社，1993：9.

性和周围环境的融合性。居住街区除了功能性外，更注重空间形态的美观特性。2000年后武汉人不再拘泥于居住在闹市中心，越来越多的武汉人选择便利的交通、相对低廉的价格和优越的自然环境，并到郊区选购住房。由此，武汉市产生了大片郊区居住街区。

2.2.6 科学技术因素的影响

科学技术是第一生产力。中华人民共和国成立以来，每一次科学技术的发展都对居住街区的空间形态产生了重大影响。如建筑材料、建筑技术、建筑设备和施工工艺等对居住形态有直接的影响。发明合成技术之前，建筑材料只能取之于自然界。多少世纪以来用的是土生土长的土、木和石材，这些材料的强度受到本身自然状态和性能的限制，将建筑物控制在一定的跨度和高度的范围内[①]。

出生在汉口老里弄的居民谢国安（武汉摄影家协会原副主席）用相机记录了每年酷暑期间发生在老武汉的百姓故事。1990年，《湖北画报》画册编辑部主任任毅华拍摄了一组武汉竹床阵的照片（图2-6）。任毅华说："在长江里玩水、光着膀子下棋、抱着茶壶喝茶、顶着毛巾出门、小孩当街洗澡、睡竹床阵，都是那个年代武汉人度夏的方式。城市的高楼渐渐多了，生活条件好了，空调也越来越多了，竹床阵自然渐渐消失了。"这些被摄影师记录下来的老武汉"竹床阵"的故事真实地反映了老武汉居民的生活和历史。

图2-6 竹床阵
来源：上、下图分别为谢国安、任毅华 摄

武汉居住民俗中最有名的是街头露宿形成的夏季奇观——"竹床阵"，这可以算是武汉市一种特殊的流动式居住

① 白德懋. 居住区规划与环境设计[M]. 北京：中国建筑工业出版社，1993：10.

形态。武汉是长江流域的三大火炉之一，夏天气温偏高，空气湿度大，昼夜温差小，酷暑闷热，人们无法在室内安眠。20世纪80年代盛夏时节，白天太阳刚刚落山，武汉人便从室内搬出竹床、躺椅之类，横七竖八地摆放在已清扫并洒水降温的街巷地面上。待吃罢晚饭，不分男女老少，各执一把蒲扇，分别到各自安排好的位置上聊天乘凉。男人赤膊短裤，妇女身着汗衫短裙，谁也不觉得有失体统。待到夜深人静之时，只见男女老少横躺直卧，密密麻麻的竹床一个挨着一个，绵延不绝、蔚为壮观。随着人们居住条件的改善，室内降温设施如电扇、空调逐渐普及，这种习俗已得到彻底改变，昔日“街头露宿”的壮观景象已成为历史。但近年来在武汉大街小巷又有重新出现的迹象。

高层建筑是在钢、混凝土和电梯等现代材料和现代技术得到应用后才成为可能，同时使居住和生活在一幢楼的多功能重叠成为可能①。20世纪90年代后，建筑技术的发展促成高层建筑的出现，使武汉市居住街区空间形态由多层向高层住宅转型。

2010年上海世博会的主题是“城市，让生活更美好”。其中，“沪上·生态家”在母体建筑的基础上进行了传承创新，充分体现了绿色地毯技术的内涵和因地制宜的设计原则。以“生态建造、乐活人生”为主题，以资源回用、节能减排、环境宜居和智能高效等四大技术体系为支撑，展示了自然通风强化技术、夏热冬冷气候适应性围护结构、燃料电池家庭能源中心、天然采光和室内LED照明、PC预制式多功能阳台、BIPV非晶硅膜光伏发电系统、生活垃圾资源化、固废再生轻质内隔墙、家庭远程医疗和智能集成管理、家用机器人服务系统等技术专项。城市固废垃圾变废为宝尤其引人注意，长江淤泥砖、再生材料、混凝土、粉煤灰替代水泥以及废铁、旧砖等回收利用，为正在被城市垃圾所困扰的居住街区提供了一种可持续的解决方式。“青年公寓、两代天地、三世同堂、乐龄之家”等四个年龄段主题单元，通过智能家居、LED照明、环保建材等理念给居住街区的设计注入新活力。智能、新的生态技术的产生为居住街区注入新的要素，产生了新的居住街区空间形态。

2.2.7 居住区规划设计思想的影响

中华人民共和国成立以来的不同阶段，居住街区设计思想和理念也发生了

---

① 白德懋. 居住区规划与环境设计[M]. 北京：中国建筑工业出版社，1993：10.

变化，这些变化直接影响了居住街区的规划设计及居住街区的空间形态。

1949年以来，随着社会主义公有制和计划经济的建立，我国城市住区形成了公有住房为主体的住房制度。第一个五年计划期间，在苏联“生产均衡布局论”思想的影响下，住区作为工矿企业的配套设施分布在新建工业城市的外围，因此，“企业社会”住区规划的思想形成并延续了20余年时间。这种受“先生产后生活”思想影响的“企业住区”以低标准的初始形态出现；随着住区规模的扩大，受苏联以小区为单元与行政管理模式一致思想的影响，在实践过程中发展成住区三级结构的规划模式。

1958—1979年受政治经济因素的影响，城市规划和居住街区建设基本处于停滞状态。

从1979年开始，我国进入以发展经济为主的改革时期，但居住街区规划所面临的还是解决20余年住房严重短缺的矛盾。“企业社会”的规划设计思想不能适应社会发展的快速需求，出现了以严格控制面积标准的“经济型”为主导的规划设计思想，并由政府介入，统一安排和开发。在这种思想影响的近十年中，全国出现了“千城一面”的行列式居住街区空间形态和单一的住宅类型。

1992年由于社会主义市场经济体制的提出，改革开放浪潮中的住区建设受到新的思想影响。早期思想经历了“欧陆风”之后，进入了以市场需求为驱动的轨道。

1998年后的设计思想受到“人文精神”“场所论”“文化遗产保护”“可持续发展”“新城市主义”等诸多思想的影响，居住街区的建设从解决物质需求开始转向对自然生态的保护、对城市社会的影响、对传统文化以及地域特征等问题的思考和关注。以人为本的“人本精神”逐渐成为居住街区规划设计的主流思想。

2.2.8 小结

影响居住街区空间形态产生和发展的因素是多方面的，除了上述主要因素以外，还有居住街区的管理水平、普通居民的公众参与等多方面原因都在综合地发挥作用。它们之间的主次、位置关系也在不断变化，这不仅影响居住街区空间形态的外表环境，还构成了内部的子系统：不同侧面和层次的影响要素之间彼此相互联结，构成居住街区空间形态功能和结构的表征链，进而推动居住街区的空间在不同层次上的形态演化。

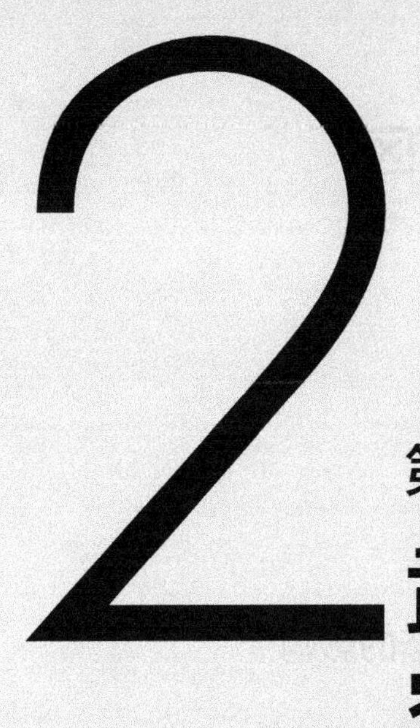

第二部分

武汉市居住街区空间形态研究（1949—2010年）

- 武汉市城市背景研究及对居住街区空间形态的影响
- 1949—1957年以围合式为主的武汉市居住街区空间形态研究
- 1958—1978年以行列式为主的武汉市居住街区空间形态研究
- 1979—1991年以多层为主的武汉市居住街区空间形态研究
- 1992—1997年市场经济初期的武汉市居住街区空间形态研究
- 1998年后多元化的武汉市居住街区空间形态研究

第3章 武汉市城市背景研究及对居住街区空间形态的影响

3.1 武汉市地理、气候背景及对居住街区空间形态的影响

武汉市地处长江中游与汉水交汇处以及江汉平原东北端，是中国内陆水陆交通的枢纽，地理位置非常优越。武汉市的整体形态如同一只自西向东翩翩起舞的蝴蝶。武汉市内山峦、湖泊众多。形成武汉地形骨架的两列自西向东绵延的山系，均形成于1亿多年前。其中一列从汉阳汤家山、赫山、龟山到武昌的紫金山、凤凰山、小龟山、吹笛山、横山；另一列从汉阳的米粮山、锅顶山、扁担山、凤栖山至武昌的蛇山、洪山、珞珈山、南望山、喻家山、石门峰、宝盖山。这两个山系共有上百座大大小小的山丘。其中龟蛇两山气势恢宏、隔江相望，形成“龟蛇锁大江”的城市意象中心。武汉是罕见的“百湖之市”，拥有梁子湖、东湖、月湖等众多湖泊。长江由南北纵向穿越城市，形成独特的十字形山水轴系，体现出山河交汇、湖泊众多的城市特点，形成天然的城市风景轴线和城市骨架。近年来，由于大量房地产的开发，武汉市原有的众多湖泊已大量被填埋，造成城市原始生态环境的破坏和不可逆转的损失。

武汉市的地理特征是“二江三镇”：长江、汉水二江；武昌、汉口、汉阳三镇。武汉三镇各具特色，并形成隔江鼎立的格局，具有不同的城市职能和相对独立的历史发展背景。武汉现辖江汉、江岸、汉阳、硚口、青山、武昌、洪山7个中心城区和6个郊区。武汉市总面积达到8569.15km^2，城镇化率84.56%。由于武汉市“二江三镇”的特殊地理格局，每次连通两岸桥梁的建设都促成居住街区的大量发展和开发。

武汉市地处北回归线以北，属于亚热带湿润季风性气候区，全年雨量充沛，年降雨量1150~1450mm，降雨集中在每年6月~8月。武汉市全年四季分

明，高温多雨。市区受到副热带高气压带的控制，又由于水域广、地势低、湿度大以及市区人口密度大等特点，形成特殊的热岛效应，每年有2周左右时间酷热难耐，气温高达37℃以上，因此武汉素有“火炉”之称。武汉地区每年盛夏阳光强烈、天空无云，城区人口密集地带燥热异常，夜间难以入睡，形成夏夜露宿街头的独特武汉文化。每年夏秋时节，长江上、中游水上涨，武汉在6～9月进入周期性的紧张防汛阶段。基于这样的气候背景，为了保证武汉市居住区内部的通风以及散热，居住区建筑间距往往较大，造成居住街区空间肌理稀疏的状态。

武汉市是位于中国中部的特大城市，其地形为北高南低，以丘陵和平原相间的波状起伏地形为主。武汉地区地处中纬度地带，位于湖北省江汉平原东部，长江、汉江交汇处，属于北亚热带季风性湿润气候。常年气候四季分明，光、热、水、风等气候资源十分丰富。同时，受到大陆性气候影响（大陆度为53%），冬冷夏热显著，旱涝灾害甚多[①]。

在武汉的严酷气候条件下，住宅朝向、日照、通风是很重要的问题。苏联式围合式住宅通常不考虑朝向，只考虑围合保暖。20世纪60年代中国和苏联决裂后，武汉市的居住街区设计开始考虑住宅的朝向、日照和通风问题。住宅朝南是最好的选择：在炎热的夏天有利于通风并可以避免西晒，冬天可以尽可能地利用日照提高室内温度。东西向的房间在夏季十分闷热，虽然现在空调已经普及，但大大提高了能源的消耗；朝北的房间夏天不利于通风，冬天显得阴冷潮湿。因此，武汉的住宅长期以来主要在南向安排卧室和起居室等；在室内设计中，朝南设计为开敞的大开窗面，朝北设计为封闭的小开窗面。

日照是武汉住宅总体布局中很重要的一个强制性控制要求，住宅建筑应满足大寒日不低于2小时的日照标准。每套住宅至少应有1个居住空间（卧室、起居室，下同）能获得日照。当1套住宅中居住空间总数超过4个的时候，其中宜有2个居住空间可以获得日照。武汉的湿度比较高，因此，居住区内要求较高的通风条件。

武汉市处于中国的非采暖区，居住设计的标准一直是按照无暖气设备的情况考虑的。武汉市冬天寒冷、夏天炎热。在过去20年里，武汉市部分家庭逐步采取空调供暖和制冷的办法。空调室外机对住宅的外观产生了影响，冷凝水的

---

① 武汉地方志编纂委员会. 武汉市志・城市建设志（上）[M]. 武汉：武汉大学出版社，1996.

排放、管线的分布也都成为居住设计中的具体问题。

地形平坦、河流湖泊水系众多、充足的植被以及冬冷夏热的气候等是武汉市自然环境的基本特点。在这些特征的影响下，武汉市居住街区空间形态呈现以下特征：住宅在平坦地形下布局，受地形影响因素较小。但江湖边的居住形态受到水体的影响布局，如江边设置的江景房一般都拥有良好朝向，填湖和填池塘而建的居住街区也会顺应地形设置水景；中华人民共和国成立初期，居住街区一味模仿苏联模式，其布局没有考虑气候和朝向，很多居住街区呈围合布局。后期考虑到武汉市冬冷夏热的气候以及日照通风等多方面因素的影响，住宅改成行列式布局；改革开放以后，人们对居住街区的审美品位提高，居住街区的空间形态朝多元化发展。

3.2 1949年以前武汉市历史背景概述

武汉市是一个拥有悠久历史的城市。从史料记载看，6000多年前的新石器时代这里就有人类居住。1965年在武昌水果湖放鹰台出土了屈家岭文化时期遗物。在武汉市郊的黄陂区发现长江流域唯一的商代古城——盘龙城，这证明武汉地区早在3500年前即有城市发展的轨迹。

在223年的三国时期，孙权在武昌黄鹄山（蛇山）建造城市，因城市位于夏水口部，故称“夏口城”。城市周长二三华里。夏口城建城的初衷是军事堡垒，具有控制长江中下游的战略意义。南朝宋孝建元年（454年）改名为郢州城，唐代以后郢州城废除。三国时期，刘琦在汉阳龟山山麓建造了鲁山城，这也是一个具有军事城堡功能的城市。

唐朝到明中叶期，武汉长江两岸的江夏（武昌）、汉阳两城并行发展。明成化年间（1465—1487年）汉水改道，经过龟山以北并与长江交汇。由于汉水的分隔，汉阳龟山以北的土地形成了汉水北岸的汉口。此后，武汉市形成了以武昌、汉阳和汉口为核心的城镇群发展格局①。

1．武昌城

武昌拥有优越的地理条件，是在夏口城的基础上发展起来的。北至沙湖，南至紫阳湖，东扩展至小龟山。城市既在城墙内发展，也在城墙外沿长江发

---

① 李军．近代武汉（1861—1949年）城市空间形态的演变[M]．武汉：长江出版社，2005：7.

展。因为武昌城具有的军事战略地位和长江的运输功能使城市的洲地和外长江岸边成为商业交换地，造成了城外的发展和开发。

明洪武四年（1371年），楚王朱桢命人按照王城规划建造楚王府。武昌城城墙呈不规则形，城市布局基本遵从传统礼制规则建造，但城墙因地制宜而建，并不完全拘泥于传统。1733年的《湖广通志图》显示，武昌城内基本格局没有大的变化，但王府城已不见踪影。城外沿长江岸边建筑群林立，沿江多为吊脚楼建筑。

民国元年（1912年），武昌府废除，江夏县改为武昌县，属于汉江道。民国16年（1927年）成立武汉国民政府，武汉三镇第一次合并形成武汉特别市。

2. 汉阳城

汉阳城是在鲁山城的基础上扩建的。汉阳城城墙呈椭圆形，城内主要设置汉阳县府、汉阳府等一系列机构。1733年《湖广通志图》中的“晴川阁图”表明，距离汉阳府东面2.5km的晴川阁沿江一带船来船往，建筑密布。当时汉阳城市在城外沿江岸自发性扩张、生长，建筑多为底层架空的吊脚楼形式。民国元年（1912年），汉阳府废除，汉阳县属于汉江道。自从近代龟山工业区形成后，汉阳以商业和手工业闻名中外。

3. 汉口镇

明成化年间（1465—1487年）汉水改道，使得汉口和汉阳以汉水为界，汉口在汉水北岸发展。汉口虽然在三镇中历史最短，但发展最快，正如民间流传的“五百年前一沙洲，五百年后楼外楼”，它诠释了汉口快速发展的历史进程。

明嘉靖年间（1522—1566年），汉口镇已有由义、循礼、居仁、大智四坊。清初汉口已经发展为中国四大名镇之一。清嘉庆年间（1796—1820年），在长江、汉水的水运影响下，汉口镇作为商业市镇和码头繁华起来，商贾聚集、船帆往来、百姓众多，户数多达3.7万，人口有13万。

1858年《中英天津条约》签订后，汉口与上海、天津、广州、青岛一起被列为通商口岸。清咸丰十一年（1861年）汉口开埠后，英、法、俄、德、日等帝国主义国家相继在汉口开辟租界，西式建筑也大量出现在汉口，这一时期建造了大量与中国资本主义生产方式相联系的新型近代建筑，很多中国商人也修建了工程和洋楼。20世纪初期，汉口镇的城区规模、经济及交通水平已经超过武昌和汉阳，武汉“三镇鼎立”的地理空间格局基本形成。

第4章 1949—1957年以围合式为主的武汉市居住街区空间形态研究

4.1 中华人民共和国成立初期以公有制为主体的武汉市历史社会背景

4.1.1 社会主义计划经济公有体制的形成

1949年中华人民共和国成立，面对战后濒临崩溃的国民经济，为了缓解财政赤字和严重的通货膨胀问题，政府采取了统一集中管理财政经济的政策。在1949—1953年三年经济恢复期间，工业生产总值中公有制或半公有制的成分（包括全民所有制、集体所有制或国家和私人合股的公司）从1949年的36.7%上升到1952年的61%，而同样欣欣向荣的私营企业生产的比例从63.3%下降到39%，比例颠倒过来了①。

在中华人民共和国成立以前，城市住宅是以私有制为主的。以武汉市为例，1949年私有房屋占城市房屋总量的84.32%②。中华人民共和国成立后，随着社会主义公有制的形成，新政府接收了国民党政府的财产，接管没收了帝国主义国家、官僚资本家等的财产，在此基础上形成了公有房地产③。

4.1.2 "一五"计划期间重工业优先的经济发展政策

1953年开始，我国开始实行第一个五年计划（"一五"计划）（1953—

① 华揽洪. 重建中国：城市规划三十年1949—1979[M]. 李颖，译. 北京：生活·读书·新知三联书店，2006：39.

② 蔡德荣. 中国城市住宅体制改革研究[M]. 北京：中国财政经济出版社，1987：35.

③ 吕俊华，彼得·罗，张杰. 中国现代城市住宅1840—2000[M]. 北京：清华大学出版社，2003：115.

1958年)。“一五”计划期间，中央政府提出“变消费城市为生产城市”和“改变国家工业地理分布”的战略方针，兴建了156个重点工业建设项目，把东北及内地部分城市作为工业布局和资金投入的重点。中央政府决定把武汉建成华中最重要的重工业基地。这一时期，国家在武汉地区开展大规模经济建设，共投资15亿元，新建企业32个，其中有武汉钢铁公司(以下简称“武钢”)、武汉重型机床厂(以下简称“武重”)、武昌造船厂、武汉锅炉厂(以下简称“武锅”)、武汉肉类联合加工厂、武汉国棉一厂、汉阳枕木防腐厂、青山热电站等重点建设项目(图4-1)[①]。

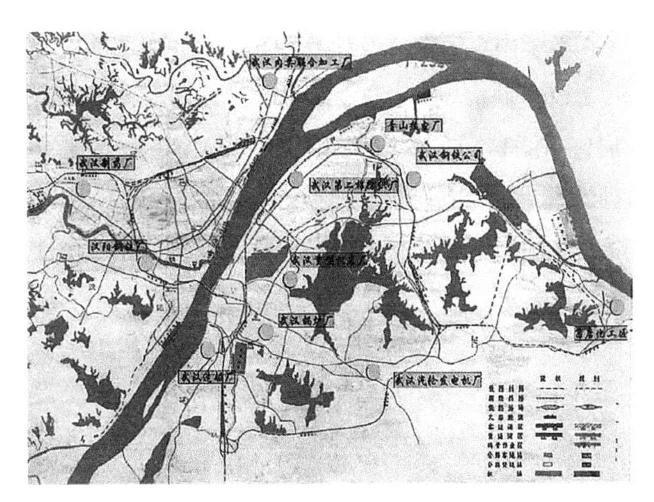

图4-1 “一五”“二五”时期重要工业项目建设示意图

来源：武汉市国土资源和规划局

三镇开辟青山、塔王庙、钵盂山、易家墩、白沙洲、七里庙、堤角等新工业区。武汉市的这些工业区的规划建设，主要借鉴苏联的规划方法和指导思想，有完整的生产区、福利区和城市商业供应网点，市政基础设施(道路、给水排水、电力、公共绿化、公共交通、环境卫生等)均同时配套建设，基本做到建成一片、受益一片，发挥了较好的投资效益[②]。1953年下半年，国家在武汉的部分重点工程开始基本建设，武汉市委立即提出“基建第一”的口号，确立“积极支援国家重点工程建设”的方针。1954年5月，中共武汉市第一次代

---

① 武汉地方志编纂委员会. 武汉市志：城市建设志(上)[M]. 武汉：武汉大学出版社，1996：35.

② 同上。

表大会号召全市人民“把保证重点工程的完成作为武汉各项工作的中心任务来抓，全力以赴，像支援战争一样支援重点建设，并解决重点建设需要解决的问题”。1956年5月，社会主义改造基本完成，工业建设有了较大发展，武汉市委进一步明确了把武汉建成重工业基地和华中地区工业重镇的战略目标。这一时期为配合工业建设和工人的居住及就业问题，建设了大量工人住宅区。

4.1.3 文化教育的发展

中华人民共和国成立后，武汉市政府对教育采取了“恢复、整顿、改革”以及“向工农开门”的方针。武汉市政府一方面着手对旧有的教育制度进行改革；另一方面，在教学内容、学科设计等方面基本照搬苏联模式。1953年武汉市政府编制的《武汉市城市规划草图》，将武昌珞珈山、喻家山、磨山一带列为文化教育发展区（图4-2）。中南地区全面贯彻《中南高等学校院系调整方案》，该方案以武汉市为中心进行高等院校调整。

后来的历届总体规划虽然没有专门设置文教区，但在城市性质上都明确指出科技、文教的定位要求。武汉市成为全国教育、科研的中心城市之一，教授

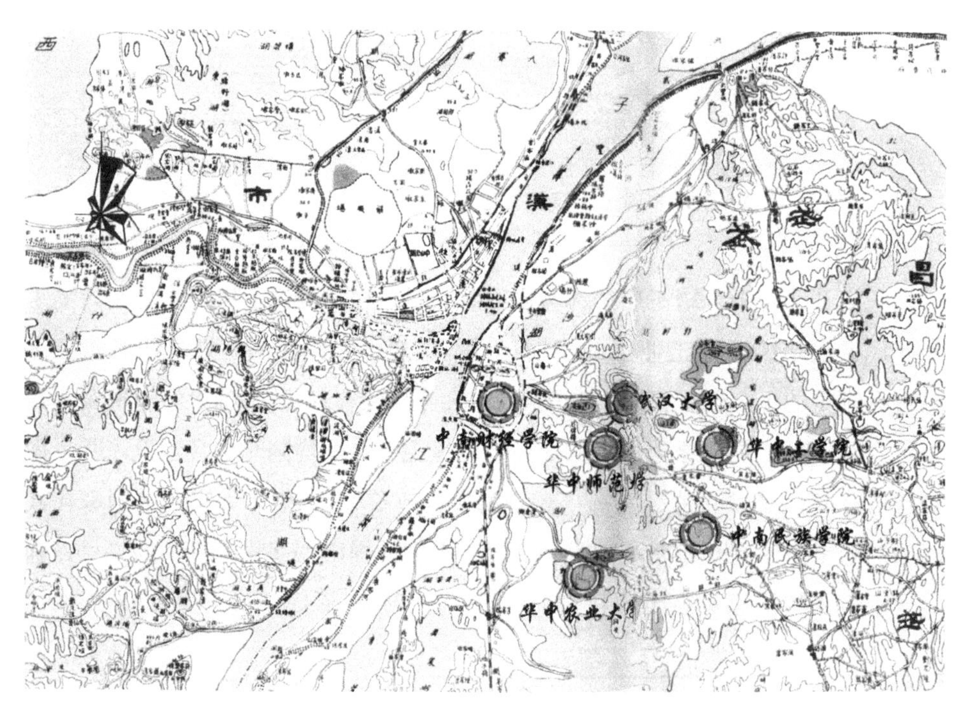

图4-2 武昌地区高校分布图
来源：武汉市国土资源和规划局

及大中专学生人数仅次于北京、上海，位居全国第三位。武昌一带科教文化的发展形成了众多高教型单位大院，例如武汉大学单位大院等。

4.1.4 武汉市住宅建设概况

武汉市内已有房屋108798栋，建筑面积13664418m^2，建筑总面积中钢筋混凝土结构为5.21%，混合结构为14.38%，砖木结构为61.23%，其余2621123m^{2}为茅屋木板房。砖木结构中已破旧的有11309栋，占19.11%。建筑层数4层以上的335栋占0.6%；二、三层的34301栋占58%；一层的24491栋占41.4%。汉口铁路线以内旧市区住宅建筑面积3245548m^2，室内居住面积1682951m^2，居住人口641312人，人均居住面积2.6m^{2}①。

汉口居住区面积5460hm^2，已有人口近90万人，每一居民按60m^{2}计，可以够用（如按人均76m^{2}计，仅容719000人）。已有居住区分布在上至硚口下至黄浦路，外以长江襄河为界，里以解放大道为界，面积1161hm^2，人口密度高达537人/hm^2，房屋陈旧，服务系统分布零乱，需根据国民经济的发展逐步进行改造②。武昌全部居住区面积8022hm^2，按人均76m^{2}计，可容121万人。已有居住区含旧城在内，东至铁路线，北至下新河，面积745hm^2。汉阳全部居住区面积1578hm^2，按人均76m^{2}计，可容20余万人。已有居住区包括旧城区及其附近龙灯堤枕木防腐厂以东，鹦鹉洲长衡会馆以北一带，面积595hm^{2}③。

由于战乱留下的种种创伤，中华人民共和国成立初期，武汉市房屋建设现状并不理想，居住区主要分布在旧城区。居住建筑破旧居多，居住街区的空间形态主要以低、矮的房屋建筑为主。随着人口的增长、文化教育的发展和社会生活等一系列变化，迎来了中华人民共和国成立以来武汉市居住街区第一个建设高潮。"一五"时期是"武汉市现代住宅建设的第一个高峰期"，这一时期主要建设了工人住宅区和单位大院（如高校职工单位大院）等居住街区。

1949—1957年武汉市人均居住面积3～4m^2（图4–3），由此可知后来按苏联指标规范确定的人均9m^{2}住宅面积并不符合当时中国的国情。武汉市住宅建筑面积在中华人民共和国成立初期发展缓慢，直到1955—1956年间才迎来第一个住宅建设的高潮（图4–4）。

---

① 武汉市城市规划管理局. 武汉市城市规划志[M]. 武汉：武汉出版社，1999：119.

② 武汉市城市规划管理局. 武汉市城市规划志[M]. 武汉：武汉出版社，1999：98.

③ 武汉市城市规划管理局. 武汉市城市规划志[M]. 武汉：武汉出版社，1999：99.

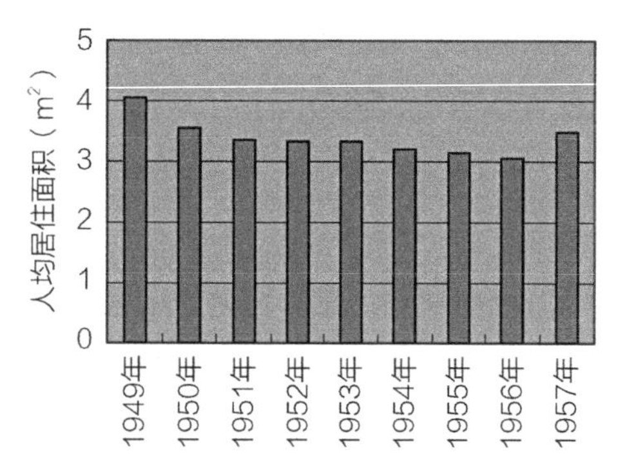

图4-3　1949—1957年武汉市人均居住面积
数据来源：武汉市统计局．武汉五十年：1949—1999[M]．北京：中国统计出版社，1999.

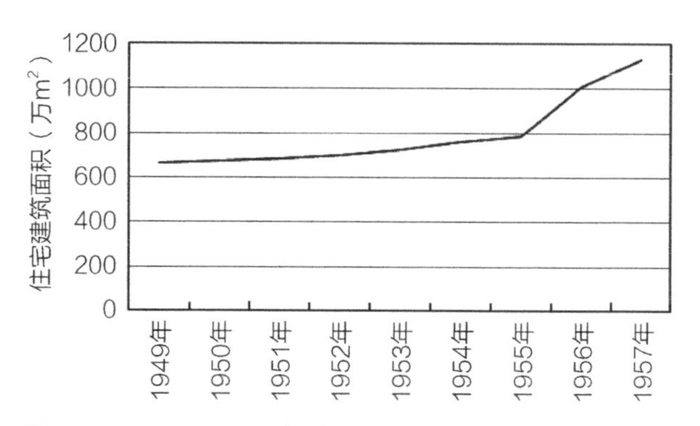

图4-4　1949—1957年武汉市住宅建筑面积
数据来源：武汉市统计局．武汉五十年：1949—1999[M]．北京：中国统计出版社，1999.

4.1.5　人口的增长及社会生活的变化

1950—1959年的10年间，武汉市区人口增加了169.92万，平均每年增加17万人，年平均增长44.98%，其中迁移增长率高达24.53%，自然增长率为20.45%。引起这次人口扩张的原因有3个：①“一五”期间经济发展，武汉市作为华中重镇，部署发展了一批大型工业企业，吸引了大量人口迁入城市；②中华人民共和国成立后人民的生活和医疗状况得到明显改善，新法接生得到普及，人口死亡率和婴儿死亡率迅速下降，出生率上升，人口自然增长率相应提高；③市区行政区划扩大，在增加面积的同时也增加了人口[①]。中华人民共和国成立初期武汉市人口的急剧增长造成对居住建筑的巨大需求和中华人民共和国成立初期轰轰烈烈的城市建设热潮。

在这一时期，社会生活发生了巨大转变：新型的社会主流文化即劳动人民的社会地位得到确认。社会生活崇尚务实和简朴，以劳动为荣。以血缘为核心的家族制度在这个阶段被单位和人民公社为基础的集体组织形式所取代。与此同时，人民群众的一些个人正当权益却受到抑制，传统习俗中的诸多内容因为与当时新的社会主义生活方式相违背因而被扣上“封建残余”的帽子，很多个性化特征都被当作资产阶级的个人主义。社会生活的集体化也体现在居住的集体化上，这一时期的居住往往设立集中的公共服务设施、集中的绿地等，居住街区空间形态以围合式住宅为主。

① 苏长梅．武汉人口[M]．武汉：武汉出版社，2000.

4.2 居住街区空间形态受苏联政治体制及思想的影响

4.2.1 苏联居住街区的局限性

中华人民共和国成立初期，我国的城市规划师寥寥无几，并且他们在现代城市规划治理上非常缺乏经验。没有美国和欧洲的援助，只有“苏联老大哥”给予的援助。在这种情况下，“苏联老大哥”的经验非常重要。但苏联专家20多年的城市规划经验也有其局限性，因为苏联的不少城市在第二次世界大战中被德军毁为废墟，所以他们的城市规划经验是在空地上建造新城，特别在城市规划选址及调查研究和统计的某些方法上也有所贡献。苏联顾问和各级行政单位的某些领导的审美观中还有一种追求高大和奢华的嗜好，这样就可以理解为什么苏联专家撤走多年后这种影响依旧存在[①]。

图4-5　苏联马格尼托哥尔斯克市中心区域规划

来源：华揽洪. 重建中国：城市规划三十年1949—1979[M]. 李颖，译. 北京：生活·读书·新知三联书店，2006：52.

在城市规划方面，20世纪50年代苏联城市规划专家做的规划有明显的形式主义痕迹（图4-5）：他们的规划图中体现的是城市规划最终完成的阶段，铺设大马路、扩路建公园或局部绿化。苏联式的城市规划非常死板，因为形式主义的痕迹使得主干道、次干道以及十字路口和建筑的位置都在图上标出，即使很小的一片绿地也要事先规划好。这样的城市规划并不是一个可持续发展的并能指导城市长期发展的规划。同时，苏联的居住街区

① 华揽洪. 重建中国：城市规划三十年（1949—1979）[M]. 李颖，译. 北京：生活·读书·新知三联书店，2006.

也有明显的形式主义特征，其街坊布局主要呈封闭式围合状态[①]。

4.2.2 苏联思想影响下的居住区规划设计思想

1．"一五"时期标准化思想及后期的反思

1954年以前国内还没有住宅建筑标准，所以采用苏联的建筑标准、工业化目标和标准设计方法，但没有顾及我国人民当时的生活情况。过早地采用大面积户型，每室面积15m^{2}以上，多为2～4室户，厕所、厨房、阳台齐全，但是分配时几户共用厕所与厨房，使住房完全失去了独立分户的格局。住宅结构采用横墙承重的方式。

1955年，中央提出"适用、经济、在可能条件下注重美观"的设计标准，并且降低非生产性建筑标准，规定居住面积定额为4m^2/人，这样产生了一批小套、小间的平面布局方式，从而出现了一批标准过低的住宅。

"一五"计划时期，国家在"先生产，后生活"的方针指引下，住宅建设标准大幅下降。面对严峻的现实经济发展趋势，这一时期把住宅建筑的美学形式放在相对次要的位置上，住宅建设领域向着限制性和节约性方向发展。后来在中央"双百方针"的指导下，很多建筑师与规划师从造价、标准及居民居住习惯等方方面面对住宅进行了有益的探索。

在第一个五年计划后期，中国的规划和建筑业界对一切照搬苏联模式的设计进行了批评和反思，并开始进行苏联模式和中国国情相结合的尝试。对苏联的全面学习也是由于那个时代的局限性造成的：一方面，中华人民共和国成立初期我们没有建设社会主义的经验；另一方面，面对旧中国留下来的半殖民地、半封建的烂摊子，特别是经济建设产业结构很不合理，因此在苏联的技术和经济援助下，向苏联学习便是当时最高效与快速的途径。但是，在学习和借鉴的同时也出现了盲目崇拜、不切实际、一切照搬的弊端。这样，人们开始思索，逐渐认识到必须探索出一条符合中国国情的社会主义建设道路，这种进步是值得欣慰的。

苏联专家巴拉金在"一五"初期对武汉市城市总体规划的意见和建议决定了当时武汉市居住街区呈南北向布局的特征。他认为：武汉是比较热的地方，

---

① 华揽洪．重建中国：城市规划三十年（1949—1979）[M]．李颖，译．北京：生活·读书·新知三联书店，2006.

房屋布局采取南向是有利的。设计时可把办公室和住宅的主要部分摆在南向，不可能把所有房屋一起向南，因为在干道上如果房屋都是南北向，便不免要把山墙面对大街，这样城市就不像个样子。在设计建筑群时，对街坊的布置可采取东西长、南北短的形式，以使面南的房屋增多，还可在建筑物内部房间的安排上，使主要房间如办公室、卧室等向南，次要的房间如厨房、厕所、储藏室、楼梯间等向西或向北①。

1955年，中央提出“适用、经济，在可能条件下注意美观”的设计原则，并指示降低非生产性建筑标准，反对形式主义、复古主义。这一时期，武汉市的住宅建筑标准有所降低，不过也出现了一些标准过低的设计。1956年通过研究调查，这种情况有所改进。1957年贯彻“百花齐放，百家争鸣”的方针政策，住宅设计渐渐克服了学习苏联的教条主义和形式主义倾向，结合武汉冬季寒冷与夏季炎热的气候特点，武钢蒋家墩4、5、6、7、11号等住宅街坊改为行列式布局，单元平面改为外廊式，但大住室、大户型的住宅设计在较长时间内仍然比较普遍。

2．邻里单位、街坊及扩大街坊

1）邻里单位

中华人民共和国成立以来城市居住空间组织模式的原型来自邻里单位模式，无论是20世纪50年代完整模仿邻里单位以及苏联的居住街坊模式，还是20世纪60年代基于邻里单位模式发展起来的居住小区规划理论，抑或20世纪80年代以后随着国家试点小区的推行和成熟，居住空间逐步形成“小区—组团—院落”的三级组织结构，以及通过对三级结构的改良形成的“小区—院落”的二级组织结构。居住空间的组织模式本身并没有脱离邻里单位模式的基本原则和组织方式，即以一个小学的服务人口限定居住空间的人口规模，以公共设施服务半径限定居住空间的用地规模，小区内只容纳单一的居住功能，并呈现等级化的组织结构等②。

2）街坊及扩大街坊

（1）街坊

20世纪20年代初，苏联兴建了一批新的住宅区，其目的是改善工人的居住

---

① 武汉市城市规划管理局．武汉市城市规划志[M]．武汉：武汉出版社，1999：111.

② 廖彬．演近中的居住概念及其建设模式：对中国城市居住小区发展模式的思考[J]．中国水运，2007，5（6）：97-98.

环境。住宅的规划手法是在资本主义遗留下来的密集的城市道路网络框架里，摒弃里弄规划手法，降低建筑密度，将住宅沿道路布置，留出一些可供居民户外活动和可绿化的空地，在住宅区里设置托幼机构，这样的住宅被称为街坊（图4-6）。

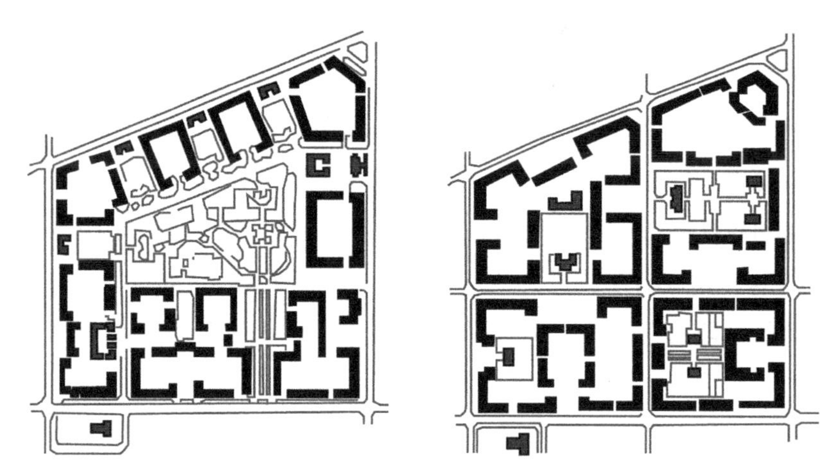

图4-6　苏联居住街坊

街坊有如下特点：

A. 为了保证住宅区里面的安静和安全，街坊里面没有穿越街坊内部的车行道路。

B. 以托幼为中心，围绕中心集中紧凑地布置住宅群，不安排其他服务设施。

C. 住宅呈周边式布置，住宅中心有较大的院落可以绿化，设置儿童活动场所，方便生活，改善环境，丰富建筑空间。

典型的街坊平面，其规模百余米见方，用地面积一般为1 ~ 2hm^2。过小的规模，限制了安排居民日常生活所必需的服务设施；道路网格又过于密集，不仅浪费了大量土地，而且道路开口与交叉较多，这妨碍了城市交通。

（2）扩大街坊

汽车的大量使用，使得城市道路网络扩大和改造，这破坏了构成街坊的规划结构形式，因此街坊也由此扩大。扩大街坊就是将几个街坊合在一起规划和新建，也就是将一个街坊扩大好几倍。由于街坊的规模扩大了，因此就多布置些服务设施，除托幼机构外，还布置了小食堂、小商店之类。省下了道路面积，可以腾出较多的土地设置公共绿地，这既方便了生活，也改善了住宅群的空间效果。例如把四个街坊合并成一个扩大街坊，其结果是：总用地、总人口都不变，住宅用地、道路用地都节省了，扩大了公共绿地面积，内部环境、空间效果有较大改善。还有些扩大街坊设置了学校、电影院、百货商店等更多的服务设施。这种扩大街坊就是居住小区的前身。

4.3 以福利住房为主的住房政策

4.3.1 城市住宅建设在经济发展中的地位："先生产，后生活"

这一时期中华人民共和国刚成立不久，还处于国民经济恢复时期。国家在第一个五年计划里明确了整体发展的方向，即在重工业优先发展的策略下，消费让位于生产（图4-7）。而住宅建设被定位为消费资料的生产。因此，国家对住宅建设的投资控制在国家基本建设投资10%左右的水平，在国民经济中处于次要地位。

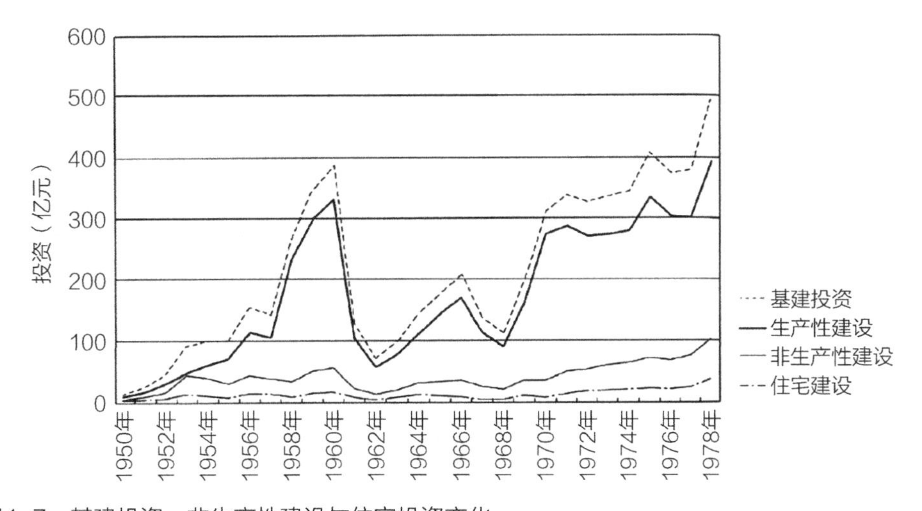

图4-7 基建投资、非生产性建设与住宅投资变化

来源：中国现代城市住宅1840—2000[M]. 北京：清华大学出版社，2005：114.

4.3.2 为工业生产服务的住宅建设：工人新村

"一五"计划开始后，围绕重点建设的工业城市开始了经济建设。为了充分利用城市基础设施和缩短工人上下班交通距离，在工业城市和城市外围工业区的附近建设了新的工人居住区——工人新村。工人新村是一种工人住宅群，因为建设风格鲜明、规模宏大而且主要服务于工人阶级（图4–8），它成了中国一个时代的象征。

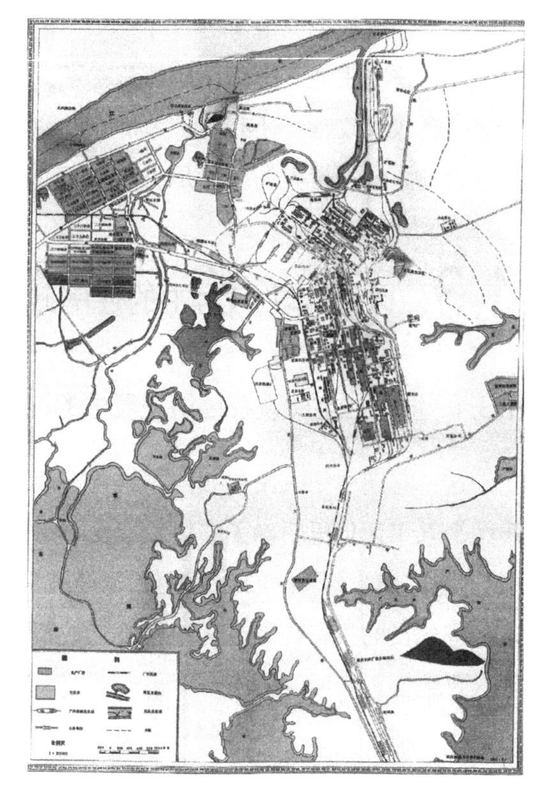

图4–8　武汉钢铁公司厂区生活区平面图
来源：武汉市国土资源和规划局

工人新村的空间形态特点是2～5层的板式楼，整个居住区中同类型的建筑单体呈行列式排列。工人新村是一个庞大的系统工程，除了建设住宅，还要配套一系列公共设施，如文化中心、学校、菜市场、商场等，以满足居民日常生活的需要。

工业是中华人民共和国成立初期武汉市城市发展的基础。为了就近解决工人的居住和生活问题，武汉市建设了工人新村。工人新村是当时武汉市住宅建设的主体。武汉市的工人新村主要集中在武昌和汉阳。武昌规模较大的工人新村主要有武汉钢铁厂居住区（又称“红钢城工人新村”，武汉人称其“红房子”）、武重及武锅两厂的工人新村、武昌沙湖工人新村；汉阳规模较大的工人新村主要有汉阳建桥和建港新村。

同济大学丁桂节在其博士论文《工人新村：永远的幸福生活》中指出，工人新村的幸福观作为社会意识具有“时代性、阶级性和个体性”的特点①。

4.3.3　投资和管理

为了适应“一五”计划中的大规模建设活动，国家建立了城市规划管理机构。1956年5月国务院发布了《关于加强新工业区和新工业城市建设工作几个问题的决定》并指出：为克服某些混乱现象，应该逐步实行统一规划、统一投

① 丁桂节．工人新村：永远的幸福生活[D]．上海：同济大学，2007.

资、统一设计、统一施工、统一分配和统一管理的方针，即“六统一”方针。显然，这是针对过去分散建设时期由各建设单位自行筹建、自行申请用地、自己负责拆迁、自行建筑和管理等一系列问题而指出的，是生产和使用过程集约化的一次尝试。统一的投资与管理政策使得当时居住街区开始有计划地统一集中建设，例如居住街区中的公共设施和绿地都是统一布局，造成了居住街区空间形态呈现集中布局的特征。

4.3.4 福利住房制度的形成

中华人民共和国成立初期，经济基础薄弱，政府对于干部和部分城市居民采取供给制或半供给制的办法，住宅也是其供给内容之一。将消费品分为若干等级，以保证基本消费品的供给。城市住宅的建设、分配和管理也相应采取了集中管理的办法，形成了福利住房制度。

为了保证重工业的发展，政府的主要手段是控制工资的增长和消费（例如住房的供给）。1955年国家出台了《关于国家机关工作人员全部实行工资制和改行货币工资制的命令》和《中央国家机关工作人员住用公家宿舍收租暂行办法》。城市职工在控制消费的政策下，领取低工资，其中也包括很少一部分住房消费。城市住房的供应完全掌握在政府手中，住房的产量、消费量、质量、分配都由政府决定，必要时可以根据具体经济运行情况调整。福利住房分配制和低工资的结合，逐步形成以国家包揽、低房租为特征，看似无偿分配的住房制度。

4.3.5 住房政策对居住街区空间形态的影响

这一时期的住房政策对居住街区空间形态产生了直接影响：工业优先及工人新村的建设确定了这一时期居住街区的主要类型。“六统一”的方针政策使得居住区的建设统一并有序，不再杂乱无章。福利住房制度的形成使这一时期居住街区空间形态呈现均质化特征。

4.4 中华人民共和国成立初期武汉市城市规划及对居住街区空间形态的影响

1953年武汉市政府拟定了《武汉市城市规划草图》，提出城区规划面积为433km^2，规划出9个工业区、1个高教区、1个行政区、1个风景区以及长江大桥、汉水公路桥桥址方案等。这个草图为中华人民共和国成立后历次城市规划的编制奠定了基础。紧接着于1954年制定的《武汉市城市总体规划》，成为“一五”计划时期重点项目选址和新时期拓展的主要依据[①]。1956年又编制了《武汉市城市建设12年规划》。

4.4.1 1953年《武汉市城市规划草图》

1953年，为了落实国家的“一五”计划，指导武汉市各项城市建设，促进生产、方便生活，变消费城市为工业城市，由鲍鼎先生主持编制了《武汉市城市规划草图》。

城市规模：武汉市区范围内的水陆面积约433km^2。已有人口135万人，估计20年后可发展至224万人。草图上居住面积约16260hm^2，按人均用地76m^{2}计（包括居住用地、社会机关用地以及绿化和道路用地），可容纳将来发展的人口数[②]。

居住区：城市居住用地包括居住街坊、公共绿地和街道广场以及各种社会服务机构。例如各种行政和经济机关、文化设施、中小学校、儿童机构、体育运动设施、保健医疗设施、合作社、商店、食堂、浴池、洗衣房等。整个社会服务系统必须合理分布在全市各个居住区内，以方便居民的生活。居住区分为已有的和计划开辟的两种[③]。

汉口计划居住区有2个：①在机场以东和以南解放大道与计划铁路之间，面积2539hm^2，与未来的客运总站接近。区内湖沼很多，不宜建筑的低洼地带总计约在700hm^{2}以上，需逐步填平方能建设；②在机场以西至易家墩、襄河与南台湖之间，面积1760hm^2，地势较高且平坦，恰位于襄河河套的优美环境，排水可向后湖，与市中心和客运总站以及东西两面的工业区有干道互相联系[④]。

武昌计划居住区有3个：①徐家棚从三层铁路线起至青山工业区以及长江与东湖之间，面积4561hm^2，面临长江，后倚沙湖，适于居住区发展；②旧城至计划铁路线以西，东面包括卓刀泉和喻家山，北面包括东沙湖之间地带，面积约2498hm^2，优越条件是丘陵地带，其地势较高，与旧城区及东湖风景区都

---

① 武汉地方志编纂委员会. 武汉市志：城市建设志（上）[M]. 武汉：武汉大学出版社，1996：35.

② 武汉市城市规划管理局. 武汉市城市规划志[M]. 武汉：武汉出版社，1999：97.

③ 武汉市城市规划管理局. 武汉市城市规划志[M]. 武汉：武汉出版社，1999：98.

④ 同上。

很接近；③城南白沙洲，面积218hm^2，可供附近地方工业及交通运输业职工居住之用[①]。

汉阳计划的居住区自十里铺以东、枕木防腐厂以西，以及襄河太子湖之间，面积983hm^2，标高一般为25～26m[②]。这一时期的居住街区建设主要围绕大型工业企业周围选址，以保证工业企业职工生活的需要。

4.4.2 1954年《武汉市城市总体规划》

1954年编制了《武汉市城市总体规划》(图4-9)。

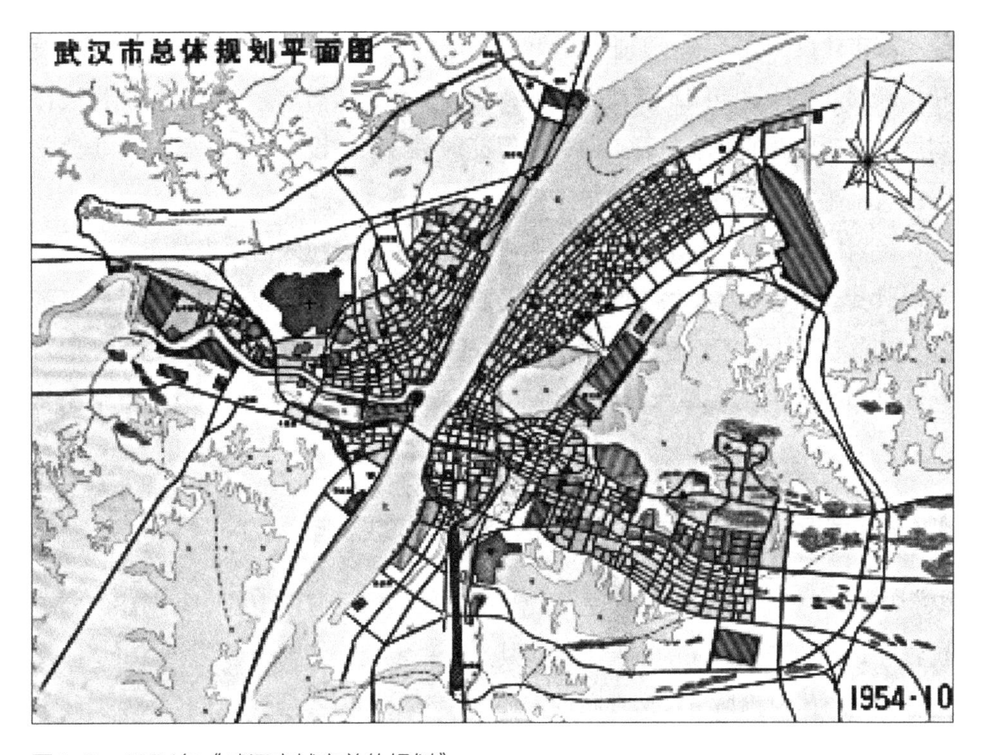

图4-9 1954年《武汉市城市总体规划》
来源：武汉市国土资源与规划局

新建居住区主要在武昌地区，位于徐家棚钢铁厂、汽车厂以及钵盂山锅炉厂和洪山重型工具厂职工住宅区。

---

① 武汉市城市规划管理局. 武汉市城市规划志[M]. 武汉：武汉出版社，1999：99.

② 同上。

新建居住区（武昌）主要参考苏联城市建设定额，拟出本市远期的公共建筑各项定额方案，并征求各业务部门意见后做了修正和补充，用于远期规划（人均居住面积$9m^2$）[①]。后来的实践证明，盲目参考苏联人均居住面积$9m^2$并不符合中国当时并不富裕的国情，因此，在以后的居住区设计规范中需要做出调整。

4.4.3 1956年《武汉市城市建设12年规划》

城市性质及发展方向确定武汉市是“二五”“三五”计划中有很大发展潜力的综合性城市，也是重工业基地，更是华中地区工业发展的中心和基础[②]。

城市建设的方针：为工业建设，为生产、为劳动人民服务，保证工业建设和生产的需要，适当满足劳动人民的物质、文化生活需求。今后应根据发展计划做好新建地区的城市建设工作，以保证国家各项建设事业的需要，逐步改善旧市区工业生产条件及生活居住条件[③]。

规划居住区内设置工业的原则：可根据需要在居住区内适当分布一些小型工业，其范围为小型机械工业和为居民服务的食品工业等。但均需符合以下条件：运输量不大，不需铁路支线及机械起卸设备的；无巨量污水、恶臭及烟尘妨碍城市卫生的；非爆炸易燃性质，且无噪声的；与城市有关建设原则无违背的[④]。

4.4.4 武汉市城市规划对居住街区空间形态的影响

1949—1957年的三个城市总体规划决定了当时的居住街区空间形态的分布位置、类型和基本特征，在宏观上对其产生一定程度的影响。三个城市总体规划在武汉市当时远离市区地带布置了一批大型工业项目，引导了这一时期城市空间的跳跃式拓展。由于这一时期城市建设的方针是优先发展工业建设，居住街区在大型工矿企业周围布局，形成大量且大规模的工人新村；总体规划提出的一个高教区形成了众多依托高校职工建立的单位大院。居住建筑的定额参考苏联模式，形成一系列并不适合本土的居住街区设计。

---

① 武汉市城市规划管理局. 武汉市城市规划志[M]. 武汉：武汉出版社，1999：122.

② 武汉市城市规划管理局. 武汉市城市规划志[M]. 武汉：武汉出版社，1999：137.

③ 武汉市城市规划管理局. 武汉市城市规划志[M]. 武汉：武汉出版社，1999：138.

④ 武汉市城市规划管理局. 武汉市城市规划志[M]. 武汉：武汉出版社，1999：141.

4.5 以围合式居住街区为主的武汉市居住街区空间形态

中华人民共和国成立初期，武汉市的大片居住街区都受到苏联政治体制及思想的影响，以围合式居住街区为主，多为低层、低密度的居住街区，从功能上可以分为工人新村、单位大院等类型。由于武汉三镇所侧重的职能各不相同，所以武汉三镇居住街区各有不同的发展历程。

1．武昌

武昌是武汉市的行政中心，主要定位于文教、高校区。中华人民共和国成立以后在武昌的围合式居住街区主要有青山区红钢城居住街坊、洪山广场街坊和武汉重型机床厂职工宿舍（简称“武重宿舍”）等，还有大量高校职工单位大院和一些政府职工住宅。

高等院校调整后，武汉市先后有中南财经学院、华中工学院、中南政法学院、中南音乐专科学校、武汉大学水利学院、中南体育学院、中南美术专科学校、华中师范学院、武汉测绘学院等多所高等学院建立。为了解决高校职工的居住问题和子女上学问题，高校周围形成了单位大院。单位大院虽然一定程度上解决了高校职工的日常生活，但是单位大院各自为政的局面造成其与社会的隔离，单位大院中的居住街区空间形态也不能与城市形成统一的整体。

2．汉阳

汉阳沿袭1949年前“汉阳造”的传统，继续发展工业。20世纪50年代武汉市的工人新村主要集中在武昌、汉阳。

3．汉口

汉口在1949年前即是武汉市商业聚集地，有大量里弄住宅。中华人民共和国刚成立时大量发展重工业，因此计划经济时期汉口的住宅建设并不多。1953年《武汉市城市规划草图》设立了2个大型居住区。1979年以后，武汉市大力发展市场经济，汉口逐渐形成大量高层高密度居住街区。

4.5.1 围合式街坊布局空间形态

这一时期典型的居住街区空间形态是模仿苏联围合式街坊布局，其典型案例有青山区武钢的围合式街坊和洪山区街坊规划等。

1．围合式、周边街坊式布局空间形态：红钢城

青山区“红房子”片主要包括红钢城和红卫路两处，面积约41hm^2。其中红钢城片以围合式居住街区为主，红卫路片以行列式居住街区为主。红钢城居住区位于青山蒋家墩—任家路沿江地区，在中央批准武汉钢铁公司选址后，城市规划确定为武钢职工的居住区。居住区按棋盘式道路网格划分为若干街坊，如现称四、五、六、七、八、九、十等街坊（图4-10），每块街坊面积约8hm²。街坊住宅建筑的规划布局多为周边式，沿街面貌较为整齐。在建住宅的同时，配置了一些商业服务设施与幼儿园、中小学等公共建筑，建筑密度约26%。居住区建设始于1956年[①]。

图例 公共服务设施 城市主干道 城市次干道 水体景观 绿地景观

图4-10 红钢城居住区四到十街坊区位图
来源：李德伦 绘制

1）街块尺度与形式（图4-11）

工人新村采取了“大街区、宽马路”的规划模式。例如青山区“红房子”四、五、六、七、八、九、十街坊，每个街坊面积约8hm²。这个时期形成的城市居住街区尺度较为巨大，这是因为它模仿苏联模式街区而造成的。

2）土地利用

工人新村是一种“单位社会”。在新工业建设中，实施“统一规划、统一

① 武汉市城市规划管理局．武汉市城市规划志[M]．武汉：武汉出版社，1999：251.

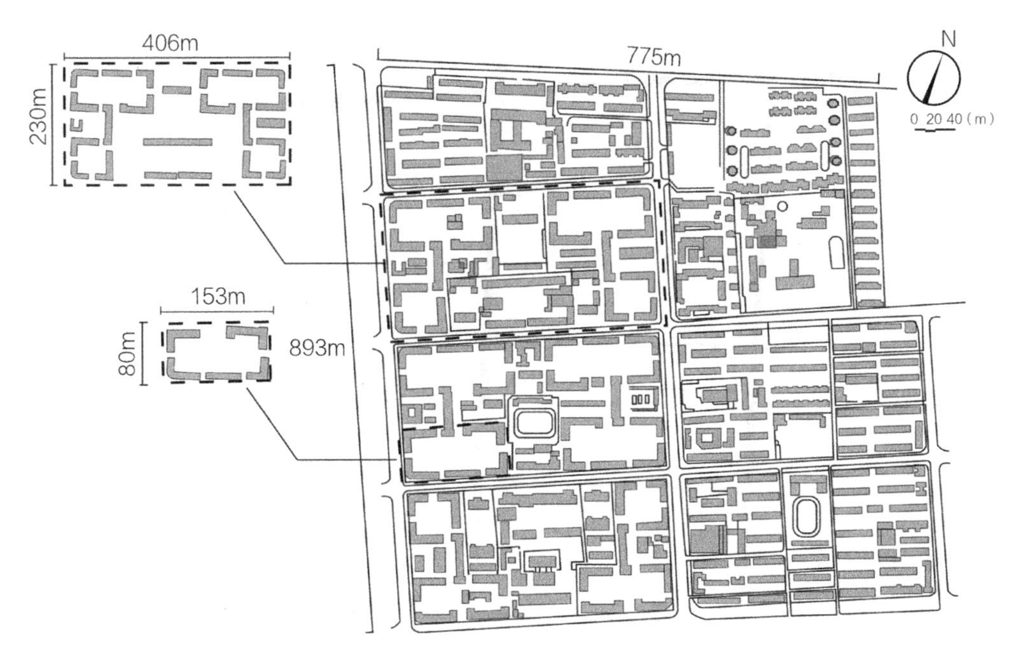

图4-11　红钢城街区面积和尺寸
来源：李德伦 绘制

设计、统一投资、统一建设、统一分配和统一管理"，明确了地方政府和各工业主管部门的权限和责任。新建厂区及生活区内外的专用道路、房屋建设与基础设施由项目主管部门负责。公共使用的道路、基础设施和服务设施由地方政府投资建设。因为地方政府没有足够的资金发展娱乐、公共文化和卫生设施，每个单位负责建设居住区的一整套基本生活福利设施，满足单位职工的基本生活需要。所以工作单位不仅是城市社会中的一个经济单位，也是一个自给自足的生活单位，整个城市就由这些"单位社会"构成。

20世纪50年代至70年代末期，工人新村的布局与工业布局采取了同步的城区分散式布局，重点布局在汉阳、武昌，而且分布在与重工业相邻的城郊地区。这种居住与工业就近的布局，不仅缓解了与旧城区相联系的主干道交通压力，也使城市后来沿此轴线拓展的道路看起来显得空旷和气势庄严。

3）道路空间形态（图4-12）

早期工人新村的道路网结构多为棋盘式布局，这种路网形式适应于平坦的地形。无变化、方正的网络系统，使住宅布局显得无生气、单调。道路分为城市主干道、街区道路、地块内部道路三级。几乎所有工人新村的道路都是分级处理：主干道为工人新村的主要通路，一般红线宽20～25m、车行道14m；

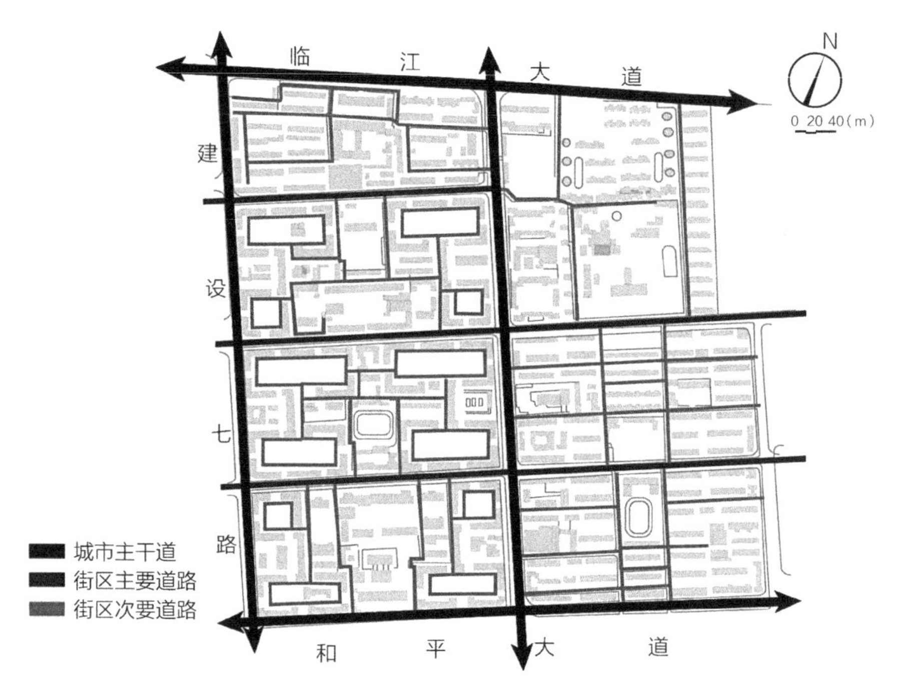

图4-12　红钢城棋盘式道路空间形态
来源：李德伦 绘制

通往各小区内的道路为支路，一般红线宽14m、车行道7m；通往各住户的小路，宽一般为1.5～3m。

4）公共服务设施空间形态

公共服务设施分级设置，并考虑共享与集中布局（图4-13）。公建配套设施主要包括小学、幼儿园、食堂、医疗门诊、基层商店等日常生活服务设施。据悉，在早期工人新村里由于供水不足、排水设施及公共设施配套不完善，造成了诸多生活上的不便。为了节省投资，工人新村往往和周边的新村共享公建配套设施，有的干脆只是利用附近原有的公建配套设施，因此造成了公建服务半径相对过大的问题。但在一些远离市中心的大型工人新村中，由于独立性相对较强，设置了相对齐全的配套设施以满足居民日常生活的需要。这些工人新村一般按照小区理论规划，以公建作为中心来分级布置组团。在1960年开始的城市人民公社运动期间，为了强调集体生活的自给自足特征，一般根据食堂的服务人数确定住区的大小，因此小区多以食堂为中心进行布局。

一般大型工人新村的公共服务设施根据规模大小和规划结构分为两至三级。一级居住区级服务设施一般集中布置在工人新村的中心位置，形成居住区

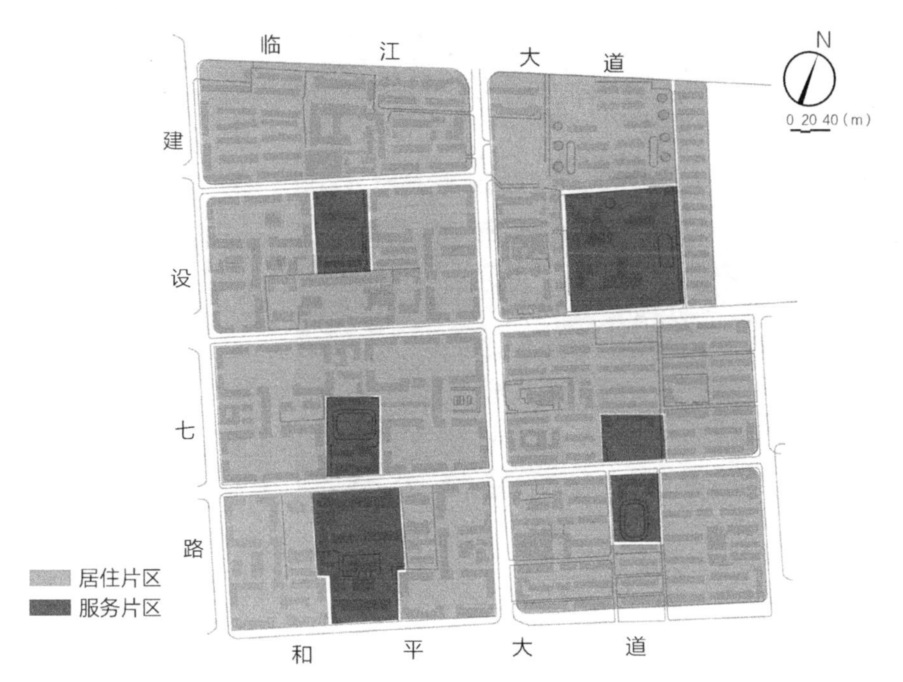

图4-13 红钢城公共服务设施布局
来源：李德伦 绘制

中心，服务半径在1000m以内，供整个新村居民服务使用。小区级服务设施为二级设施，半径在500m以内，一般包括小学、综合服务站、综合商场、菜市场、邮政所等。三级是居委会级设施，是最基层的生活服务设施，供住宅组团内的居民使用，服务半径不超过300m，如托幼、居委会、基层商店，一般布置在住宅组团内部，方便就近使用。

5）绿化景观空间形态

绿地景观一般按三级系统划分，分为中心绿化、公共绿化、宅旁绿化。中心绿化为整个工人新村的居民服务，位于居住区的中心位置并且结合公共建筑设施布置，一般以小游园的形式为居民活动、休息等提供场所，其规模较大，多呈方形（图4–14、图4–15）。公共绿地一般位于住宅组团内部，规模较小，供小区各组团住户使用。宅旁绿化位于住宅庭院内及住宅周边，这类绿化一定程度上依靠住户自觉对场地进行绿化。

6）空间布局及空间肌理

中华人民共和国成立初期主要在空地上（一般是城镇边缘的空地）盖朝南的一排排平房，后来为了节约土地开始建2层的楼房，并在楼里布置长廊代替

图4-14 红钢城中心绿化
来源：自摄

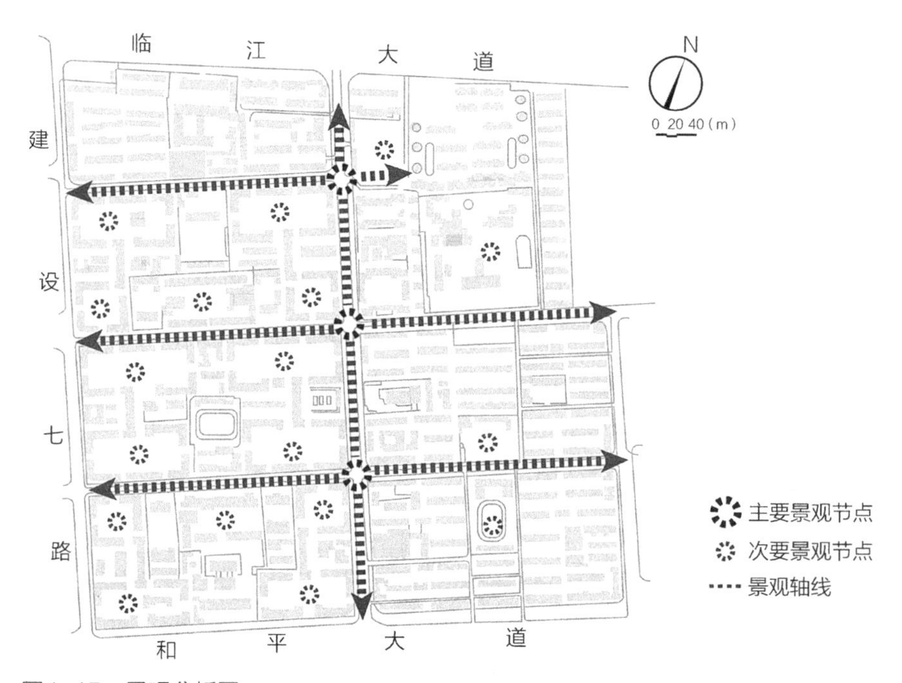

图4-15 景观分析图
来源：李德伦 绘制

原来同样面积的土地。“一五”计划时期，楼层开始逐渐增加，一般为不设电梯的最高限度（5层），但为了节省空间或出于建筑轮廓的考虑，有时会加到6层（图4-16）。

苏联专家巴拉金在报告中对短进深的行列式住宅提出了批评：“最近武汉

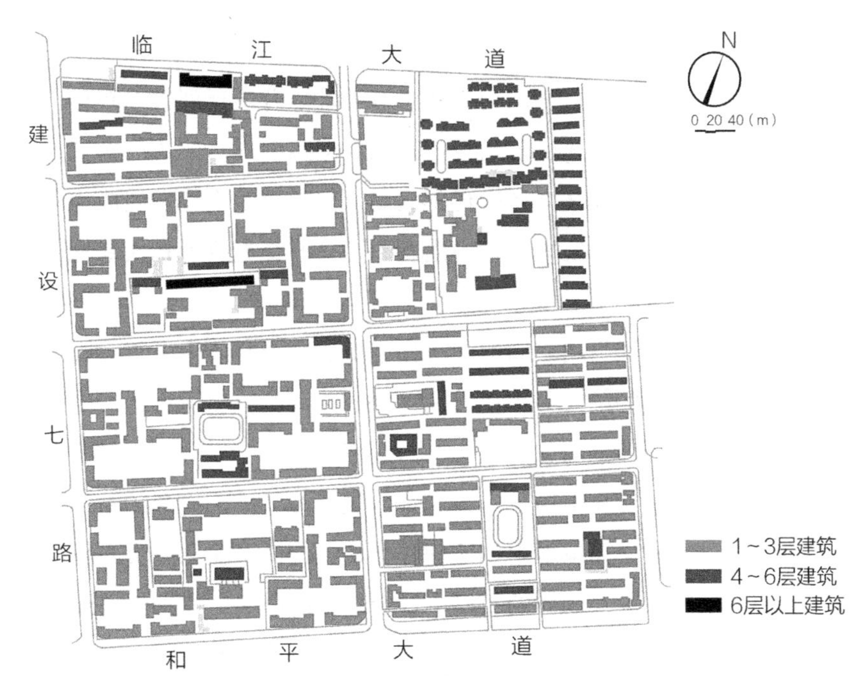

图4-16 建筑层数图
来源：李德伦 绘制

市新建起许多房屋，进深很小，只有6～7m，排列起来好像一栋栋沙皇式、日本式兵营，这样的兵营式建筑是不能使劳动人民产生愉快感觉的，希望武汉的设计部门和工程师特别注意这个问题。”①

“一五”计划期间，因为盲目学习苏联模式产生了周边式街坊布局。周边式街坊内部没有其他生活服务设施，以托幼为中心，小区内形成相对封闭、四面围合的居住环境，强调轴线均匀对称，不考虑住宅朝向。这种布局方式表现出强烈的次序感和形式主义倾向。

20世纪50年代从苏联引进的“居住小区—居住街区”模式在当时产生了重要影响。这种规划形式有比较明确的轴线，外围建筑顺应街道走向布置，街坊的界面和城市空间取得一定联系：住宅的朝向不仅有东西向，也有南北向，创造出一种围合感的外部空间；每个街坊面积大致是5～6hm^2；中心布置公共服务性设施，表现出形式主义倾向。

在1956年的红钢城工人新村有一些周边街坊式（院落化）布局的小区。这

① 武汉市城市规划管理局. 武汉市城市规划志[M]. 武汉：武汉出版社，1999：104.

种小区按棋盘网格式结构划分为若干街坊，每块街坊约8hm²。街坊住宅建筑规划的布局大都是周边式的，有的街坊还采取了外围合内行列式的布局。建筑密度约为26%，建设小区的基本思想与西方规划实践中的“街坊”相同，这种居住单位使居民生活需求能在本区中得到满足，但缺点是不能发展成为一个完整的整体。总的来说，苏联规划的核心内容不是公共交通或者私人绿地，而是公共的集体住宅。

这一时期，以围合式组团空间形成的住宅街坊在当时产生了重大影响。这种规划形式有比较明确的轴线关系，外围建筑的布局顺应街道走向，街坊界面和城市空间取得关系。住宅的朝向有东、西、南、北向，创造出一种围合的外部空间。服务性公共建筑在街坊中心布局，体现了苏联城市规划的秩序感和形式主义特征倾向。但是，简单地套用这种外来形式，没有注意解决东西向及转角单元的日照与通风效果，这样的布局不适合我国的国情：我国地处北半球的北温带上，住宅建筑的最好朝向为坐南面北。这点与苏联所处的地理位置有着很大的区别。所以同济大学的冯纪忠先生对当时苏联专家简单地将他们国内的周边式街坊布局搬入我国的设计手法有些异议。在实际的操作中我们发现：简单的周边式容易形成东西朝向的住宅建筑，而东西朝向的住宅建筑本身就存在西晒等一系列问题。

红钢城八、九、十街坊不仅是苏联周边围合式建筑布局模式的再现，也是住宅区典型的街坊、扩大街坊的布局方式，是中国居住区发展演变过程中一项重要环节的真实历史遗存。街坊内保存有宽敞的居民交往的围合、半围合院落空间，面向道路有若干个开敞空间，小学、幼儿园等公共设施布局在街坊内。五、六街坊在建设时，考虑了武汉炎热气候的影响，建筑布局发生了变化，改变完全围合的空间布局为半围合式加行列式布局，既适应了本土环境的要求又兼顾邻里交往的空间设置。四、七街坊已经基本演变成行列式布局。

红钢城的空间肌理（图4-17）比较粗犷，也不细腻，这是因为街区里有较多中心空旷的场地，建筑以空地为中心围合布局，产生了独具亲和力的封闭空间。

7）独具特色的“红房子”风貌特征

工人新村的建筑色彩一般采取红色，如青山区武钢的工人新村“红房子”，体现当时热火朝天大干工业的革命热情。红钢城工人新村具有独特的

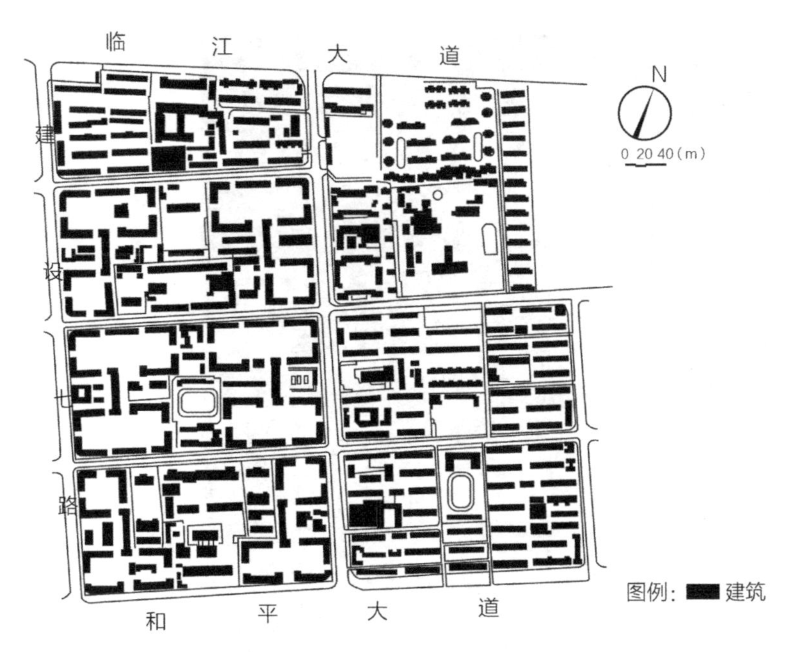

图4-17 红钢城空间肌理
来源：李德伦 绘制

“红房子”风貌特征：住房建筑主要为3、4层楼砖木结构，外观为红砖墙、坡屋顶。虽然街区中的单体建筑并不一定具有建筑古迹的特征，但是整个街区具有很高的历史和艺术价值，它保留了街区的整体特征和时代的精神风貌。例如其中的八、九、十街坊建筑呈双喜字形（图4–18），这体现了中国文化的特色。

8）独特的社区文化

围合式居住街区具有其独特的社区文化，有现代城市住区所缺少的那种融洽的邻里关系，成为现代城市中富有特色的街区组团形式之一。红钢城的围合式社区实现了场所感、邻里感和安全感，并体现空间的艺术魅力与尺度的和谐（图4–19）。不同的居住区规划与居民的生活模式间存在着息息相关的关系，现在类似“红房子”的完全职工分配房模式已经不存在了，邻里关系也不像以前那样相互影响和单纯。现代的小区模式和原来的街坊住区模式相比增加了物业管理，因而更有安全感，生活环境也更加舒适，但现有的小区住区模式让邻里间的关系变得比较疏远。有调查发现，60%的人都不认识周围的邻居；也有新闻报道，隔壁家邻居出现意外或有生命危险，常常是数月之后才被发现，这种例子举不胜举。但是旧的工业住区里居住、服务自成体系，与城市难以衔接，而且建设年代久远、居住环境欠佳、配套设施不全，这对城市形象

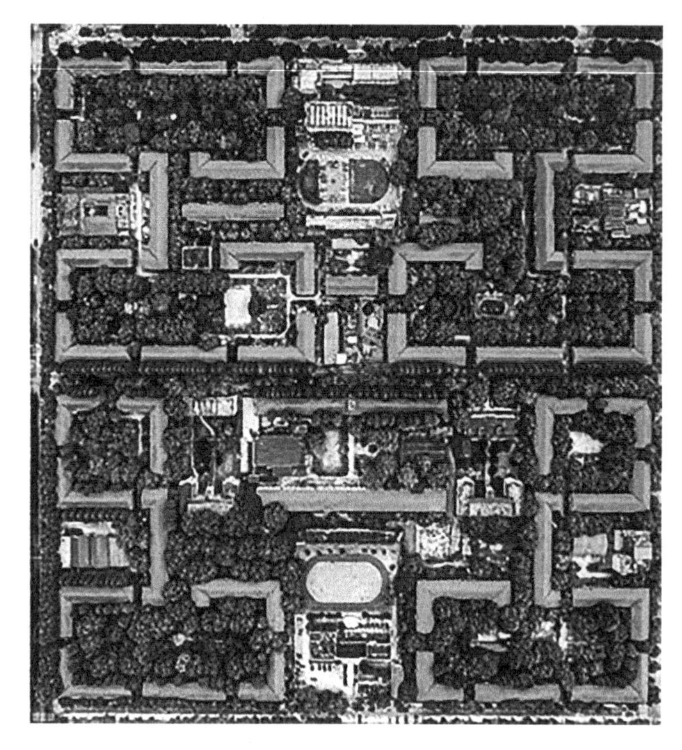

图4-18　红钢城八、九、十街坊呈双喜字形

图4-19　红钢城的围合感体现融洽的邻里关系
来源：武汉市城市规划设计研究院

有所影响。所以，老工业社区职住一体化的模式既有其有利的一面，也存在较多问题，所有理想和现实的矛盾都需要通过全面系统的研究，探索其合理发展之路。

2．周边街坊式布局空间形态：洪山广场

1954年编制的《武汉市城市总体规划》中有洪山广场：一开始洪山广场被定位为中南区行政中心广场，然后又定位为湖北省的行政中心广场，当时的洪

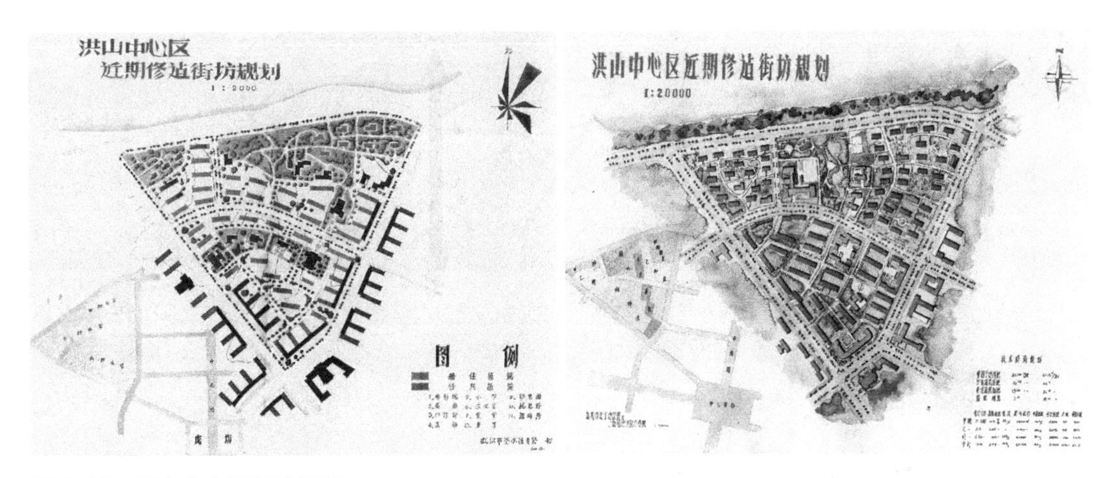

图4-20 洪山中心区街坊规划
来源：武汉市国土资源和规划局

山广场四周布置了省级党政机构和大会堂。洪山中心广场用地面积约9hm^2，可用作全市性大型集会游行场所。洪山广场四周采取环形、放射形式的路网结构，其周围的环形道路可使车流绕过中心广场通过。洪山广场周边的居住建筑也采取围合式街坊的布局（图4–20）。

3．外围合内行列式布局形态：武重宿舍

当时的居住街区还有一种外围合内行列式布局的空间形态，典型的如武重宿舍。另外，红钢城居住街区也有一部分外围合内行列式布局的居住街区。武汉重型机床厂居住区地处洪山中心区北面、中北路东边，原地名为笞王庙。1956年为解决武重厂职工住宅建设问题，在厂区南面选定了居住区建设地点。因建设地段地形高差较大，为节约土方平整费用，因地制宜规划住宅建筑成行成列式布置。同时，为照顾中北路街景，沿街布置了公共建筑和住宅房屋①。

1）道路空间形态

武重宿舍道路主要由外部城市道路和内部街区道路组成（图4–21）。外部城市道路呈围合式并确定了街区长方形的地块形态；内部道路空间形态则基本依照南北方向呈十字形布局，道路分布较为均衡、规整（因为内部住宅主要是按照南北朝向布局）。

① 武汉市城市规划管理局．武汉市城市规划志[M]．武汉：武汉出版社，1999：252.

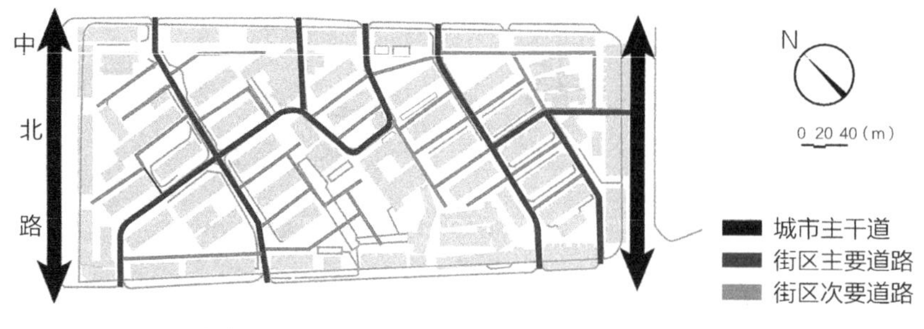

图4-21 武重宿舍道路空间形态
来源：李德伦 绘

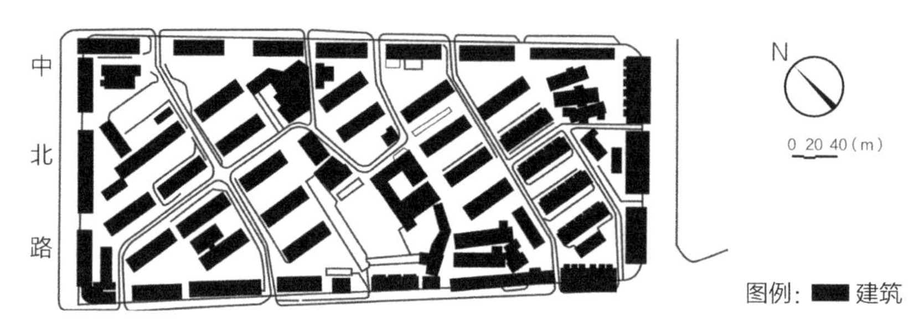

图4-22 武重宿舍的空间肌理
来源：李德伦 绘

2）空间肌理（图4–22）

街区采取周边围合内行列式布局形式，但外围合和内行列的空间肌理并不一致：外围合的住宅主要顺应街区周边的道路布局，而内行列的住宅主要顺应南北朝向布局。空间肌理较为稀疏。

4．外围合内行列式布局空间形态：武锅居住区

武汉锅炉厂居住区位于洪山南边武珞路的钵盂山，因武汉锅炉厂系机械加工工业，污染不严重，所以将居住区靠近厂区选址建设，其住宅建筑采取南北向的行列式布局。居住区建设始于1956年[①]。

1）空间布局

武锅居住街区主要呈行列式布局，周边沿马路也有外围合布局住宅。街区分为西区和东区两大部分，其中东区是建于20世纪50年代的工人住房，大多是3层楼住宅，很多住宅都是三户人家共用一个厨房；西区是20世纪70年代由于

① 武汉市城市规划管理局．武汉市城市规划志[M]．武汉：武汉出版社，1999：252.

武锅人口扩张所建的居住区，住宅大多是一户一厨房，建筑面积约70m²。西区的住宅层数还有所提高（4层），其西边本来是武锅技校，现在已经全部拆除，新建高层住宅及医院。现武锅居住街区已全部拆除。

2）空间肌理（图4–23）

由于建筑大多数呈行列式布局，武锅工人新村的肌理较为规整。其居住街区中心有大量空旷场地，因此肌理较为稀疏。

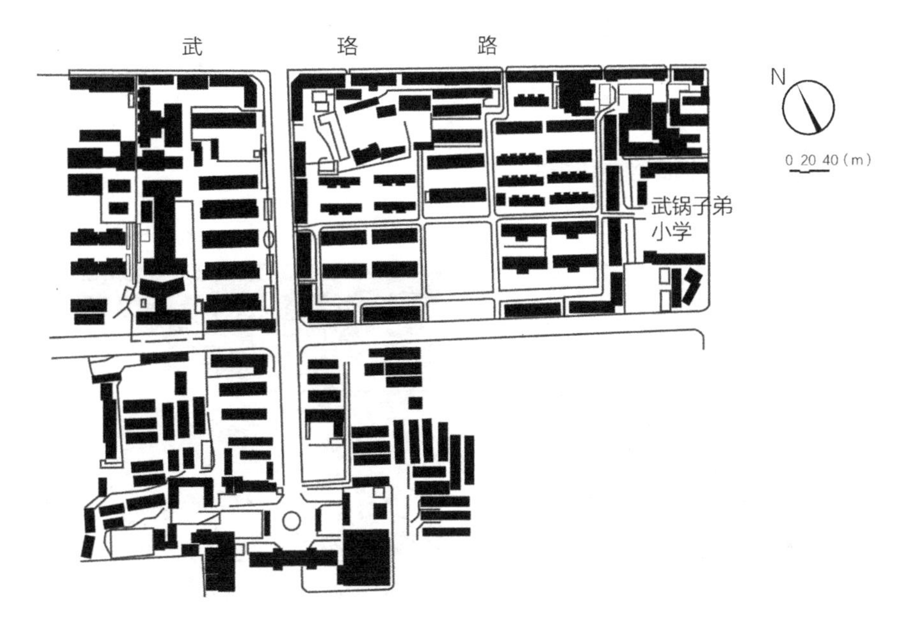

图4–23　武锅居住区的空间肌理
来源：李德伦 绘

3）道路空间形态（图4–24）

武钢的道路系统由外部城市道路、街区内部主干道路、街区内支路三级组成。街区内部主干道由2条十字交叉型道路把街区分为4个地块，并由东、西两个社区组成。在南北向道路的南端有一个较大的圆形回车场。由于建筑呈行列式规整布局，街区内部道路的形态也呈棋盘网络状规则布局。

4）绿化景观空间形态

居住街区内部有一块大型绿地和硬地结合的空间，它作为小区中心的公共空间。这片场地还是小区中心最积极的活动场所，人们在其中进行各种休闲娱乐活动。该绿地广场周边还有经过精心设计的花坛（图4–25）。

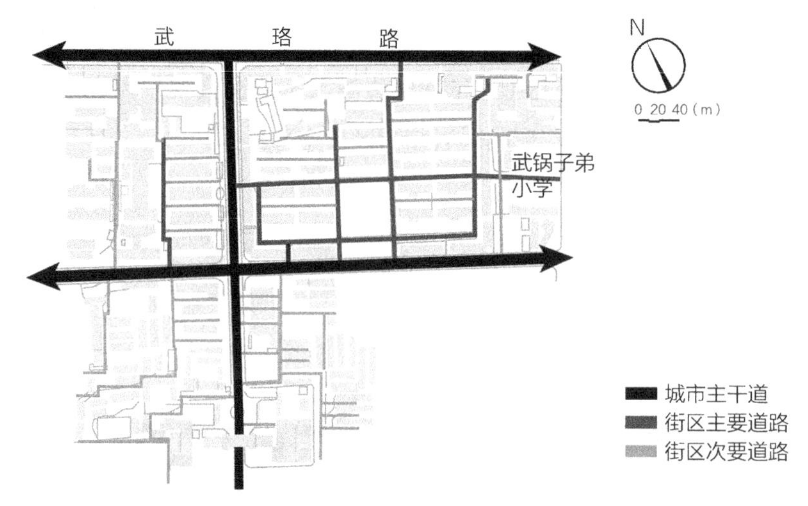

图4-24 武锅道路空间形态
来源：李德伦 绘

图4-25 武锅中心活动场地及花坛
来源：自摄

4.5.2 行列式布局空间形态

这一时期建造的居住街区大多呈行列式布局，例如武汉水利电力大学（现合并进武汉大学工学部）家属院居住区、洪山路两侧居住区等。呈行列式排列的居住街区中，一部分严格按照南北朝向，另一部分与周边的街道保持平行布局（并不都像改革开放初期的居住街区那样严格遵循南北朝向布局）。

1．武汉水利电力大学家属院

武汉水利电力大学创建于1954年，是在20世纪50年代全国高校院系调整中诞生的学校，是中国国家电力公司主管的以水利、水电等工科为主，文理兼有的多学科全国重点大学。学校位于东湖之滨、珞珈山下，武汉大学西侧（曾是武汉大学的一部分，后来在院系调整的时候划分出去的院校）。武汉水利电力大学单位大院是为教职工修建的家属院，内部各项公共设施齐全，相当于一个小型社会。2000年合校之前，武汉大学和武汉水利电力大学之间有一道院墙，其中的人员也经历了融合、隔离、再融合的过程。刚建校时武汉水利电力大学中的人员是武汉大学中的一部分，院系调整后分隔出去，2000年合校后又融合进来。

在计划经济时期，武汉水利电力大学为了给单位职工提供必需的生活设施，建设了家属院，这是典型的事业型单位大院。武汉水利电力大学职工宿舍保留下7、8、9、10、11、12栋，是具有典型"红房子"特征的行列式住宅区，里面的住宅有大二间、大三间、大四间几种类型。在新一轮珞珈山片历史地段保护规划中被确定为历史保护建筑（图4-26 ~ 图4-29）。在单位大院里还配建

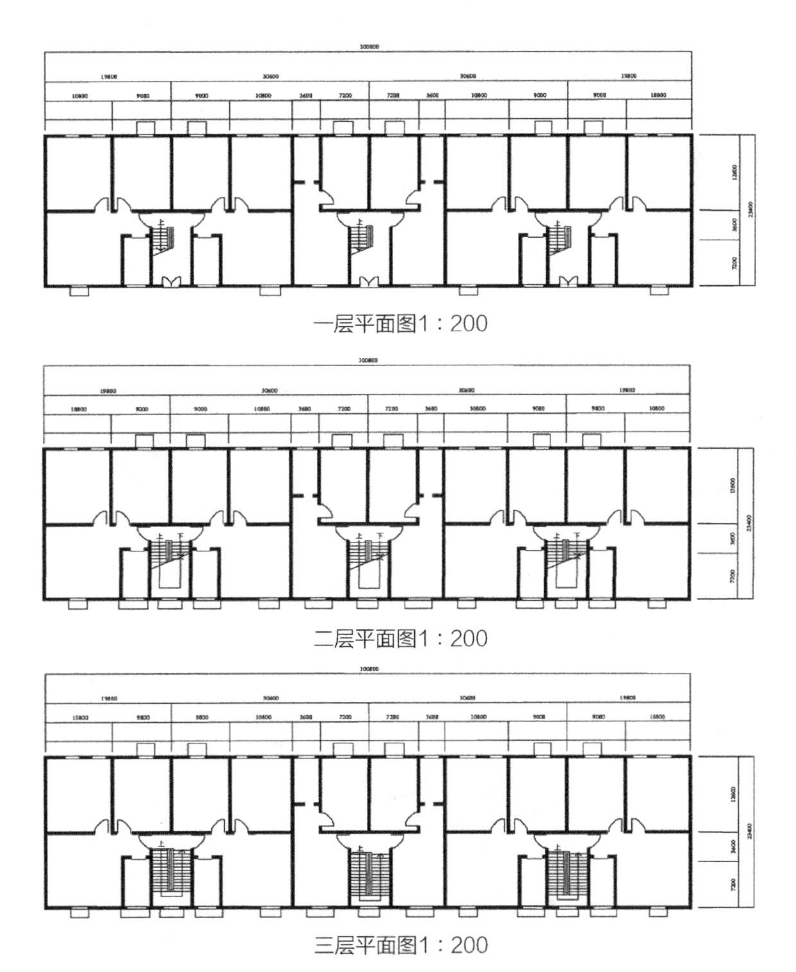

图4-26　武汉水利电力大学教工宿舍平面图
来源：珞珈山片历史地段保护规划

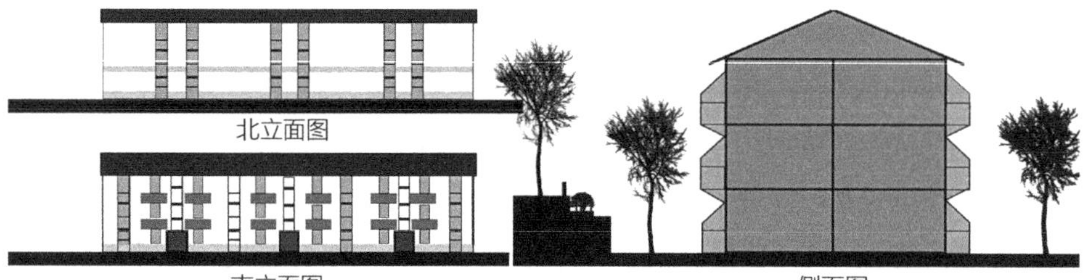

图4-27　武汉水利电力大学教工宿舍立面图
来源：珞珈山片历史地段保护规划

图4-28　武汉水利电力大学教工宿舍图
来源：珞珈山片历史地段保护规划

图4-29　武汉水利电力大学教工宿舍照片
来源：珞珈山片历史地段保护规划

有教工食堂、医院、中小学、幼儿园、篮球场等一系列公共服务设施，相当于一个小型社会，方便了教职工的衣食住行。

2．洪山路两侧居住区

为了解决武汉市政府职工的居住问题，武汉市政府建设了若干政府职工住宅。例如，位于洪山路两侧的省级行政中心区用地，就是用作湖北省委、省政府安排省级机关干部住房的居住区。沿洪山路两侧成组成团布置住宅建筑，沿街还有通透绿地，并在居住区内有成片小型公园以及相应的生活服务和市政公用设施。该居住区靠近东湖，居住环境较好。其住宅建筑采用大片的红砖红瓦色调，在大树成荫的优美环境中，红绿相间、相得益彰。夏季时节还可减缓武汉炎热给人的难耐感觉[①]。

洪山路两侧的居住区和同时代的单位大院都属于单位的职工住宅，它们在建筑类型上较为类似（有大二间、大三间、大四间几种房型，居住建筑类型和邻近的武汉水利电力大学教职工宿舍较为类似）。但在街区层面，两者却有很大不同：单位大院是封闭式居住街区，街区有大门和明确的边界划分，有一套完善的公共设施和内部景观体系供单位内职工使用；洪山路两侧居住区位于洪山路两侧的开放街区，居住建筑融入城市并和城市建筑形成一个整体。其街区内的景观设施（如儿童公园）及公共服务设施（如中小学校等）都和周边城市居民共用，并成为城市有机体以及城市景观中的一块拼贴地图。

1）空间肌理（图4–30）

洪山路两侧居住区中的建筑呈行列式布局，它顺应街道方向排列，并有较大的活动场地，其空间肌理较为稀疏。

2）道路空间形态（图4–31）

居住街区被垂直相交的城市道路划分为几个地块，其中东西向的水果湖步行街（长约100m、宽约10m）把整个街区分为南北两个部分。这南北两个部分又由城市道路和街区内的主干道分割，街区内部道路很多也呈十字交叉的棋盘网格形状。

3）建筑色彩

洪山路两侧居住区有很多临街的居住建筑。值得一提的是，街道两旁新建建筑都采用白色。为了整条街道色彩的美观，沿洪山路两侧的“红房子”

---

① 武汉市城市规划管理局. 武汉市城市规划志[M]. 武汉：武汉出版社，1999：254.

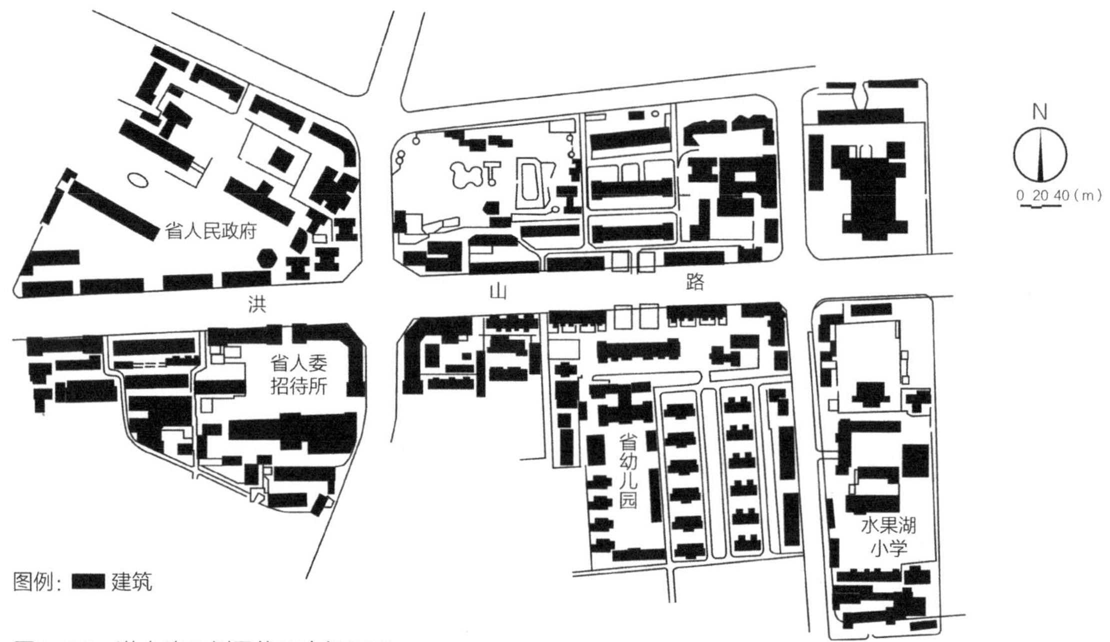

图4-30　洪山路两侧居住区空间肌理
来源：李德伦 绘

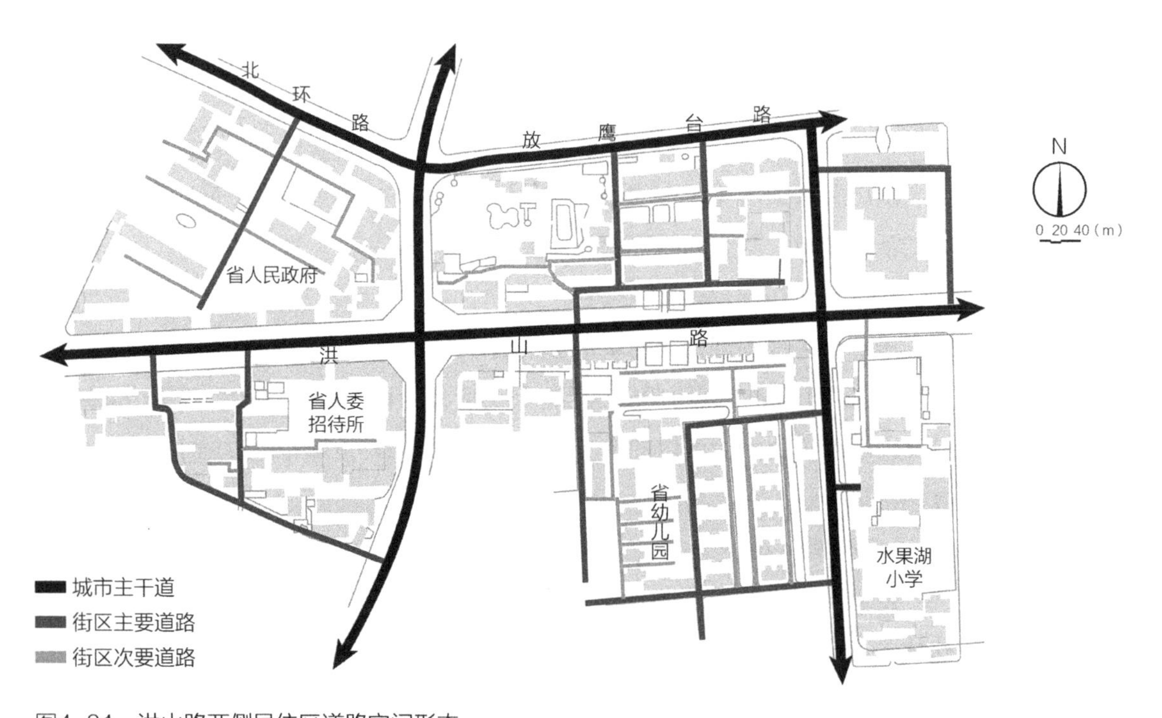

图4-31　洪山路两侧居住区道路空间形态
来源：李德伦 绘

临洪山路一侧建筑立面被刷成白色　　临街区内一侧建筑立面保留红色

图4-32　洪山路两侧居住区的建筑色彩
来源：自摄

立面都被刷成了白色，但临街区的那一面仍然保留着红色，此住宅现已拆除（图4–32）。

3．建桥新村

汉阳建桥新村位于龟山南麓，用地范围南至凤凰山，东临莲花湖公园，西界汉阳公园，总占地面积19.63hm^2。建桥新村是在20世纪50年代中期建长江大桥时为建桥职工居住而兴建的。汉阳大道以南的“梅岩村”属于新村的一部分，用地为6hm^2，有多栋别墅式住宅建筑，系为援建长江大桥的苏联专家居住而建的。汉阳大道以北为新村职工居住建筑的主要建设范围，用地约13.63hm^2。新村总建筑面积为25.62万m^2，除居住建筑和办公用房外，还配套修建有俱乐部、学校以及生活服务和市政公用设施。新村所处地段环境较好，北靠龟山，背山向阳，东隔莲花湖且临长江，西有汉阳公园，地处龟山山麓，地形北高南低，住宅房屋依山就势并采用南北向的行列式建筑形式，建筑群体高低错落、布局优美①（图4–33）。其中一般职工住宅采取南北朝向的行列式布局，而在汉阳大道另一侧的苏联专家别墅群则采取依山而建的自由式布局模式。

4.5.3　低层、空间肌理密集型空间形态

汉阳建港新村和武昌沙湖居住区都是工人住宅（图4–34），它们都是平房，不同于前面提到的几个工人新村（大多数为3～6层住宅，有些还有苏联专家居住的质量较好的别墅住宅，居住空间中还有大量活动场地），其空间肌理

① 武汉市城市规划管理局. 武汉市城市规划志[M]. 武汉：武汉出版社，1999：255.

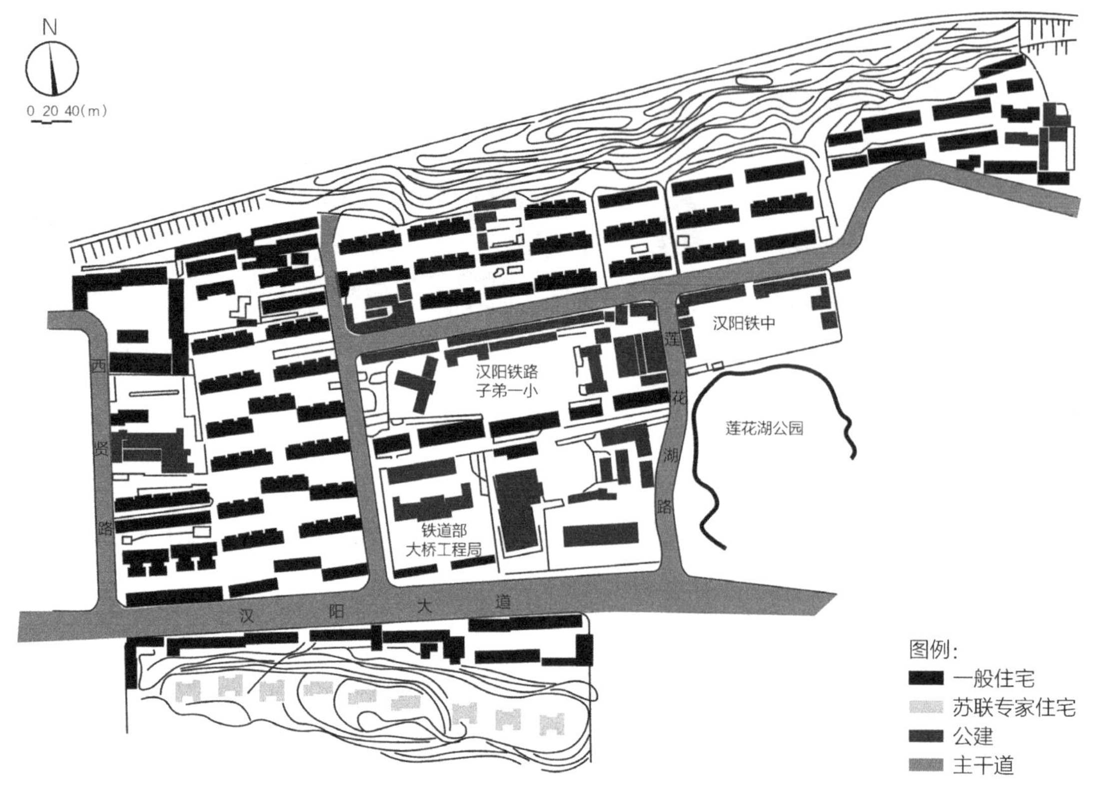

图4-33 建桥新村空间肌理
来源：李德伦 绘

较为紧凑细腻，属于临时性且质量低劣的住宅。

图4-34 建港新村周边住宅
来源：自摄

汉阳建港新村位于鹦鹉洲中部，距江汉一桥约5km，总用地35hm²，建筑面积约20万m²。新村的建设，是20世纪50年代末期配合杨泗庙港区建设，由中国长江航运（集团）总公司（简称“长航”）和武汉市财政合资为港区职工居住而兴建的。新村分为两部分：①鹦鹉大道和作业区之间的一部分，包括建港村和港务村，用地为8.5hm²，建筑面积8.7万m²；②鹦鹉大道与杨泗庙钢铁编组站之间的一部分，包括有红建村和洲头一、二、三村，总用地为26.5hm²，建筑面积

12.1万m^2。街坊以新村内部道路划分为住宅组团，建筑布局基本为平房建筑行列式，构造简单，属于临时性的过渡房屋①。建港新村现在已经基本拆除，新建长航新村。

武昌沙湖居住区位于和平大道与内沙湖之间地段，是1950—1953年建成的大片平房工人住宅区，内部划分为和平里、民主里、幸福里、新生里、湖滨里等，主要是为附近几个大纱厂职工兴建的。在中华人民共和国成立初期城市住宅缺乏的情况下，沙湖居住区为纱厂广大工人解决居住问题起到了良好作用。居住区内配有中小学及托幼设施，还建有工人文化宫，居住区内道路、供水、排水、供电等市政工程齐全。沿和平大道还建有商场等生活服务设施。后因沙湖水位抬升，致沿湖地区受渍水危害，现已得到改造，其居住环境得以改善和提高②。

汉阳建港新村的空间肌理（图4-35）和武昌沙湖居住区的空间肌理

图4-35 汉阳建港新村空间肌理
来源：李德伦 绘

① 武汉市城市规划管理局. 武汉市城市规划志[M]. 武汉：武汉出版社，1999：256.

② 武汉市城市规划管理局. 武汉市城市规划志[M]. 武汉：武汉出版社，1999：251.

图4-36　武昌沙湖居住区空间肌理
来源：李德伦 绘

（图4-36）较为类似。这两个工人村都是1～2层的工人住宅，街区内大型空旷场地较少，建筑密集呈行列式排列，空间肌理细腻。

4.6 武汉大学单位大院及其社会空间形态

单位大院是中国计划经济时期的产物。中华人民共和国成立初期，政府针对单位在区域上进行用地划拨，形成相对独立的单位用地空间，即单位大院。单位大院按照职能可以分为企业和事业两大类，其中企业类大院包括工业类、商业类、服务业类等；事业类大院包括行政类、教育类、医疗类等。

由于单位大院属于特殊时代具有中国特色的社区，本书对于单位大院的研究主要关注其社会性特点，即研究其社会形态的特征，原因有二：①中华人民共和国成立初期，工人新村作为社会的主体，而高校单位大院的住宅相对较少，它不像工人新村那样成片布局；②随着单位大院的变迁，很多老房子已被拆迁。

本书对于单位大院的研究主要集中于事业类的教育单位大院（中华人民共和国成立初期，中央对于全国高等教育进行调整，在武汉市的武昌地区集中布置大型高校）。由于特定历史背景的限制，单位大院内的居住街区空间形态和城市空间形态呈隔离状态：①单位大院占地规模巨大，内部道路系统和城市道路系统隔离，以至于各自为政，成为与城市环境无关的居住系统。②单位大院内的公共服务设施仅用于大院内部，而不是整个城市，容易造成资源的浪费。③单位大院内的景观系统呈现内向、封闭性的特征，独立于城市景观系统以外，导致单位大院内部居住街区和周边脱离了城市整体的空间联系及景观延续。

4.6.1 2000年合校前武汉大学家属院的社会空间形态

自1928年成立国立武汉大学以来，武汉大学家属院历经变迁，经历了100多年风云变幻的历程，它是典型的高校教育类单位大院。武汉大学家属院在刚建校时和中华人民共和国成立初期就是一个为大学教授及职工子女提供服务且各项公共设施齐全的小型社会。它具备纯质化、均质化、封闭性等特征，不仅和周边的杨家湾、东湖村等地区形成社会空间上的隔离，其自身也存在明显的阶级隔离分化特征。下面简要介绍武汉大学家属院自成立以来的十余个区以及其中人员居住的简要情况。

武汉大学家属院住宅有十余个区：其中一区至五区、东中区是国民政府时期依美国建筑师开尔斯（Francis Henry Kales）当年设计规划的脉络修建，是为当时的教授修建的住宅；六区至十区是20世纪50—60年代因为职工增多与住房紧张仓促建成，由于中华人民共和国成立后实行社会主义人人平等的思想，因此教授住宅和一般职工的住宅就混合布局。

下面简单介绍一下六至十区。六区：是邻近湖边宿舍的平房。住户是工人，户数不多；七区：它在行政大楼（老工学院）旁边，2排铁皮顶与木板平房，灰浆地。七区行政大楼下面一栋小平房居住了2家木匠；八区：是武汉市自来水公司东湖水厂（现已拆除）对面的平房；九区：是东山头印刷厂（老附小）对面的平房，里面的住户多是印刷厂的职工，大家共用厨房、厕所；十区：湖边铁路、地质疗养院旁边的一排平房；“文化大革命”后期在学校大门右侧、杨家湾旁边修了2栋5层住宅也被划归为十区。

在武汉大学家属院中，各个时代的居住建筑都有印迹。如今这11个区（除了一区）皆面目全非，特别是1970年前盖的住房都片瓦不存了。武汉大学家属院的公共服务设施主要有幼儿园、小学、体育馆、校卫生科等。中华人民共和国成立初期，武汉大学家属院的幼儿园、小学不仅可供武汉水利电力大学、武汉测绘科技大学职工的子女就读，也可供周边杨家湾、东湖村等地的子女就读（但他们并不住在单位大院里）。体育馆也是三校共用，但在“文化大革命”后就分离开来。

4.6.2 2000年合校后武汉大学家属院的社会空间形态

2000年武汉大学、武汉测绘科技大学、武汉水利电力大学、湖北医科大学合并组建成新的武汉大学（图4–33）。高等院校的行政合并给家属院的空间形态也造成一定程度的影响：①武汉大学和武汉水利电力大学之间打破原有的围墙，合并成一体；②湖北医科大学成为城市中一块飞地（见本书9.4节）。

学校的合并、人员的扩张，武汉大学由此扩大了地盘，并盘踞在珞珈山上。同时，它也影响了城市的公共交通，造成城市交通的隔离和严重的堵塞。为了解决日益增加的教职工的居住问题，一方面学校在校外桂子花园、壕沟、珞珈雅苑等地新建了教职工住宅，形成城市中一块块新的飞地形态；另一方面学校拆除了一些虽然具有历史价值但建筑密度较低的宿舍楼，以便腾出用地以建造建筑密度较高的宿舍，尤以武汉大学教职工宿舍楼的变化最为明显。武汉水利电力大学和武汉测绘科技大学则保留了大多数教职工宿舍楼，但也拆除了中华人民共和国成立初期建设的一层楼结构的红砖瓦平房。

大学学生宿舍楼也历经变迁。例如武汉大学中文系学生宿舍楼，因高校学生的扩招，此宿舍楼也未能幸免，于2012年被拆除。合并前后的武汉大学和附近的杨家湾、东湖村地区也渐渐形成一定程度的融合。例如，20世纪90年代为了整顿武汉大学校园周边环境，拆除了杨家湾。杨家湾本是附近的一个市井小村，其中的人员也融入武汉大学单位大院；东湖村中的居民大多是附近的渔民，随着武汉大学学生的增多，东湖村的渔民开始给学生提供出租房屋，并在东湖边上开设餐馆等，这在一定程度上融入了武汉大学。

2013年，时值武汉大学120周年校庆，学校制定了新的校园规划。该规划连通了武汉大学和武汉测绘科技大学的城市干道——八一路，拆除了武汉测绘科技大学的沿街商铺，使得八一路成为学校的内部路。新规划还对武汉大学和武汉测绘科技大学校区内的历史保护建筑（包括珞珈山“十八栋”、武汉水利电力大学教工宿舍等）制定了保护方案。120周年校庆后的珞珈山迎来新的纪元，其家属院的空间形态也随之发生变化。

4.7 总结：苏联政治体制思想影响下的以围合式为主的居住街区空间形态

4.7.1 苏联政治体制思想影响下的居住街区

1949—1957年中华人民共和国成立初期，这是一个以计划经济和重工业优先的年代，这个时期中国的各个方面都受到苏联政治体制的影响，不同类型的居住街区如工人新村、单位大院、政府职工住宅等也都不同程度地受到苏联的影响。这个时期的住宅产业因为属于消费产业而让位于重工业并受到压缩，而且实行了福利分房和城市住宅建设管理制度。居住区规划的设计思想主要有邻里单位和街坊、扩大街坊两种形式。

在特殊的时代背景下，本阶段的居住街区空间形态打上了明显的受苏联思想影响的时代烙印：大多数住宅都是清一色的“红房子”住宅（红砖3层以下，后期也有4层以上的住宅）；居住街区的空间形态主要有周边式、外围合内行列式、行列式布局的空间形态。住宅的户型也采取苏联的标准，即人均9m^{2}的定额，但这并不符合中华人民共和国刚成立时全民生活水平还很低下的国情。

苏联围合式街坊是和苏联自然地理特征相吻合的，由于苏联位于北方，围合式街坊的布局有利于建筑阻挡寒风。但在当时的中国，无论南北的居住街区都普遍采用这一布局模式，这种居住街区空间形态具有明显的形式主义特征，可以体现权力、行政的能力。如北京百万庄居住街区（图4–37）和北京国家计委大院居住街区等都采取围合式布局的空间形态，这和武汉市的围合式居住街区有着类似的空间形态。

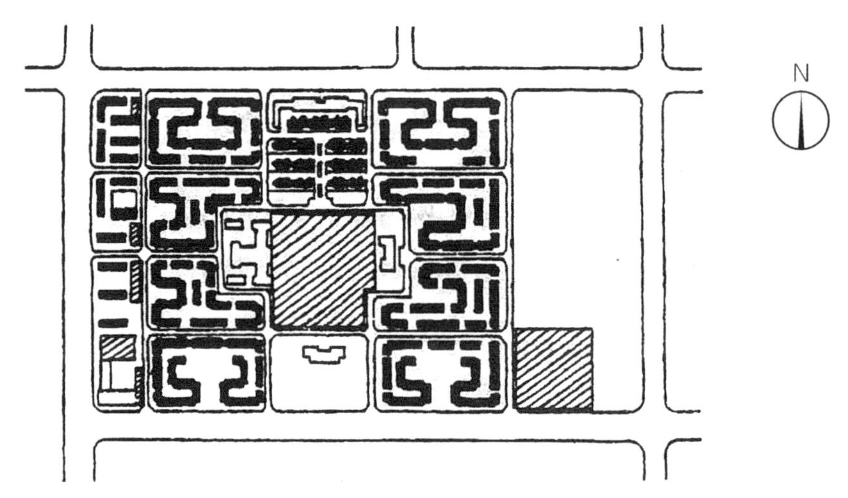

图4-37　北京百万庄居住区
来源：李德华．城市规划原理[M]．第3版．北京：中国建筑工业出版社，2001：395.

4.7.2　以围合式为主的居住街区特征

1．居住街区的规模

居住街区的尺度达到700～1200m，一个街坊约$8hm^2$。这和当时社会的经济背景是相关的，因为当时实行计划经济，权力集中，住宅的投资和管理也实行集中制。居住街区的建设都是政府大规模集中布置的行为，因此采取成片街坊、扩大街坊的布局。

2．道路空间形态

道路一般按照三级模式的等级严格布置。以围合式为主的居住街区主要采取棋盘式道路空间形态，这种道路布局是和居住空间的布局相对应的。中华人民共和国成立初期，小汽车并不多，居住街区道路一般实行人车混行。

3．公共设施空间形态

居住街区内部统一布局并集中设置公共服务设施，无论是工人新村、单位大院还是政府职工住宅都形成一个自给自足的小型社会，造成城市整体形态割裂，这体现了中国在计划经济时代的社会主义特征。公共设施在居住街区中心一般呈集中布局，它体现集权的特点。居住小区的规模一般以一个小学的最小规模为其人口规模的下限，而小区公共服务设施的最大服务半径为其用地规模的上限。其各项设施齐全，覆盖人们基本生活的方方面面。有人戏称当时的工人新村及单位大院内部设施样样俱全，除了火葬场外什么都包括了，这种说法也一定程度反映了当时以政府为主导的居住街区的特征。

4．绿地景观空间形态

居住街区内部的绿地布局也严格按照三级模式布局。绿地空间一般呈现规则形状，如正方形、长方形、圆形等，这是和居住空间呈现规整式布局相对应的。

5．空间肌理

居住街区空间肌理一般较为稀疏。居住街区内部一般拥有较大面积的宣讲和活动的空旷场地，这体现了苏联集权的体制及思想。

小结：居住街区空间形态表现为集中性、均衡性、等级性等特点。中华人民共和国成立初期，计划经济体制符合当时生产水平低下的国情。中国共产党接管了国民党遗留的半封建、半殖民地的旧社会，国民政府转移大量资产去了中国台湾，当时中国的现状是人口多、底子薄、资源少，只能利用政府宏观调控的政策把相对集中的资源分配给人民。这种社会形态在居住街区中呈现集中式、均衡式、等级式的布局模式。①集中式：这是计划经济时期国家政权集中的体现，例如居住街区中公共设施采取集中布局模式等。在一些居住街区，街坊都围绕行政中心布局，例如洪山广场周边街坊的布局。②均衡性：在计划经济体制特别是共产主义人人平等思想的影响下，居住街区各方面差别不大，无论是工人新村、单位大院还是政府职工住宅都采取差别不大的户型。③等级性：无论是道路空间的布局还是绿地空间形态的布局都严格采取三级模式划分，住房的分配也严格按照等级制度划分。居住街区的等级性也是权力集中的体现。

第5章 1958—1978年以行列式为主的武汉市居住街区空间形态研究

5.1 城市建设缓慢发展期的历史背景

20世纪50年代末到60年代中期，由于政治上和苏联的决裂，中国的社会经济发展经历了中华人民共和国成立后的第一次调整和挫折。这一时期的总体发展战略和“一五”时期相同，但是中国加快了社会经济建设的速度和寻求自身发展道路的决心。此时中国社会生产资料私有制的社会主义改造已经基本完成，我国跨越了“历史上最深刻的一次社会变革”。1966年之后的十年，中国经历了前所未有的“文化大革命”。由于大规模的政治运动和城市建设的停滞，这个阶段武汉市的城市建设及居住街区发展非常缓慢。

5.1.1 “二五”时期国家继续发展工业

“二五”时期国家发展的方针政策是：中央工业与地方工业、大中小型工业并举。武汉市又陆续开辟一些新工业区（图5–1），如关山工业区（以机电工业为主）、余家头工业区（以纺织工业、机械工业为主）、七里庙工业区（包括汉阳钢铁厂、汉阳客厂制配厂、武汉小型拖拉机厂等企业）、唐家墩工业区（以地方轻工业、机械工业为主）、鹦鹉洲工业区（以建材、机械为主）、武东工业区（以造船业为主）。

1958年5月在中共八大二次会议上通过了社会主义建设总路线——“鼓足干劲、力争上游、多快好省地建设社会主义”，并提出经济建设“超英赶美”的口号。1958—1962年提出国民经济发展计划（简称“二五”计划），开展了“大跃进”运动和“人民公社化”运动。

“二五”期间，在“大跃进”思想的指导下作出了加快地方工业基本建设速度的决定，提出了新建扩建196个项目的冒进计划。全民大办工业，急于求

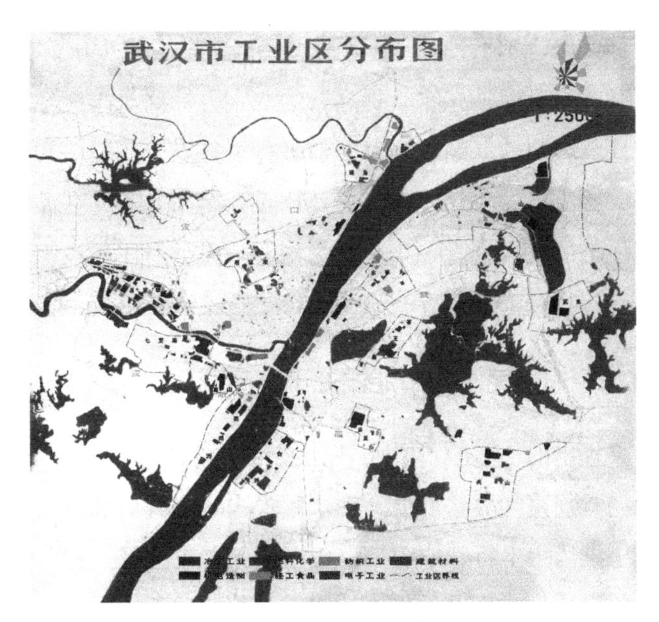

图5-1　武汉市工业区分布图（1958年）
来源：武汉市国土资源和规划局

成，配套建设跟不上，综合效益欠佳[①]。这些不切实际的发展破坏了国民经济的平衡发展，造成城市住宅建设标准和投资比例迅速下滑。

1958年"大跃进"运动的同时，在农村开展了"人民公社化"运动。1958年7月1日《红旗》杂志第3期《全新的社会，全新的人》一文中，比较明确地提出"把一个合作社变成一个既有农业合作又有工业合作的基层组织单位，实际上是农业和工业相结合的人民公社"。这是在报刊上第一次提"人民公社"[②]。"人民公社化"运动一定程度上影响了城市里的集体生活方式，因此也影响了住宅的建设模式。

5.1.2 "三年不搞城市规划"和经济调整

在1960年11月召开的第九次全国计划会议上，中央宣布了"三年不搞城市规划"。这个决定，不仅使得"大跃进"中形成的不切实际的城市规划无法补救，而且导致各地大量精减规划设计人员，并纷纷撤销规划机构，造成了难以弥补的损失。

① 武汉地方志编纂委员会. 武汉市志：城市建设志[M]. 武汉：武汉大学出版社，1996：37.

② 人民公社化[EB/OL]. http://baike.baidu.com/view/686123.htm.

“大跃进”和“人民公社化”运动给国民经济造成极大破坏，因此中央于1961年提出“调整、巩固、充实、提高”的八字方针并对国民经济进行调整。同时在相对理性、客观的氛围下，对之前进行了反思。1963—1965年，随着国民经济的调整，武汉市住宅建设的投资及比重开始回升，并在关山新建工人住宅区，这时期住宅的发展进入一个相对平稳的阶段，但住宅竣工面积仍处于较低水平。

5.1.3 “文化大革命”期间城市建设处于停滞期

1965年中央提出的“三五”计划，以“备战、备荒、为人民”为战略方针，将内地建设为初具规模的战略后方，使国家失去一个有利的发展时机。1966—1976年，这是中国历史上特殊的时期。由于受到严重的极“左”错误思想的影响，住宅建设停滞。住宅建设的投资和竣工面积远远不能适应城市人口的迅速增长，从而导致了居住建筑史上巨大的住房欠账，形成了我国现代住宅历史上一次长时期的建设低潮。

1966年开始的“文化大革命”，使得武汉国民经济主要比例关系更加失调。“三五”“四五”计划期间，生产性建设投资分别占89.6%和83.6%。武汉市区人口增多，新工业区和旧城区的市政建设、职工住房、学校、医院、商业网点却没有相应增加，造成全市的职工住房紧张和交通紧张，再加上缺水缺电、环境污染严重，人们的生活水平下降。

5.1.4 武汉市住宅建设概况

1958—1978年，住宅的修建量虽然受到三年国民经济调整及“文化大革命”的影响有所减少，但仍然修建了一些生活服务设施比较完整的新型居住小区①。这一阶段武汉市人均居住面积比前一阶段有所降低，大约在3m^2；武汉市住宅建筑面积在“文化大革命”后期才开始有所发展（图5–2、图5–3）。20世纪50年代后期，武汉市开始以居住小区取代街坊。这一时期的居住区强调集体生活，要求为居民提供更多的社会服务和一种较为开放的居住形态。这一时期的住宅建设量较少，较大的有如表所示5个居住街区（见附录B）。

---

① 武汉市城市规划管理局. 武汉市城市规划志[M]. 武汉：武汉出版社，1999：7.

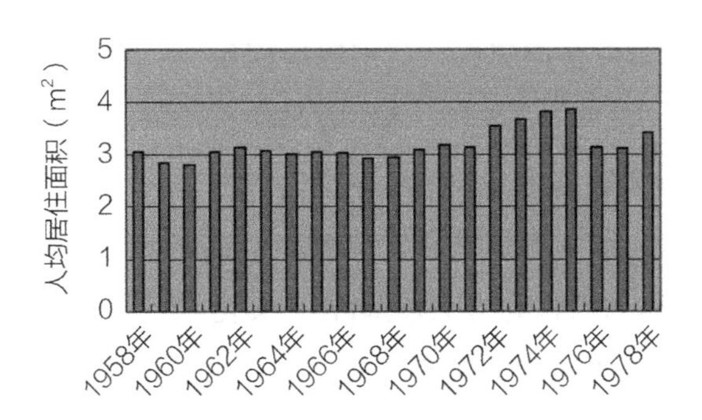

图5-2　1958—1978年武汉市人均居住面积

数据来源：武汉市统计局．武汉五十年：1949—1999[M]．北京：中国统计出版社，1999.

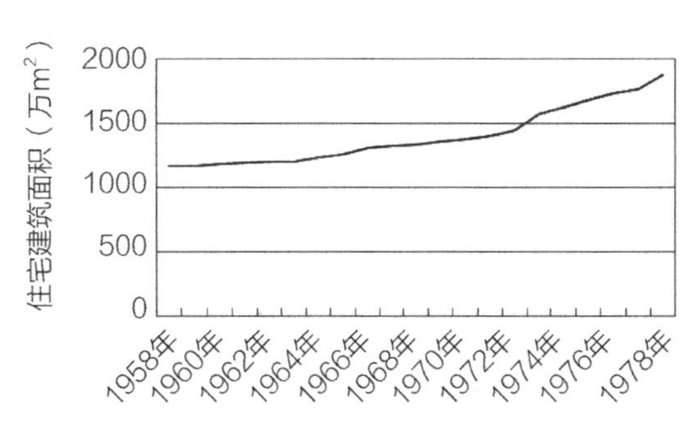

图5-3　1958—1978年武汉市住宅建筑面积

数据来源：武汉市统计局．武汉五十年：1949—1999[M]．北京：中国统计出版社，1999.

5.2 近乎停滞的住房政策

1958—1965年，中国城市住宅建设投资的比例进一步下降。这8年间，住宅建设投资占基建总投资比重的4.82%。此后，在国民经济逐步恢复的情况下，住宅投资又有所回升。在1956年全国性降低住宅租金后，1958年租金被再次调低。由于在“大跃进”期间国民经济比例失调、生产下降，从而导致城市基本生活物资供应紧张，居民生活水平下降。

“二五”计划期间，住宅建设几乎停顿，在“先生产、后生活”的方针指导下，地方工业项目只建厂房，不盖宿舍。5年间武汉市人均居住面积由1958年的4.06m^{2}下降到1962年的3.14m^2，全市居住水平大幅度下降，为以后解决城市住房问题增加沉重的包袱[①]。

“文化大革命”期间，城市建设和住宅建设几乎全面停止。总的来说，民用住宅建筑发展滞后，残旧的住宅及棚户较多，人均居住面积严重偏小，只有3～4m^2。

到了20世纪70年代，城市建设中暴露出日益严重的问题，城市建设管理才开始慢慢恢复，情况得到一定程度的改善。1973年，湖北省基本建设委员会发布了《湖北省民用建筑标准》，其中规定住宅平均每户建筑面积为：3层及3层以上楼房34.5m^{2}以内，2层楼房32m^{2}以内，平房30m^{2}以内。平均每户居住面积不低于20m^2。户室比：1室户20%以内，1室半、2室、2室半户分别为50%、

① 武汉地方志编纂委员会．武汉市志：城市建设志（上）[M]．武汉：武汉大学出版社，1996：38.

20%、5%左右。武汉以建4 ~ 5层为主，少数可两户合用厨房。独用厨房面积不小于2.8m^2；两户合用厨房每户不小于2.3m^2。3层及3层以上，每平方米建筑造价45 ~ 50元。这个标准基本上反映了当时武汉地区住宅建筑的水准①。

“文化大革命”前虽然武汉市的工业大幅度压缩，但是住宅建设还是主要围绕工业区建设，形成受到“人民公社化”集体思想影响的工人新村。“文化大革命”期间居住区建设几乎停滞，出现了一些极度节俭的住宅类型。

5.3 以节约为原则的武汉市城市规划

“二五”期间，在“大跃进”的影响下，武汉市提出“200项”的工业建设计划，此后工业项目大幅压缩，1959年重新编制了《武汉市城市建设规划（修正草案）》（图5-4），报武汉市委批准执行。此次规划奠定了当代武汉城市建设发展的基本格局。

图5-4 1959年武汉市城市建设规划（修正草案）
来源：武汉市国土资源和规划局

---

① 武汉地方志编纂委员会. 武汉市志：城市建设志（下）[M]. 武汉：武汉大学出版社，1996：784.

城市性质："一五"计划实施后，武汉已基本建成为一个新的社会主义工业城市，在此基础上继续发展和提高，将要建成为钢铁、机械、化学等工业的基地，科学教育的基地和交通枢纽，对于湖北省和华中协作区工农业的发展，担负着技术支援和经济协作的重大任务①。

居住区规划指标：1950—1958年全市新建住宅4895206m^2，1958年人均居住面积为3.47m^2。规划居住水平新区较高、旧城较低，三镇旧城人均居住面积4～5m^2，新建地区人均居住面积4.5～5.5m^2，至1967年人均居住面积4.5m^2。新建住宅设计的平面系数为：平房65%～70%，2、3层55%～60%，4、5层50%～55%。住宅建筑密度为：平房35%～45%，2层31%～35%，3层27%～31%，4、5层24%～27%，住宅群组之间，密度不宜太大，可留绿地，在城市用地紧张和公共设施较完善地区，应严格控制建筑层数和密度，在丘陵地区可根据通风、日照、地形条件稍加放宽。住宅建筑层数全市应以3～5层为主，一般不建平房和2层住宅，在一些中心广场和城市干道，临街建筑应5层以上。三镇城市用地情况不同，其控制指标分别为：汉口旧城24m^2/人，新区32m^2/人左右；武昌旧城32m^2/人，青山、徐家棚和白沙洲地区40m^2/人左右，洪山行政中心、珞瑜地区、关山和武东50m^2/人左右；汉阳旧城24m^2/人，鹦鹉洲35m^2/人，五里墩到十里铺40m^2/人。绿化：全市3m^2/人（不含东湖风景区），汉口2.5m^2/人，武昌3m^2/人，汉阳5.5m^2/人②。

居住区修建原则：为便于组织生产和合理安排生活，居住区按街坊划分，可形成面积较大的街坊。街坊住宅建筑要注意家庭男女老少的团聚，要特别注意居住的环境卫生和庭园绿化，使之有益于人民的健康；街坊布置可以采用周边加行列的混合式，同时必须面街布置建筑，其山墙不得对着干道；街坊路两侧的房屋建筑，为取得良好的朝向，可以适当布置。在丘陵起伏地区，可依自然地形布置，同时也应适当照顾城市的面貌；临街建筑是否后退红线，应根据建筑性质和面临道路的交通情况分别处理。为节约城市用地，一般不宜后退红线。为吸引大量人流车流的公共建筑，可退让红线并加宽人行道，或留出停车场所，具体后退距离按停车数量及人流集散情况而定。为避免交通阻塞，影响行人安全，上述的公共建筑不宜设置在主要交通道口附近；新建居住房屋，应

① 武汉市城市规划管理局. 武汉市城市规划志[M]. 武汉：武汉出版社，1999：150.

② 武汉市城市规划管理局. 武汉市城市规划志[M]. 武汉：武汉出版社，1999：156.

充分利用已有的公共设施，并注意节约用地；新区建筑应成群成片、有控制地发展，在修建的次序上也应有计划进行，避免分散建设；在建筑密度低的地区，如洪山地区，应统筹安排，采取“填空补缺”的办法，适当提高建筑密度并节约城市投资；文化福利设施应根据需要和合理服务半径均匀分布，小学、幼儿园不宜沿干道布置，尽可能使儿童就近上学和避免跨越交通干道；中小学布置应考虑学校办工厂，教育与劳动生产相结合的问题；生活服务性设施，可采用大、中、小相结合，临时性与永久性相结合，尽可能均匀分布；在适中地点设置集中的商业服务地段，并和分散的零售点相结合；在修建居住建筑时，也可留出部分沿街底层的房屋，作生活服务设施之用；新建地区的临时性服务设施，应加以控制，使之设在离开干道而又便利居民的专用地点上，以免形成零乱的局面[①]。

这一时期受到规划控制的影响，武汉市的居住建筑高度以4层和5层为主，比前一阶段以3层为主的建筑层数有所提高；住宅密度不大，居住街区空间肌理较为稀疏。中国在各方面逐渐摆脱苏联的影响，居住街区空间形态开始体现本土化特征，主要呈现行列式布局的特点。

5.4 不切实际的居住街区规划思想

5.4.1 受“大跃进”和“人民公社化”影响的、不切实际的居住街区思想

城市规划专家华揽洪先生认为，人民公社给城市规划研究带来了两点有价值的因素：①街道的社会和文化设施明显增加。除了市政管理的常规机构，如幼儿园、小学、中学、邮局、银行等，又增加了街道居委会开办和管理的设施。城市规划必须考虑这些设施和它们今后的扩充。②这些作坊和小工厂的激增从城市规划的角度看是非常有利的，它们解决了居住和工作单位之间路途遥远的问题[②]。

1958年2月2日，《人民日报》发表社论《我们的行动口号——反对浪费、勤俭建国》；同年5月24日，《人民日报》又发表社论《城市建设必须符合节约

① 武汉市城市规划管理局．武汉市城市规划志[M]．武汉：武汉出版社，1999：157.

② 华揽洪．重建中国：城市规划三十年1949—1979[M]．李颖，译．北京：生活·读书·新知三联书店，2006：92.

原则》。这一时期，由于住宅建设在国民经济中仍然处于次要地位，住宅建设让步于工业生产，而且住宅设计中的节约原则走向了极端。城市住宅中出现了片面节约的现象。

“大跃进”期间，因为工业的急进发展导致了城市化进程异常迅猛地发展，迅速增长的城市人口加速了城市扩展和城市化发展，并且给城市带来了巨大的压力。城市的结构发生了变化，因为城市中出现了日益增多的工业区和相应的住宅区。这一时期提倡工农结合的人民公社，被认为是向共产主义社会过渡的新型社会结构。城市居民生产和生活的基本单位是城市人民公社，居住区中出现了食堂、操场以及小型工厂等设施。这一时期的居住区格局没有多大变化，只是在厂区及周边区域增添了许多公共设施，以及提供了宽广的交往空间。

人民公社模式在城市的一些集体组织如保育院、医疗诊所、幼儿园等发挥了一定的作用，因为它们在人员管理和投资上借助了当地的力量。同时，也使一部分妇女从家务劳动中解放出来并参加各种工作，由此产生了一些以街道合作社形式经营的作坊和小厂。

另外，城市人民公社为基本单位的城市规划思想，也对当时的城市居住街区空间形态和结构产生了一定影响。小区规划的思想在城市居住区中被普遍采用。1963—1965年，中国经济建设进入“大跃进”后期的调整时期，住宅领域形成结合民情和国情的住宅设计思想，并且注重调查研究。由此，住宅设计开始鼓励现实经济与居民需求的结合，住宅的类型也开始朝多样化发展。

5.4.2 “文化大革命”时期节约极端化

“文化大革命”对建筑和城市规划的影响就是将“节约”这一概念最大化甚至极端化。1966年3月，在延安召开的中国建筑学会第四届代表大会及学术会议上总结了设计革命的经验，讨论了大庆“干打垒”的精神，并且确定了核心议题“通过技术革新实现建筑上的节约”。大庆的干打垒住宅成为典型并在全国推广。

这一时期出现了很多质量差的建筑，因为“极左”思想的人把“干打垒”精神极端化，只记住了“节约”这个词。为了“节约”，他们缩减建筑的尺度、减少墙的厚度、取消楼板的隔声作用[①]。这种"超经济"的房子在全国"遍地开花"，产生了极其恶劣的影响。受"干打垒"精神的影响，武汉建设了一批比20世纪50年代标准更低、质量更差的简易住房，这批住宅居住环境低劣，早已不能适应人民生活的需要。

5.5 以行列式为主的工人新村和极简主义住宅群

随着与苏联专家关系的冷淡直到后来的决裂，"二五"时期的工人新村受苏联专家影响渐渐减少，工人新村的建设开始考虑中国的国情，而不是盲目追求苏联专家的意见。这一时期武汉市居住街区大多数呈行列式布局（根据武汉市城市总体规划，也有些住宅呈围合式和行列式混合布局）。这一时期的工业主要分布在远离市区的边远地带——青山区，因此，工人新村也在附近建造。主要的工人新村有武东一村至四村和白玉山居住小区，它们是位于青山区的两个邻近的大型工人新村，其中的住宅主要呈行列式布局（武东新二村呈围合式和行列式相结合布局形式）。

5.5.1 行列式空间形态布局的工人新村：武东居住区

1. 武东居住区简介

为满足武东工厂工人就近上下班，武东工厂附近建设了独立的市郊工厂住宅区——武东居住区。

武东居住区距离武昌城市中心25km，位于武汉市东北郊区（图5–5）。1959年，居住区和厂区同时开始建设；1961年，一村、二村、三村基本配套完成；1972年建设了四村和新二村。居住区有居民15000人，建筑面积150117m^2，其中公共建筑29724m^2，

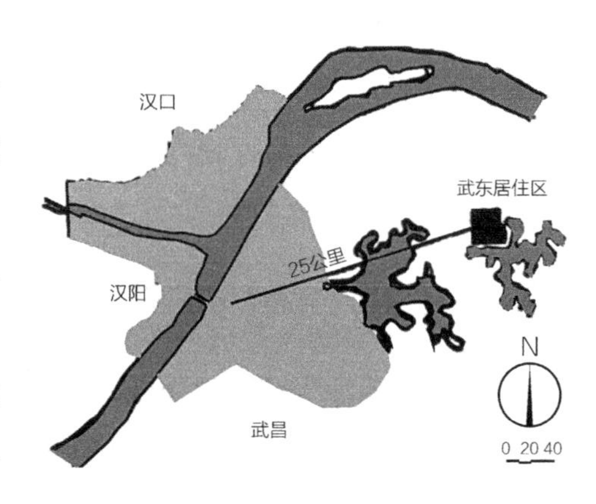

图5–5 武东居住区位置图（秦浩然 改绘）
来源：武汉市城市规划设计院. 武汉市武东居住区规划[J]. 城市规划，1977（1）：21–40.

---

① 华揽洪. 重建中国：城市规划三十年1949—1979[M]. 李颖，译. 北京：生活·读书·新知三联书店，2006.

宿舍20605m²，住宅建筑面积99786m²，生活居住用地面积29.29hm²。

居住区规划的原则是在"企、社合一"的体制下，考虑利于工业生产、方便居民生活，并为社员生活、农业生产提供便利条件。统一规划、统一设计、统一投资、统一建设，这体现了社会主义计划经济的统筹性和受"人民公社化"思想影响的集体性生活等特点。

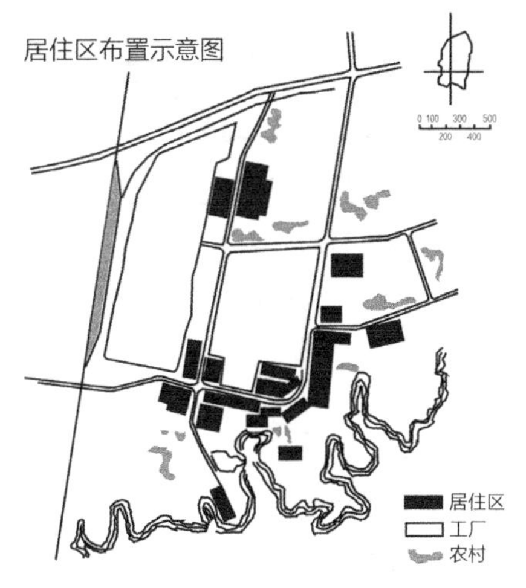

图5-6 武东居住区一村、二村、三村、四村、新二村布置示意图（秦浩然 改绘）
来源：武汉市城市规划设计院．武汉市武东居住区规划[J]．城市规划，1977（1）：21-40.

居住区规划根据武汉市气候、地形条件等特点，采用分村分级的布置方式：如一村、二村、三村建在厂区东南面，距离污染源的上风位置的湖边丘陵地上，职工上下班时间在15min以内；四村、新二村建在工厂沿街的空地和施工期的预制场地（图5-6）。

2．道路空间形态

道路系统采取树枝状和环状相结合的布局形式。居住街区内部没有过境交通，只有通向城区的小量货车和公共汽车。道路分为3个等级：①居住区级道路，红线宽度25m，车行道宽14m，人行道宽5.5m。②支路是各村之间的连接道路，红线宽7m。③小路分为宽3m的垃圾车道路和宽1.5m的宅前小路（图5-7、图5-8）。

武东居住区道路指标见表5-1。

武东居住区道路指标　　表5-1

项目	单位	指标
道路长度	m	7185
道路面积	m²	61000
道路密度	m/hm²	250
道路面积密度	%	0.117
每人道路面积	m²/人	4

来源：武汉市城市规划设计院．武汉市武东居住区规划[J]．城市规划，1977（1）：21-40.

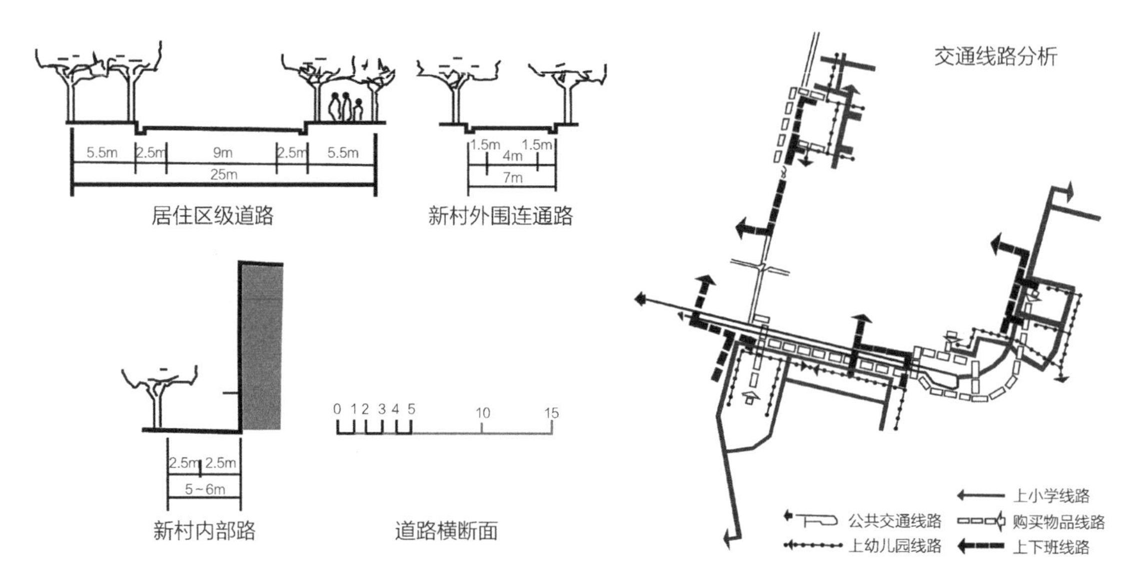

图5-7　武东道路横断图（秦浩然 改绘）
来源：武汉市城市规划设计院．武汉市武东居住区规划[J]．城市规划，1977（1）：21–40.

图5-8　武东道路线路分析图（秦浩然 改绘）
来源：武汉市城市规划设计院．武汉市武东居住区规划[J]．城市规划，1977（1）：21–40.

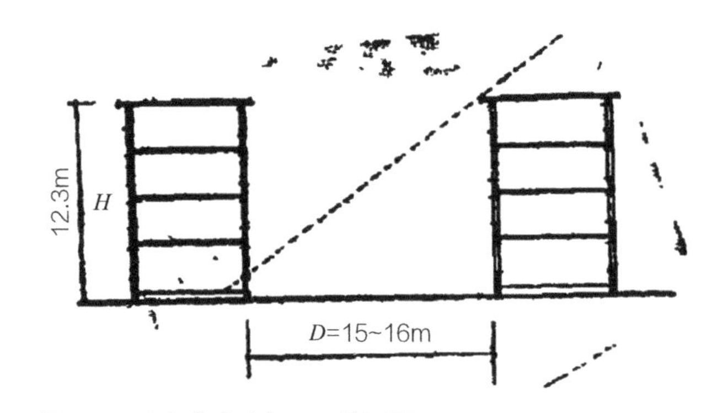

图5-9　武东街巷空间D/H分析图
来源：武汉市城市规划设计院．武汉市武东居住区规划[J]．城市规划，1977（1）：21–40.

根据芦原义信《街道的美学》中提出的街道中D/H的关系，当$D/H>1$时，高度与间距的关系有远距离感。武东居住区住宅间$D/H=1.3$，因此街巷空间的尺度有远距离感（图5–9）。

3．住宅朝向及住宅户型分析

武汉市位于两湖盆地之间，因市内多湖泊，拥有较高湿度，年平均相对湿度为76%，夏季湿度高，7月高达78%；夏季7月下旬到8月上旬为酷热期，最高气温高达38～39℃；7、8月份多为东南风、西南风。

武东居住区住宅的朝向结合武汉市地形、气候的特点，并进行了合理设计，如减少太阳热辐射、防止西晒、综合考虑室内外通风、采取植树绿化造林等手段。

根据武汉市7月不同朝向的日照时间和日照深度图（图5–10）：正南朝向的房间日照深度和日照时间最少；偏角越大，房间拥有更多日照深度和日照时间。因此，为了避免西晒和夏季太阳直射，加强夏季通风，武东的住宅设计选择西南8°至东南9°的朝向，减少住宅夏季日照时间和深度。

例如武东二村的住宅群面向西南方向敞开，并在住宅前方布置树林，有利于纳凉通风（图5–11）；武东四村的住宅群由西向东南方向错开布置，尽量缩短住宅重叠长度，有利于所有住宅导入东南和西南风（图5–12）。

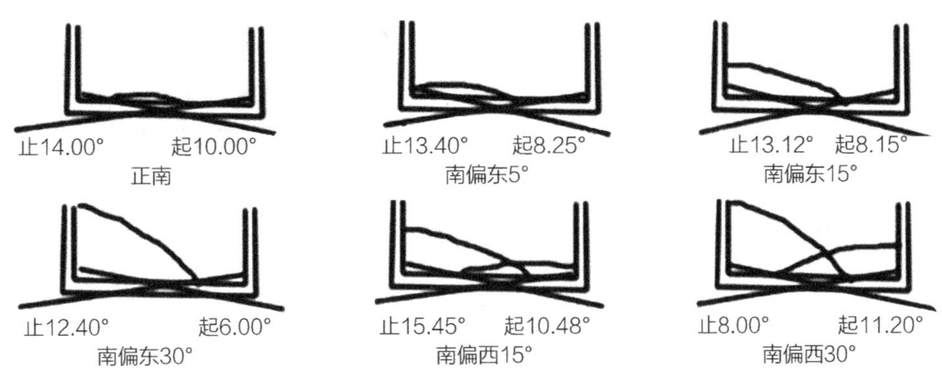

图5–10　武汉市7月不同朝向日照时间和深度图

来源：武汉市城市规划设计院. 武汉市武东居住区规划[J]. 城市规划，1977（1）：21–40.

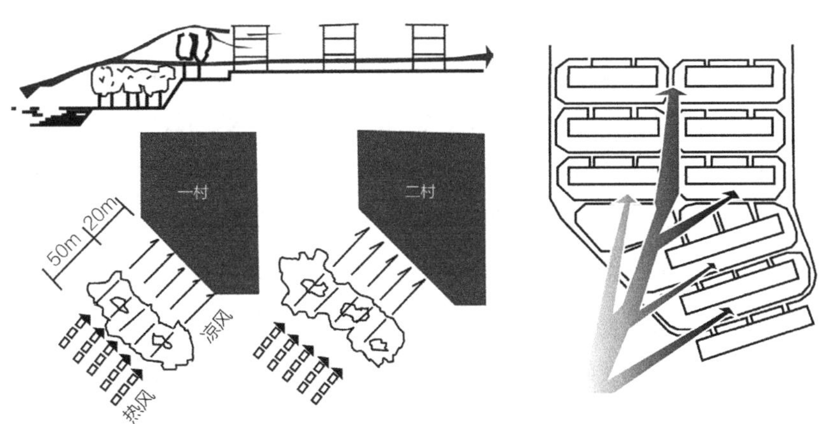

图5–11　武东二村住宅布局图（秦浩然 改绘）

来源：武汉市城市规划设计院. 武汉市武东居住区规划[J]. 城市规划，1977（1）：21–40.

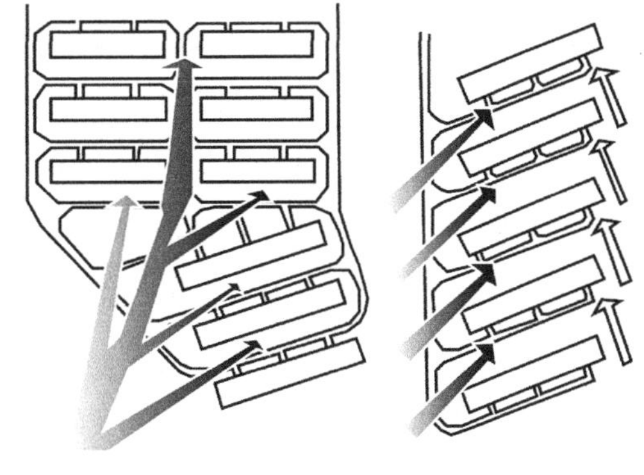

图5–12　武东四村住宅朝向图（秦浩然 改绘）

来源：武汉市城市规划设计院. 武汉市武东居住区规划[J]. 城市规划，1977（1）：21–40.

武东住宅的户型设计也充分考虑通风乘凉等因素，如一些住宅设计有南阳台，住宅设计进风口大（一窗三樘）、出风口也大（一门一窗），因此室内拥有较大风势（图5-13）。大多数住宅设计有三樘窗或四樘窗，窗台距离地面一般不高于90cm。武东一村、二村和三村都是3～4层的红砖楼房，呈行列式布局（图5-14）。

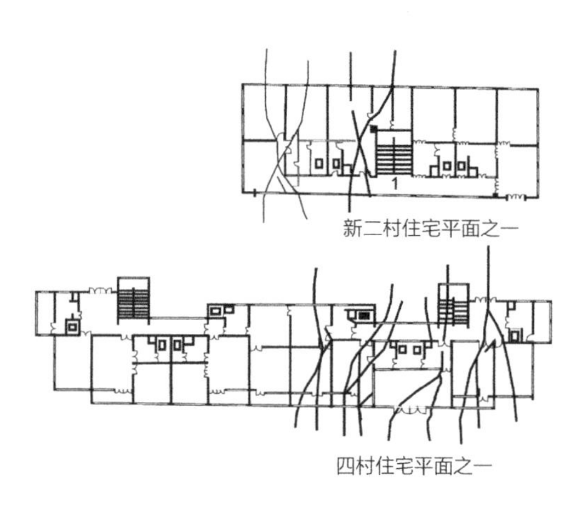

图5-13　武东住宅户型图（秦浩然 改绘）
来源：武汉市城市规划设计院. 武汉市武东居住区规划[J]. 城市规划，1977（1）：21-40.

图5-14　武东一村、二村和三村住宅图
来源：自摄

4．武东一村、二村、三村和四村土地利用

武东一村、二村、三村和四村是为武东工厂修建的工人新村，体现了“小而全”的建设模式和受“人民公社化”运动影响的集体主义思想。每个村内修建有幼儿园、居委会、合作医疗站、儿童文化室、食品代销店等一系列公建设施，它们大多设在居住街区的中心地段和住宅群的出入口处，服务半径大约150m。在一村、二村和三村地段内，每相邻两村（每村5000居民以上）配置了如煤店、粮店、菜场、小百货店、副食品店、小学、医疗所等一系列日常生活设施；四村因为距离较远单独设置一套，服务半径大约200m。服务于全居住区的公共设施集中在沿街，服务半径大约500～1000m。居住街区内公建设施配套基本齐全，共有31座公共建筑（表5-2）。

在居住街区内部大量种植树木，起隔热降温作用。同时结合生产，在成片树林区和苗圃内栽植部分经济林木，居住街区内植树达7000多株。

武东居住区用地平衡表 表5-2

项目	用地面积（hm^2）			m^2/人			%		
生活居住用地	总计	一村、二村和三村	四村	总计	一村、二村和三村	四村	总计	一村、二村和三村	四村
	29.29	23.47	5.82	19.46	19.01	22	100	100	100
其中：居住用地	12.48	10.48	2.00	8.32	8.49	7.6	42.6	44.6	34.5
公共建筑用地	10.47	8.06	2.41	6.98	6.53	9.1	35.7	34.3	41.4
道路用地	6.10	4.69	1.41	4.00	3.80	5.3	20.8	20.0	24.1
公共绿化用地	0.24	0.24	0	0.16	0.19	0	0.9	1.1	0
其他用地	6.00	3.82	2.18						
总用地	35.29								

来源：武汉市城市规划设计院. 武汉市武东居住区规划[J]. 城市规划，1977（1）：21-40.

5．武东居住区人口指标及密度

从武东居住区人口指标（表5-3）可以得出：居住区居民主要以武东职工为主，形成特定环境下均质化的社会结构；平均每户5人，因此需要较大的户型；服务人口占总人口比重不高5.5%，说明了居民社会结构的单一性特征。从武东居住区密度与面积指标（表5-4）可以得出：建筑层数在4层以下，较为低矮；居住和人口密度不高，住宅分布不太密集；人均居住面积较低，与当时重生产、轻生活的政策有关。

武东居住区人口指标 表5-3

居住区总人口（人）	职工总人数（人）	带眷比（%）	双职工占带眷职工的比例（%）	平均每户人口数（人）	服务人口占总人口的百分比（%）
15000	8327	33	10	4.6	5.5

来源：武汉市城市规划设计院. 武汉市武东居住区规划[J]. 城市规划，1977（1）：21-40.

武东居住区密度与面积指标 表5-4

	平均层数（层）	居住建筑密度（%）	居住建筑面积密度（m^2/hm^2）	居住面积密度（m^2/hm^2）	人口净密度（人/hm^2）	人均居住面积（m^2/人）	户均建筑面积（m^2/人）
1～3村	3.49	30.8	9370	5622	940	4.3	36.3
4村	3.95	28	11100	6100	1329	4.56	36.7

来源：武汉市城市规划设计院. 武汉市武东居住区规划[J]. 城市规划，1977（1）：21-40.

6. 武东四村居住街区肌理分析

由于武东居住区住宅间距较大（街巷D/H=1.3），武东居住区肌理较为稀疏，并不密集。住宅主要呈行列式排列，但并不全是正南正北朝向，这源于为了避免夏季武汉市酷热的气候，所以住宅采取西南8°至东南9°的朝向，其居住肌理较为规整。

5.5.2 行列式空间形态布局的工人新村：白玉山小区

白玉山居住区建于1975年，位于武钢厂区东南部2km，距红钢城14km，距武昌旧城25km，是近郊独立的居住区。居住区规划的思想是“有利生产、方便生活”（图5-15）。

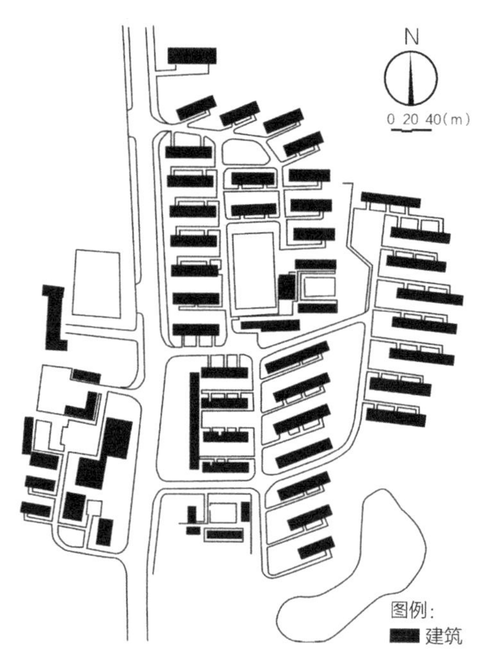

图5-15 武东四村肌理分析图
来源：李德伦 绘

自20世纪50年代开始，中国的居住小区就开始模仿苏联邻里单位模式修建，形成居住区—居住小区—居住组团三级居住小区模式。白玉山居住区就是采取行列式的空间布局形态（图5-16、图5-17）。白玉山工人新村在武东四村附近，由7个行列式布局的街坊组成，居住街区的形态和布局与武东四村空间布局较为类似。

（1）居住街区规模：该居住区规划总人口6.5万人，总建筑面积约70万m^2。其中住宅42万m^2，宿舍7.6万m^2，公共建筑20.7万m^2（表5-5）。规划总用地108hm^2。白玉山居住街区的规模较大，是为当时附近工厂工人建设的工人住宅区。

（2）居住区规划结构：共4个居住小区，每个小区由2~3个居住生活单元组成，每个生活单元包括若干住宅组团。小区规模一般为2万人左右，每个居住单元设一个居委会，居民5000人左右。

（3）居住区用地布局：按功能分区。单身宿舍布置在居住区西北部离厂区较近的独立地段，宿舍周围配有浴室、工人业余学校、球场、食堂和小块绿地。

图5-16　白玉山小区行列式住宅图
来源：自摄

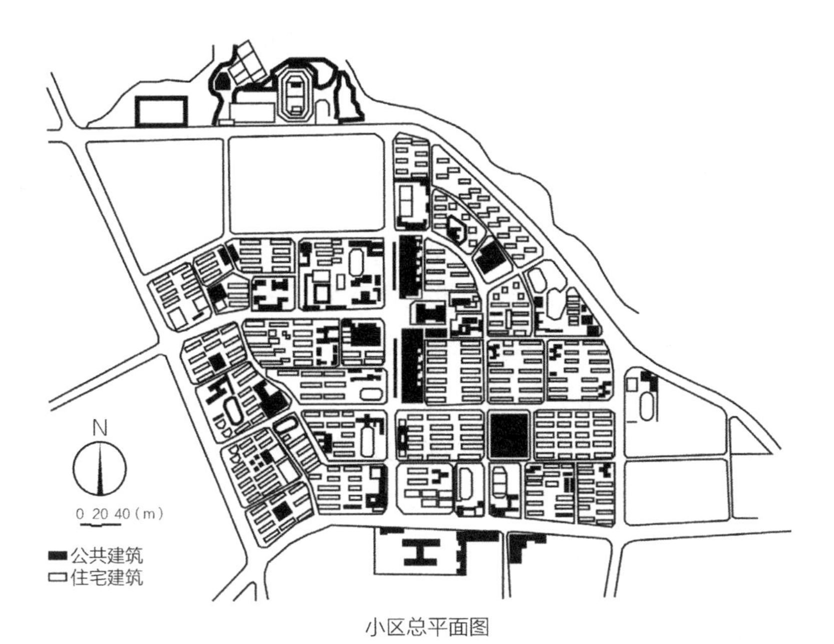

小区总平面图

图5-17　白玉山居住小区结构图和平面图（秦浩然 改绘）
来源：白玉山居住区规划简介[J]．城市规划，1988（2）．

白玉山居住区土地利用　　表5-5

用地类别		（%）	用地面积（hm^2）	平均（m^2/人）
	合计		108.58	16.68
生活居住用地	居住用地	41.2	44.85	6.88
	公建用地	31.8	34.48	5.3
	道路用地	21.2	23.00	3.53
	绿化用地	5.8	6.25	0.97
其他用地			23.7	
总用地			123.28	

来源：白玉山居住区规划简介[J]．城市规划，1988（2）．

（4）居住群体空间布局：整体呈行列式布局。组团单元之间经常错列、斜列、长短组合、搭接等，商业服务设施分散和集中相结合。

（5）居住街区道路空间：分为居住区级道路、居住小区级道路、居住组团级道路三级。道路呈T字形布局，合理组织交通流向。

（6）居住街区绿化空间：由公共绿地、公共建筑专用绿地、宅旁绿地、住宅组团中的庭院绿地、防护林带和道路绿化组成。公共绿地结合北湖形成以青少年活动和体育运动为主的公共空间，结合南面的严西湖湖汊形成一个全区性公园。

（7）居住街区公共服务设施：在小区生活中心集中设置。居住生活单元设有分散的商业服务代销点。在主干道沿线人流量较大的东侧布置商业服务设施，形成全居住区的生活服务设施中心。小型工业企业和市政公用设施集中设置在居住区东部的独立地段，以减少干扰；大型市政公用设施结合公共绿地布置。

5.5.3 极度节约的住宅群

“文化大革命”中期，武汉市没有建设大规模的居住街区，但在一些地段建设了一些体现极度节约精神的住宅群。这些住宅群主要分为“干打垒”住宅和小面积、低造价住宅两大类。

1.“干打垒”住宅（图5-18）

1960年中国处于困难时期，为了顶住苏联的封锁和压力，开发了大庆油

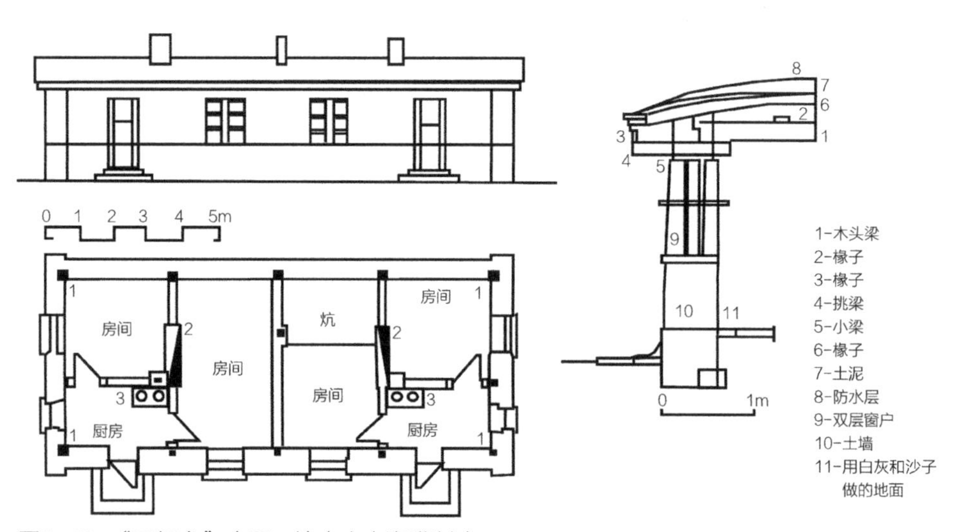

图5-18 “干打垒”房屋，墙由夯土浇灌制成

来源：华揽洪．重建中国：城市规划三十年1949—1979[M]．李颖，译．北京：生活·读书·新知三联书店，2006：114.

田，准备在短期内把大庆建成有中国特色的新型矿区。由于气候条件恶劣，加上运输、材料等困难，大庆的住宅采用了当地“干打垒”墙体的构造并加以改进。“干打垒”住宅为每户两居室，从厨房进入，火墙采暖解决做饭和供暖的问题。这种形式在短期内以低廉的代价解决了居民生活各方面的需求。后来，大庆的“干打垒”住宅成为全国学习的榜样，随着“干打垒”“乡土化”精神的推广，全国各地都出现了低标准低造价的住宅。这种住宅在居住标准和质量方面都比较差，只是在设计手法上借鉴了一些地方传统。

在武汉按“干打垒”精神建成的住宅有武汉搪瓷厂硚口区住宅、汉阳客车配制厂住宅和武汉市房地局住宅等，砖混4层，内外墙均为18cm厚四孔砖砌，槽型楼板或无筋小扁壳板，层高2.8m，单元平面1梯4～6户，2～3户合用厨房，4～6户共用厕所，土建每平方米造价32～35元。这些“干打垒”住宅后来有的成了废土一堆（如武汉市第二汽车运输公司“夯土”楼），有的成为城市建设中的包袱①。

2．小面积、低造价住宅

1958年召开了“住宅标准和建筑艺术座谈会”，提出了“以近期为主、适当照顾远期”的原则。在这种大方针的指引下，提出了“合理分户”的原则：认为每户都有自己的厕所、厨房，尽量避免与他人合用厕厨和合住，尽量使每户拥有一套相对完整的住宅。上一阶段的住宅里，因为盲目采取苏联模式，追求过高的面积率和应用过高的标准，造成起居室面积过大，这样一个大家庭的几代人不得不共同居住在一个房间里，使用极其不方便。这一时期采取增加每户居室数的建议，和小面积住宅的思想。随着设计原则和标准的转变，住宅设计结合中国实际经济社会生活水平以及气候条件等对从苏联引进的内廊式单元式标准进行了合理化改进。

1）汉口解放大道航黄段住宅

1961年，汉口解放大道航空路至黄浦路新辟路段，建成住宅24栋，建筑面积130500m^2，均为5层砖混结构平屋顶楼房，建筑平面有内天井式、外廊式和内廊式等，每套住宅2～3室，独用厨房和厕所，平均每套建筑面积137.5m^2（四型组合Ⅰ）、140.73m^2（五型组合Ⅱ）、102.4m^2（六型组合Ⅰ）、77.66m^2（七型组合Ⅳ），平均每套居住面积分别为64.83m^2、71.77m^2、47.66m^2、35.02m^2，

---

① 武汉地方志编纂委员会．武汉市志：城市建设志（下）[M]．武汉：武汉大学出版社，1996：784．

为当时武汉最好的新建市区住宅。建成后按人均居住面积3.5m²分配，仍多为2户以上合用一套，共用厨房和厕所。这些住宅楼均为水泥砂浆外墙面，外观整齐划一，与宽阔的主干道配合，反映了20世纪60年代初期武汉城市建设的面貌。①

图5-19 六型住宅照片

来源：《建筑学报》1961年第6期封底

按照每套房间数分成4种户型：四型、五型（内天井式）、六型（外廊式）；七型（内廊式）。其中，六型外廊式住宅（图5-19）最受欢迎。从其立面（图5-20）、平面图（图5-21）可以看出：北廊，结构简单，通风良好；前厅尺度适中，是一种2室户型，每户60m²，可以改善合住情况。但此时的户型功能不完善，客厅面积过小，仅满足于交通功能，相当于走廊或者“过厅”。

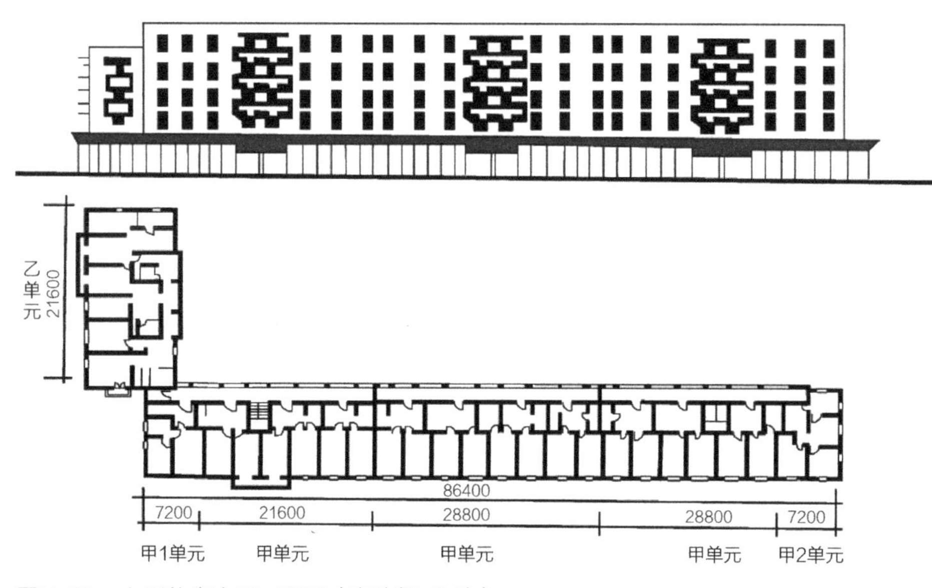

图5-20 六型住宅立面、平面（秦浩然 改绘）

来源：武汉市工业民用建筑设计院. 武汉市解放大道的住宅建筑[J]. 建筑学报，1961（6）：12-15.

① 武汉地方志编纂委员会. 武汉市志，城市建设志（下）[M]. 武汉：武汉大学出版社，1996：782.

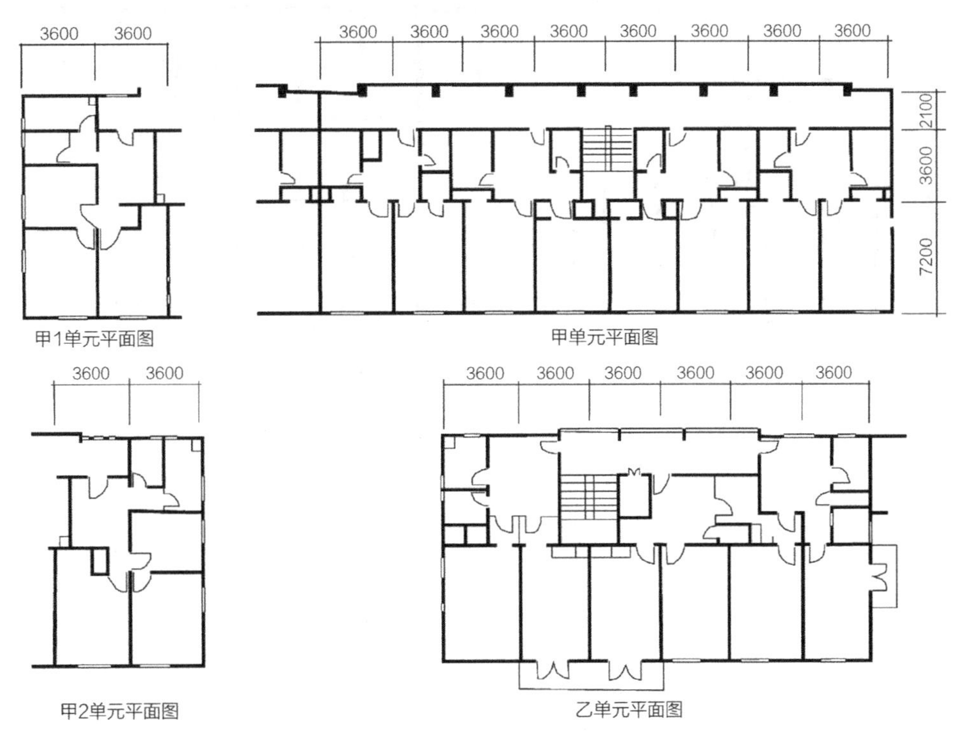

图5-21　六型住宅平面图（秦浩然 改绘）
来源：武汉市工业民用建筑设计院. 武汉市解放大道的住宅建筑[J]. 建筑学报，1961（6）：12-15.

2）凸字形和工字形住宅

1965年，武汉市建筑设计院编制了一套造价较低、质量较好，颇受欢迎的住宅设计，其中有凸字形和工字形两种建筑平面（图5-22）。凸字形1梯6户，户均建筑面积32.07m^2，居住面积19.47m^2，每户1～1.5室，3户共用厨房和厕所，单位面积建筑造价54.31元/m^2；工字形平面，1梯2户，每户前厅后室各1，户均建筑面积31.6m^2，居住面积19.8m^2，6户共用厨房和厕所。这两种类型有3层、4层、5层三种层高，至同年11月共有30个单位采用这套设计，建成11万m^2，单位面积建筑造价52.67元/m^2，户均投资1711元，较1963年、1964年各降低54%、42%。①

3）计量局住宅

1965年，在不增加太多投资前提下，中南建筑设计院采取各种技术解决武

① 武汉地方志编纂委员会. 武汉市志：城市建设志（下）[M]. 武汉：武汉大学出版社，1996：783.

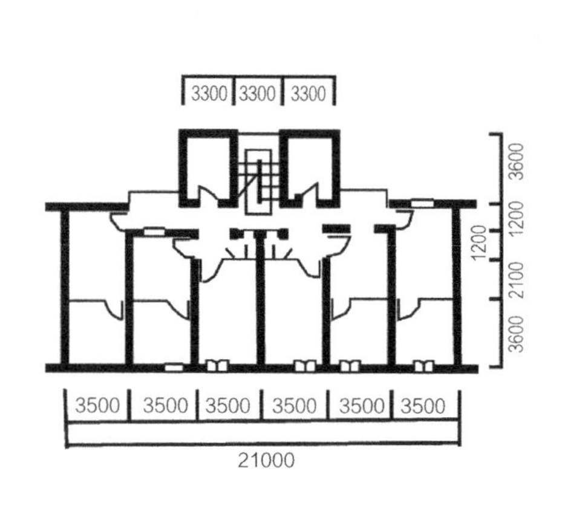

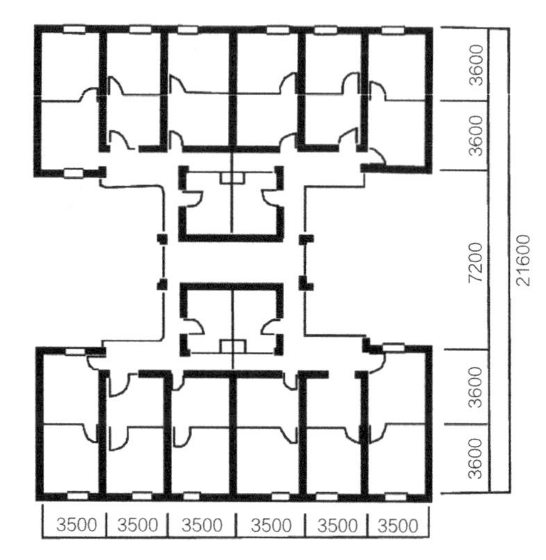

图5-22　凸字形和工字形住宅平面图（秦浩然 改绘）

来源：武汉地方志编纂委员会. 武汉市志·城市建设志[M]. 武汉：武汉大学出版社，1999.

汉市闷热地区住宅通风的问题，设计了计量局住宅，此住宅对空间的利用较为合理。

4）"671"型和北外廊式住宅

"文化大革命"期间，武汉建筑设计院设计的"671"型小厅单元式住宅和中南设计院设计的北外廊式住宅较为成功。"671"型为1梯2户，平均每户建筑面积65.34m^2，居住面积30.44m^2，户室比：1室户25%，1室半、2室户50%，2室半、3室户25%。多为3～4层混合结构，18cm厚大孔砖墙，预制15cm厚圆孔板，L形板挂瓦屋面，层高2.8m（顶层2.4m，无顶棚），内墙面抹灰刷白，外墙面混合砂浆，单位面积建筑造价45～50元/m^2。"北外廊式"，单元平面1梯12户，1～1.5室户，每户1厨，共用厕所，其余情况与"671"型基本相同。①

3. 小结

"文化大革命"中期在武汉建设的"干打垒"住宅不多。"干打垒"住宅是在大庆特殊地理环境中发展出的住宅类型，并不适合武汉市地理和气候特点。此类型住宅粗制滥造，不适合居住。

"文化大革命"中期在武汉建设的小面积、低造价住宅楼层为多层或低层（3～8层），楼间距在20m以上（楼高：楼距=1.6），因此居住街区空间肌理比较稀疏。住宅楼设计单纯从简化、方便施工出发，规划设计与施工的科学程序

① 武汉地方志编纂委员会. 武汉市志：城市建设志（下）[M]. 武汉：武汉大学出版社，1996：784.

被颠倒，规划设计服从施工，建筑艺术被否定，住宅布置均采用简单的行列式排列，每栋楼多以南北向平行排列，居住街区空间形态比较单一。

5.6 总结：以行列式为主的居住街区空间形态

这个时期包含3个阶段：①“二五”时期的“大跃进”和“人民公社化”运动阶段；②经济调整阶段；③“文化大革命”阶段。武汉市的住房政策、居住区规划思想在不切实际和极简主义思想影响下，居住质量、居住面积大幅度下降，产生了一系列不切实际的、极度节约的住宅形态。

1．居住街区的规模

这一时期的居住街区以大面积行列式空间形态的工人新村为主，规模较大。如武东居住区、白玉山居住区等，都是为周边工厂工作的职工修建的大面积居住区。

2．道路空间形态

居住街区道路空间形态分为居住区级道路、居住小区级道路、居住组团级道路三级。形状如树枝状、环状等，根据具体的街区布局有所不同，不再像前一个阶段那样呈现棋盘式布局。

3．公共设施空间形态

因为大搞生产不搞生活，导致公共服务设施简单、单一的局面。

4．绿化景观空间形态

居住街区绿化带特点是以楼间绿地为主，中间有少量休闲绿地。该阶段以节俭为主的设计精神，必要的公共绿地被取消，居住环境质量严重下降，不注重设计的美观，对绿化景观的布置也不够丰富，绿化空间形态不丰富。

5．建筑空间形态

建筑以行列式布局为主。以节约为主的特征导致这一时期产生大量小户型，人均建筑面积3～4m^2，而且住宅形态低劣粗糙。

6．空间肌理

居住建筑和工业建筑混合布局。居住街区内常伴有一些工业设施或开敞空地，因此这一阶段居住街区空间肌理较为粗犷。

这一历史时期属于城市建设的缓慢增长和停滞期，在大搞运动大办工厂的背景下，建设项目不多。

第6章 1979—1991年以多层为主的武汉市居住街区空间形态研究

6.1 改革开放初期武汉市居住街区的历史背景

1979年是中国现代史上一个重要转折点，同时也是中国城市发展史上的重要转折点。与中国的其他城市一样，武汉市的居住区建设从1978年底即中国共产党第十一届三中全会之后开始迅速发展。

6.1.1 党的十一届三中全会的召开标志着中国新的居住街区空间形态的开始

粉碎“四人帮”后，人们从思想上拨乱反正：在总结了中华人民共和国成立以来近30年经验的基础上，党的十一届三中全会提出了“解放思想、实事求是、团结一致向前看”的指导方针，并且做出将全党的工作重点转移到社会主义现代化建设的新时代决定，同时提出“改革开放”，确立新时期的发展方向是“以社会主义现代化建设为中心”，为新时期中华民族的振兴奠定了思想基础。党的十一届三中全会召开后党的战略方针向“以社会主义现代化建设为中心”转移。改革开放从此拉开序幕，中国开始探索符合中国国情的社会主义经济体制。党的十一届三中全会的召开标志着中国社会进入新的历史纪元，居住街区的空间形态开始转型，新的形态开始出现。

6.1.2 “五五”“六五”“七五”计划扭转城市生产性建设、非生产性建设的比例，人均居住面积大幅提高

第五个五年计划（1976—1980年）：1976年，“文化大革命”结束，通过新的经济调整，城市建设开始与国民经济各部门按一定比例协调发展，非生产性建设投资比例开始有所增长。1980年末，武汉市全市住宅建筑面积达2388万m^2，

比1975年末（1683万m^2）净增700余万m^2，人均居住面积由1975年末的3.15m^2上升到1980年的4.05m^2，这是中华人民共和国成立以来住宅建设发展的一个重大历史转折，为以后的大规模住宅建设和住宅商品化的推行积累了经验。①“五五”计划时期，城市基础设施和住宅建设逐年调整投资比例，使生产性建设与非生产性建设的比例失衡的现象有所扭转。②

第六个五年计划（1981—1985年）：20世纪80年代初，农村发展商品经济的改革浪潮冲击到城市，承包制、企业扩权等改革措施也渗透到城建战线各部门。1984年5月，中共中央、国务院批准武汉市进行经济体制的改革试点，城建各行业普遍推行各种不同形式的经济责任制，市政、建筑、住宅三大行业首先实行政企分开，分别组建武汉建筑工程、市政工程、住宅建设三个总公司。总公司实行独立核算，自主经营，逐步由依靠指令性计划施工转变为直接面向市场。③这5年住宅建设投资15.59亿元，比“五五”计划时期增长1.14倍，住宅建设竣工面积1300万m^2，为中华人民共和国成立以来历次五年计划的最高点。④1985年末，市区实有房屋面积6754m^2，其中房管部门直管房959万m^2，私房579万m^2。市区人均居住面积5.39m^2。⑤

第七个五年计划（1986—1990年）：建筑业、房地产业、公用客车市场等行业进行了改革探索，为发展市场和政府的宏观调控创造条件。⑥

从1978年开始，国有企业由政府的附属物逐步向相对独立的商品生产经营实体转化，国家采取了一系列措施扩大企业经营自主权，使企业逐步成为自负盈亏、自主经营的利益主体。对于政府职能部门和事业单位，国家对各单位每年使用的经费确定一个基数，不足部分由各单位自行解决。⑦（邓青，1995，p31）

6.1.3 社会主义计划商品经济体制的确立导致了住房制度的改革

1984年10月中共十二届三中全会正式确定了建设公有制基础上有计划的商

① 武汉地方志编纂委员会. 武汉市志：城市建设志（上）[M]. 武汉：武汉大学出版社，1996：39.
② 同上。
③ 同上。
④ 武汉地方志编纂委员会. 武汉市志：城市建设志（上）[M]. 武汉：武汉大学出版社，1996：40.
⑤ 武汉地方志编纂委员会. 武汉市志：城市建设志（上）[M]. 武汉：武汉大学出版社，1996：41.
⑥ 武汉地方志编纂委员会. 武汉市志：城市建设志（上）[M]. 武汉：武汉大学出版社，1996：42.
⑦ 吕俊华，彼得·罗，张杰. 中国现代城市住宅1840—2000[M]. 北京：清华大学出版社，2003：194.

品经济的方针，从此确定了社会主义经济属性的问题。会议指出，坚决系统地进行以城市为重点的整个经济体制的改革，是当时我国形势发展的迫切需要。这次会议标志着改革由农村走向城市和整个经济领域的新局面。社会主义计划商品经济体制的确立直接导致了住房制度的改革。

6.1.4 武汉市住宅建筑面积的提高及私建房的出现

1977年普查城市住宅人均居住水平仅3.36m²，尚有21万缺房户。1979年武汉市全市生活居住用地约41.52km²，人均约18m²，旧城区人均仅14.7m²，生活居住用地和居住人口的分布是不均衡的。有的工业区如易家墩生产用地高达366hm²，而生活用地仅90hm²。

1980年，武汉市竣工住宅建筑面积588.4万m²，超过前18年竣工面积的总和。20世纪70年代末期住宅建筑标准逐步提高，1978年以后新建的住宅楼多为6~8层，并多为单元式配套住宅，即每户多为1厅、1~3室，厨厕齐备，基本结束了长期合居、共用厨厕的历史。①20世纪80年代，针对过去住宅建设欠账太多，逐渐提高了住宅设计标准，逐年增加住房建设投资。住宅设计思想空前活跃，设计质量不断提高。住宅建设走上了统一建设和综合开发的道路。20世纪80年代中期开发近50片住宅区，总面积260余万m²。②

中华人民共和国成立以来因为实行计划经济公有制，市民的职工住宅多由国家投资兴建。1976年后郊区菜农、市民、城区个体户等开始兴建私宅：1979—1985年，全市新建私房（多为民宅）151.2万m²，多为2层混合结构，每户1栋，1厅，3~5室，带厨房、阳台（或平台）等，建筑面积120~150m²，室内多饰油漆（或涂料）墙裙，一般为水泥、涂料地面，外墙面清水红砖、混合砂浆拌灰、水刷石等，屋面为红瓦坡顶或钢筋混凝土平顶。③

从图6-1、图6-2看出，这一时期武汉市人均居住面积比改革开放前有所提高，武汉市住宅建筑面积从1979年后也开始飞跃性发展。这些量的变化直接导致了居住街区空间形态质的变化。

---

① 武汉地方志编纂委员会. 武汉市志：城市建设志（下）[M]. 武汉：武汉大学出版社，1996：784.
② 武汉地方志编纂委员会. 武汉市志：城市建设志（下）[M]. 武汉：武汉大学出版社，1996：785.
③ 武汉地方志编纂委员会. 武汉市志：城市建设志（下）[M]. 武汉：武汉大学出版社，1996：787.

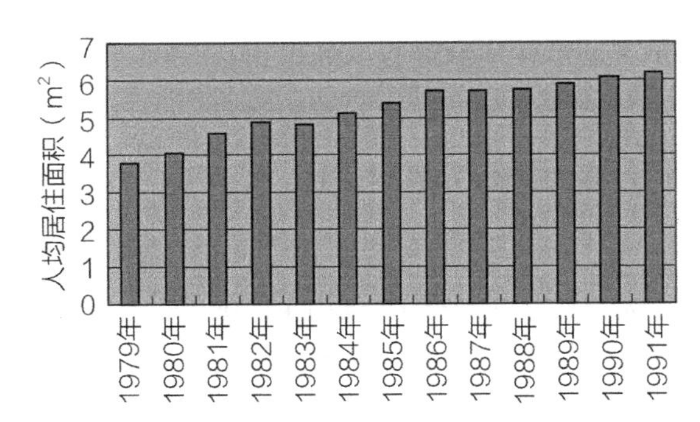

图6-1　1979—1991年武汉市人均居住面积
数据来源：武汉市统计局. 武汉五十年：1949—1999[M]. 北京：中国统计出版社，1999.

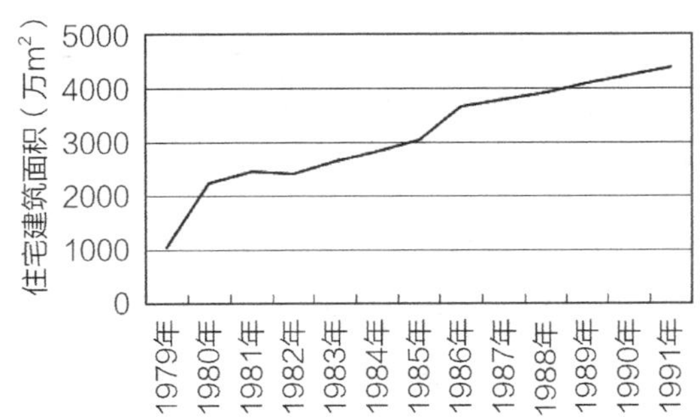

图6-2　1979—1991年武汉市住宅建筑面积
数据来源：武汉市统计局. 武汉五十年：1949—1999[M]. 北京：中国统计出版社，1999.

6.2 住房制度的改革及对居住街区空间形态的影响

6.2.1 住房制度的改革确立了住宅商品化发展的趋势

中华人民共和国成立初期，我国建立的传统住房制度与当时的计划经济体制相适应。福利分房制度是以国家统包、低租金消费为特点的实物分房制度。改革开放初期，为了解决当时住房困难及国家建设问题，1978年9月，邓小平同志提出："解决住房问题能不能路子宽些，譬如允许私人建房或者私建公助、分期付款，把个人手里的钱动员出来，国家解决材料，这方面的潜力不小；建筑业是可能为国家增加收入、增加积累的一个重要产业部门，在长期规划中，必须把建筑业放在重要位置。"①

1980年4月，邓小平同志在与中央负责同志的谈话中指出："提出关于住宅问题，要考虑城市建筑住宅、分配房屋的一系列政策。城镇居民个人可以购买房屋，也可以自己盖。不但新房子可以出售，老房子也可以出售。可以一次付款，也可以分期付款，十年、十五年付清。住宅出售之后，房租恐怕要调整。要联系房价调整房租，使人们感到买房合算。不同地区的房子，租金应该有所不同。将来房租提高了，对低工资的职工要给予补贴。这些政策要联系起来考虑。"②

① 王微，住房制度改革[M]. 北京：中国人民大学出版社，1999.

② 同上。

邓小平同志对于住房制度改革的构想，奠定了城市住房制度改革的思想基础，标志着住房制度改革的开始。住房制度的改革解决了住房共有制度的资金投入、产出等问题，确定了住宅市场化、商品化发展的趋势，在我国让人们逐步实现“居者有其屋”的理想。

20世纪70年代，国家成立了“统建办”（住宅统一建设办公室），提出了“统一规划、征地、设计、施工、配套、管理”的六统一原则，注重小区建设中的经济效益、环境效益和社会效益相结合。

1979年7月颁布的《中华人民共和国中外合资经营企业法》规定：“中国合营者的投资可包括为合营企业经营期间提供的场地使用权。如果场地使用权未作为中国合营者投资的一部分，合营企业应向中国政府缴纳使用费。”这一规定使中外合资成为可能。

1984年颁布的《城市建设综合开发公司暂行办法》规定：城市建设综合开发公司是具有独立法人资格的企业单位，实行自主经营，独立核算，并敦促行政性开发公司尽快实行企业化。这样，房地产业开始成为相对独立的经济力量参与城市房地产资源配置过程。

1984年5月，第六届全国人民代表大会提出：城市住宅建设，要进一步推行商品化试点，开展房地产经营业务，允许按照土地在城市所处的位置、使用价值征收使用费税，从此确立了土地有偿使用的原则。

1985年，《中国技术政策》“蓝皮书”颁布，其中包括城乡建设和住宅建设技术政策，代表了一定时期内住宅规划设计的标准和发展方向，也代表了20世纪80年代初学习国外经验技术，进行理论研究实践的成果。

中国住宅建设技术政策提出以20世纪末达到小康居住水平为住房建设的总目标，争取实现城镇居民每户有一套实惠、经济的住宅，人均居住面积达到$8m^2$。

6.2.2 住宅合作社的建立一定程度上解决了住房的问题

合作、集资住房是指中低收入职工为改善自身住房条件，在政府政策扶持下共同筹资、建设、管理的住房形式，其价格低廉，是住房供应体系的重要组成部分，也是广大群众依靠自身能力解决住房问题的较好途径。合作建房的主要组织形式就是住房合作社。

住房合作社的组织原则是：社员是住房困难户，建房资金社员自筹，住房按社员要求设计。住宅合作社受到低收入住房困难群众的欢迎，成为武汉住房制度改革的重要组成部分，并在全国引起关注。住宅合作社是组织中低收入者合作建房的一种形式，是个人投资购买或建造的住宅市场。

1986年，武汉扬子房产实业公司就开始筹办住宅合作社。1987年成功组建了全国第一家社会型住宅合作社——常码头住宅合作社。1991年，该公司又建设了复兴村住宅合作社，它是全国最早、最大的社会型合作住宅小区，在政府扶持，所在单位资助下，1700户居民作为主要投资者，组建了这一新型的合作住宅小区。1995年，全市已有90余家单位创办了内部职工住宅合作社，已竣工的建筑面积已达70万m^2以上，成为解决中低收入职工住宅困难的重要力量。

6.2.3 试点小区的确立提高了住宅建设水平

1989年，建设部在总结了第一批试点小区建设经验的基础上，决定采取以点带面的方式，从1990年开始在全国范围更广泛的地区内推行住宅小区建设试点，以全面提高住宅建设水平。其主要特点如下：

（1）小区以“统一规划、合理布局、综合开发、配套建设”为方针，配套建成了较为完整的小区。

（2）打破千篇一律的规划组织方式，组织富有变化的住宅群体，提高室外居住环境的质量。

（3）明确邻里生活空间领域层次，促进居民邻里交往。住宅的外部空间进行明确的层次划分，形成多样化和有序的邻里生活空间，为居民提供多种活动所需场所。小区规划充分考虑人们的生活活动规律和内容，对住宅的外部空间进行明确的层次划分，形成多样化和有序性的邻里生活空间领域层次，为居民提供邻里交往和各类活动所需活动场所，满足小区居民室外活动的多种需求以及心理上的安全感。

（4）完善小区使用功能，满足居民心理、精神等多方面的需求。规划设计时注重了居民出行行为活动轨迹，商业服务设施由过去传统的“服务型”转变为“经营型”，布置形式由过去置于几何中心的“内向型”转变为置于居住区主要人流出口处的“外向型”，既方便了居民，又有利于经营效益的提高。

（5）从居住环境的整体性出发，突破传统，确立“整体设计”的新概念。“整体设计”的概念是把建筑景观、道路及广场、绿化配置、竖向设计、照明以及环境设施小品等人工环境景观全部有机地纳入住区环境的整体设计之中，为居民创造一个良好的居住环境，从而改进人们的生活质量，满足人民日益增长的需求。

（6）在住区中尝试居民参与的规划设计手法，从调查研究入手，制定规划设计方案。

6.2.4 住房制度的改革对居住街区空间形态的影响

这一时期的住房制度改革对居住街区空间形态产生重大影响：住宅分配有了新思路，除了福利分房制度外，人们开始寻求住房的多方面融资；有了市场的介入，居住街区空间形态改变了过去单一的面孔；住房建设市场化、商品化的出现是居住街区空间形态朝多元化发展的开端（虽然改革开放初期居住街区空间形态的变化并不多）。

6.3 改革开放初期武汉市的城市规划以及它对居住街区空间形态的影响

6.3.1 1982年《武汉市城市总体规划》中有关居住区的布局

改革开放初期，李崇淮先生提出武汉市"两通起飞"的战略思想，武汉市于1979年编制了《武汉市城市总体规划》（1982年国务院批复）（图6-3），确定城市性质为"湖北省政治、经济、科学、文化中心，全国重要的水陆交通枢纽之一，以冶金、机械工业为主，轻、化、纺、电子工业都具有一定规模的综合性的大城市"。1982年的《武汉市城市总体规划》启动了城市港口、车站、机场等大型交通设施的建设，确立了武汉市特大城市的空间格局。

在"控制大城市规模，多搞小城镇"的精神指导下，根据城市新增岗位、大专学生发展、服务人口增长形势，结合计划生育政策控制人口自然增长率的要求，预计城区人口1985年控制在260万，2000年控制在280万；建设用地分别控制为185km^{2}和200km^2。规划合理调整三镇布局，加强江南地区运输设施和商业服务网点的建设，使长江南北地区相对独立，各项设施分别自行配套[①]。

生活居住区建设原则结合现状建设情况，按照分区成片的总体布局，从

① 武汉市城市规划管理局. 武汉市城市规划志[M]. 武汉：武汉出版社，1999：185-186.

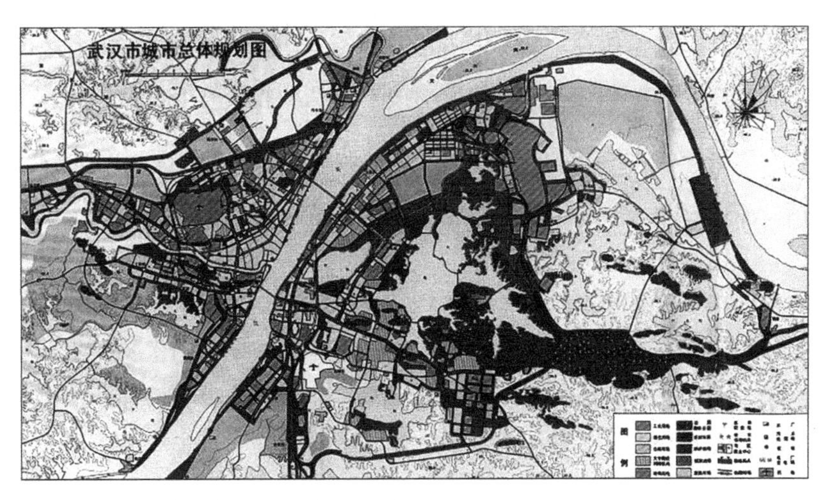

图6-3　1982年武汉市城市总体规划
来源：武汉市国土资源和规划局

“有利生产，方便生活”出发，考虑各个工业区和新建区有各自相应的生活居住区，使职工能就近居住。按居住小区或街坊详细规划逐步分期分片集中紧凑建设，在修建住宅的同时，按规划方案建设一些齐全的生活服务和市政公用设施以及中小学、托儿所、幼儿园和集中绿地，为居民创造良好的居住、劳动、学习、交通、休息等条件[①]。

生活居住区规划的各项控制指标：居住建筑以5～7层为主（比改革开放之前有所提高），沿城市主干道或个别地段应适当提高层数建些高层建筑。房屋间距新区为房高的1.0～1.2倍（比改革开放之前有所降低，居住街区肌理相对紧凑），旧城为0.7～1.0倍。居住建筑密度一般为25%～31%。每人生活居住区用地（不含全市性道路广场、公共绿地）在新建区近期为17～25m^2（内部公共绿地1m^2），远期为8～10m^2。住宅建设必须加强统建工作，实行“六统”（即统一规划、统一投资、统一设计、统一施工、统一分配、统一管理），并要坚持住宅与商业服务网点、中小学、托幼、绿化、人防工程以及市政公用设施等配套建设，同时施工，同时交付使用[②]。

加速住宅建设：按国家有关文件要求，到1985年人均居住水平要达到5m^2。而考虑城市人口增长的因素，需新建住宅912.5万m^2。同时，配套的商业

---

① 武汉市城市规划管理局．武汉市城市规划志[M]．武汉：武汉出版社，1999：191.

② 武汉市城市规划管理局．武汉市城市规划志[M]．武汉：武汉出版社，1999：192.

服务和文教卫建筑量按住宅修建量的20%计，需建182.5万m^2。住宅区内的道路、给水排水和供电等设施的建设费用按上面两项投资之和的10%计算，全部投资共需14.45亿元①。

6.3.2 1988年《武汉市城市总体规划》中有关居住区的布局

1988年《武汉市城市总体规划》（图6–4）规定了武汉市的城市性质：武汉市是湖北省会，是座有革命传统的历史文化名城，是全国重要的水陆空交通枢纽、通信中心和对外通商港口，是我国重要的钢铁、机械、轻纺、电子等传统工业生产基地，并将逐步发展为我国光纤、微电子、激光、生物工程、新材料等新兴产业基地之一。在改革开放中将成为华中地区和长江中游的商业、贸易、金融、科技、文教、信息中心。②

城市规模：2000年，中心城区人口规模预测控制在350万人左右，建成区面积控制在245km^2以内，流动人口日均70万人左右（含暂住人口），城市基础设施负荷量约为420万人。③

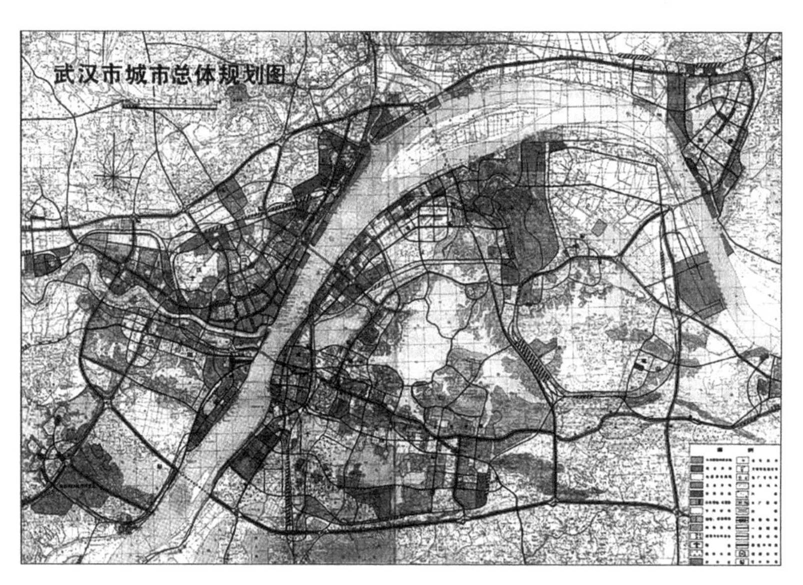

图6–4　1988年武汉市城市总体规划
来源：武汉市国土资源和规划局

① 武汉市城市规划管理局．武汉市城市规划志[M]．武汉：武汉出版社，1999：207.
② 武汉市城市规划管理局．武汉市城市规划志[M]．武汉：武汉出版社，1999：215.
③ 同上。

生活居住区规划：生活居住区包括住宅区、各项配套设施，以及各类大中型公共建筑和单位建筑等。新区生活居住区建设用地综合指标为30～40m^2/人。[①]

住宅区按“统一规划、合理布局、综合开发、配套建设”的原则，以小区或街坊的形式修建，各项配套建设项目如文教卫、商业服务、邮电通信、市政公用等设施要按国家和市政府有关规定，要与住宅同时设计、施工和交付使用。新建住宅小区要与旧城改建、降低旧城人口密度相结合，统筹安排。住宅小区或街坊规划设计方案必须具有集中成片的公共绿化用地，其指标是每个居民在新区不少于1.00m^2，在旧城区为0.50～1.00m^2（这一阶段公共绿地指标比改革开放前有大幅度提高）。[②]

生活居住区规划指标：新区居住建筑以多层为主，在居住小区规划和旧城改建中，可以因地制宜建些高层建筑。居住建筑容积率为1.3～2.0。公共建筑容积率为2.0～3.0，要有20%场地绿化，10%场地停车。生活居住区内各类高层建筑所占的比例分别是：在旧城区为20%～30%，在新建区为10%～20%，沿江河湖泊以及沿主干道地区为30%～50%。[③]

住宅建设：近期预计新建住宅700万m^2，人均增加居住面积1.5m^2左右，配套修建公共建筑89.6万m^2。规划住宅建设采取新区开发和旧城改造相结合的方式，按分区分片配套修建的原则，统一规划，合理布局。规划近期成片改造旧城区有万松园、简易宿舍、球场街延长线、汉口旧铁路沿线、三阳路延长线、交易街、平田村、长湖村和民主里等小区；新区继续开发建设钢花新村东区和西区、白玉山、柴林头东区与西区、晒湖村、关山、东亭、七里庙、汉阳汉江二桥头西南区、花桥北、陈家墩、蔡家田、复兴村和姑嫂树等小区，共约50处，预计投资45.58亿元。[④]

6.3.3 武汉市规划控制对居住街区空间形态的影响

这一时期武汉市城市总体规划中确定的建筑高度是5～7层，比改革开放前有所提高，武汉市开始出现多层住宅；人均增加居住面积1.5m^2左右，住宅的户型设计有所加大，居住街区的体量有所增加；居住街区开始考虑美观的因

① 武汉市城市规划管理局. 武汉市城市规划志[M]. 武汉：武汉出版社，1999：218.

② 同上。

③ 同上。

④ 武汉市城市规划管理局. 武汉市城市规划志[M]. 武汉：武汉出版社，1999：227.

素，公共绿地的指标比改革开放前有所提高，居住街区内部的绿地空间形态开始丰富等。1988年《武汉市城市总体规划》修订后，城市主城区的用地空间、功能结构得到完善和丰富。

6.4 改革开放初期的居住区规划思想

1979年开始，中国社会进入了以改革开放为主导方针的持续快速发展阶段。1980年后，居住小区的概念逐渐在中国形成，这一时期开始了大量的住宅建设，居住区多采用组团式建筑布置的形式。它的特点是由多层住宅和塔式住宅构成，以楼群互相围合形成若干个相对封闭的绿化空间，形成组团式集中绿地，具有院落式绿化布局的特点。

6.4.1 提高居住密度和节约用地

改革开放初期，我国住宅建设面临的突出问题是住房严重短缺，在有限的土地中解决更多人口的居住问题成为住宅建设的重点问题。这一时期在全国范围内对建设高层住宅开展了争论，是否建设高层住宅、节约用地、提高密度成为这一时期讨论的主要住宅建设思想。在武汉等地出现了一些8层、9层，乃至10层不设电梯的住宅，虽然解决了电梯给高层住宅增加造价的问题，但给住户带来了极大的不便。这一时期武汉市对于高层住宅主要局限在讨论阶段，建设量并不大。小区的建设重点在于“温饱型”，即强调基本物质生活环境的规划设计，从而满足居民“吃、住、行”等基本物质生活的需求。

6.4.2 打破“行列式”面貌，完善配套设施

“文化大革命”给城市建设造成严重的负面影响。“文化大革命”结束后，在大规模住宅建设中改变居住区面貌，强调规划设计的多样化成了时代新的要求，这一时期的规划设计逐渐打破了“行列式”的面貌。针对改革开放前建成的住宅小区中普遍存在的“生活不便，设施不全”的问题，在小区规划和建设中注意完善各种基本生活配套设施的建设，使小区配套设施齐全，居民生活方便；小区的市政、绿化与小区建设同步实施，为广大居民提供了活动、休息环境，丰富了居民的生活。

6.5 以多层建筑为主的居住街区空间形态

20世纪80年代后，居住用地进一步扩展，在武汉三镇出现了独立的居住区，如单洞新村、万松园小区、花桥小区（1985年开工）、东亭小区（1985开工）等，这些独立小区也发展到了职工住宅领域，如钢花新村。

1985年，武汉市吸引社会资金，综合开发8个新区，成片改建9个旧区，初步摸索出了具有自己城市特点的综合开发路子。钢花新村、球场路延长线新村、东亭新村、花桥新村、三眼桥新村、二桥头西区新村和汉阳平田新村等7个小区，建筑群体拔地而起。[①]

这一时期的居住街区以多层住宅为主，居住街区主要以居住区、居住小区、居住组团三级模式布局，形成了以多层为主的三级居住小区空间形态。

6.5.1 以多层为主的居住街区：汉阳区江汉二桥小区

1．汉阳区江汉二桥小区简介

武汉市汉阳区规划总人口11592人，占地面积14.88hm^2，位于距离汉阳钟家村中心大约5.5km的城市边缘地带（图6-5）。北邻汉江和文化体育公园，东面是七里庙工业区。该小区是一个工人住宅区。

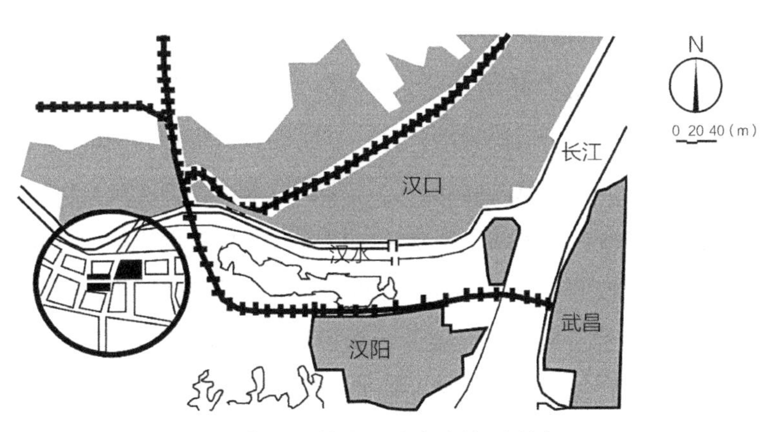

图6-5　汉阳区江汉二桥小区位置图（秦浩然 改绘）
来源：夏怡华．武汉江汉二桥小区规划方案[M]．城市规划，1984（1）：53-56.

① 武汉年鉴编辑委员会．武汉年鉴[M]. 1986.

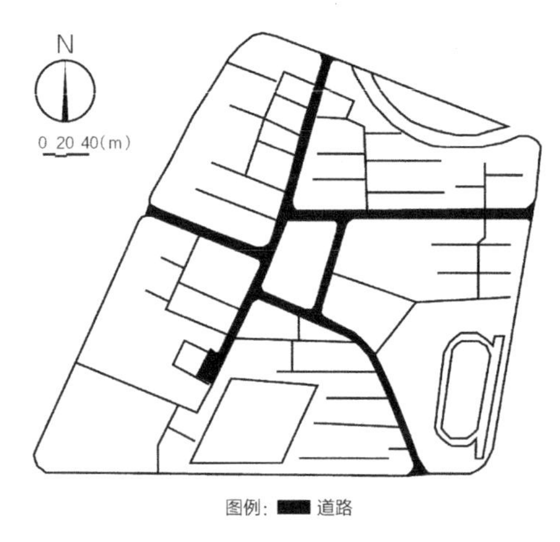

图6-6　汉阳区江汉二桥小区道路空间形态图（秦浩然 改绘）

来源：夏怡华．武汉江汉二桥小区规划方案[J]．城市规划，1984（1）：53–56.

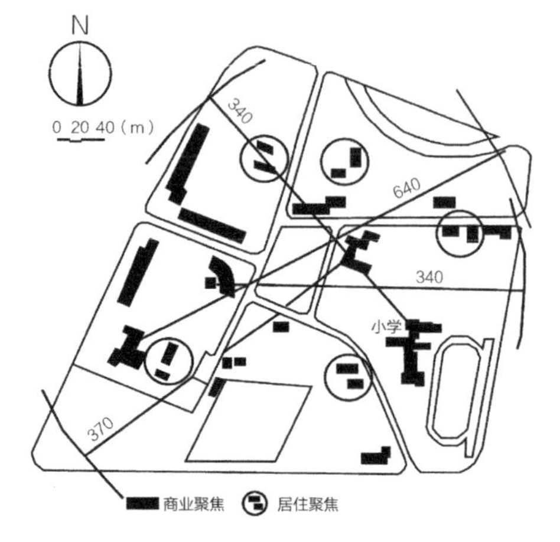

图6-7　汉阳区江汉二桥小区公共建筑空间形态（秦浩然 改绘）

来源：武汉江汉二桥小区规划方案[J]．城市规划，1984（1）：53–56.

2．道路空间形态

居住街区内道路的骨架通而不贯，因此街区内过境交通较少（图6–6）。居住街区内部住宅由车行道系统划分成5个居委会，每个居委会由大约2～3个居住组团组成，居住组团内部一般不允许机动车辆进入。居住街区内部由树枝状的尽端式人行道组成若干小院落，避免机动车辆的干扰。

3．公共建筑空间形态

公共建筑集中和分散相结合分布（图6–7）。大型的公共建筑设施分布在沿街地带，一方面方便了居民生活；另一方面提高城市顾客的流动性，增加商店营业额，并且兼顾了街景的美观。公共建筑设施按照国家统一定额配置，各种公建设施功能齐全。服务站、小吃店、居委会等公建设施均匀分布在小区内部。托幼和中小学校的平均服务半径为200m，均匀分布在小区内。

为了适应多种经济成分的需要、活跃市场，在规划中设置了900m^{2}的一栋小型出租商店，并且统一建设、统一管理，消除了商亭林立、任意摆摊设点的弊病。小区的公安联防办公室和市场管理办公室设置在小区中心地带一角。

4．绿化景观空间形态

绿化景观点、线、面相结合，形态较为丰富，富于变化（图6–8）。如在小区中心设置一个0.45hm^{2}的小游园，每个居委会门前设置有不同大小、不同形状的集中绿地，各个住宅底层的南向方向均设置20～30m^{2}的家庭小花园。

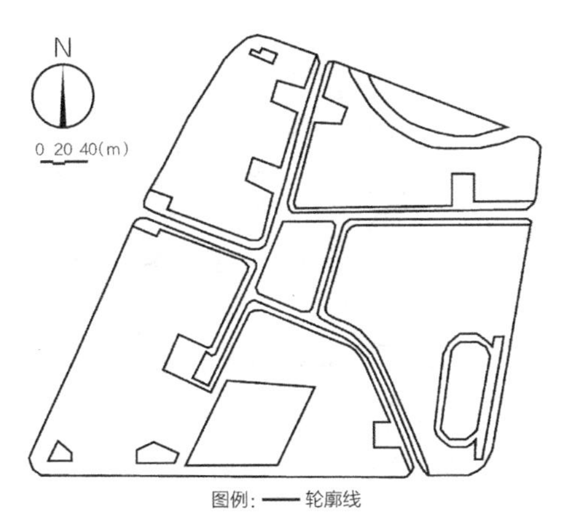

图6-8 汉阳区江汉二桥小区绿化景观空间形态
来源：夏怡华．武汉江汉二桥小区规划方案[J]．城市规划，1984（1）：53-56.

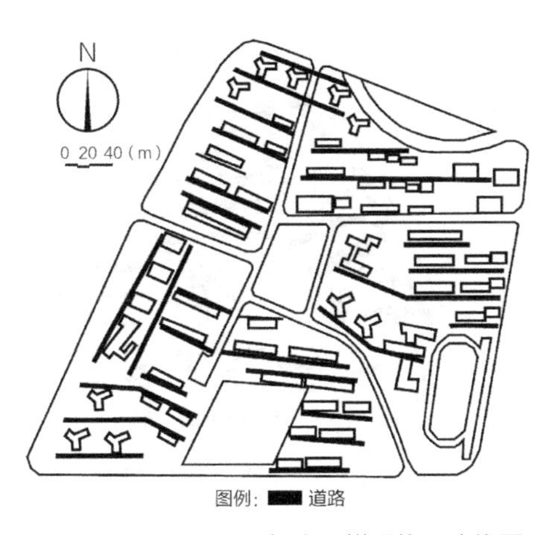

图6-9 汉阳区江汉二桥小区塔吊施工路线图
来源：夏怡华．武汉江汉二桥小区规划方案[J]．城市规划，1984（1）：53-56.

整个街区呈现出万紫千红、郁郁葱葱的景象。

5．空间布局

居住街区的空间布局受到多方面因素的影响。①工业化施工的影响。各住宅组团的布置方位一致、相对集中，住宅群的布置考虑了装配构件的堆放场地和塔吊施工路线（图6-9）。②地形因素的影响。为了节约基础费用和减少土石方量，在大片洼地和藕塘的基础上布置了中小学体育场和小游园。在小区西南角和东北角预留了后期高层建筑基地。小区内部各片地面高程是按照渍水位标高和城市道路的标准确定的竖向规划。小区内道路坡度和自然地面走向相结合，最大为2.15%，最小为0.34%，相对比较平缓。对有些丘塘进行适度的改造，使挖填方基本达到平衡。③住宅日照率、通风率（图6-10、图6-11）和住宅间距的影响。小区靠近北侧的干道呈东西向单排布置塔式建筑，小区靠近西侧干道的塔式建筑呈南北向一字形布局；多层住宅间距是房屋檐口高度的1.1倍。住宅布置呈锯齿形，有南偏西19.5°、南偏东5.5°和南偏东3.5°三种朝向，这样的布局不仅提高了住宅的日照率、通风率，而且节约了小区建筑间距用地，达到提高建筑密度和节约用地的目的。

住宅单元标准化，空间组合布置多样化。在采用通用构配件和统一参数的前提下，住宅基本单元根据户室比和户型的需要，灵活注意西错、东错、连续错、一字形等2～4个单元拼联住宅。各住宅组团特色各异，在统一中求变化。建筑的空间布局较为丰富，每个住宅组团用不同体量、不同层数、适当变化的颜

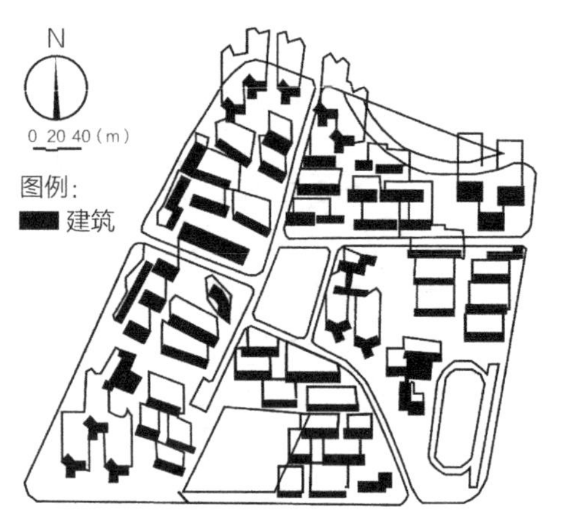

图6-10　汉阳区江汉二桥小区冬季日照图
来源：夏怡华. 武汉江汉二桥小区规划方案[J]. 城市规划，1984（1）：53-56.

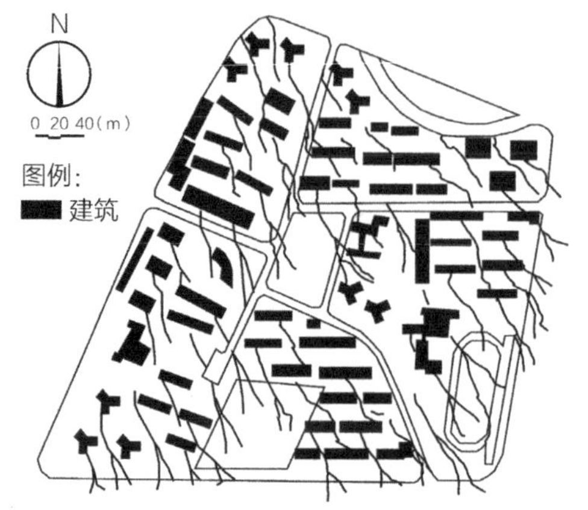

图6-11　汉阳区江汉二桥小区夏季通风图
来源：夏怡华. 武汉江汉二桥小区规划方案[J]. 城市规划，1984（1）：53-56.

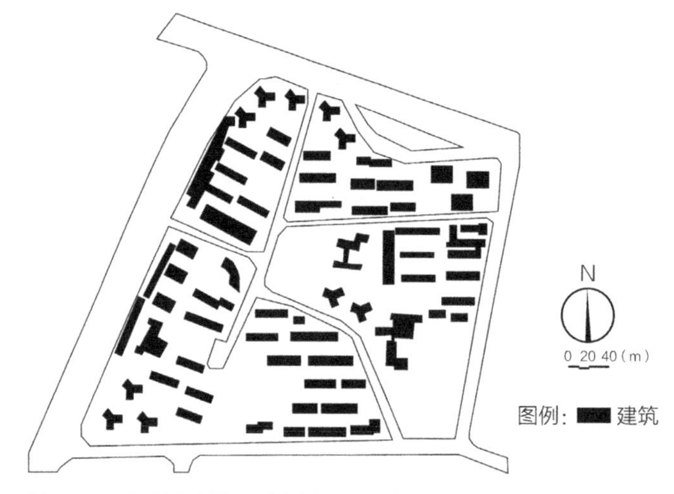

图6-12　汉阳区江汉二桥空间肌理图
来源：李德伦 绘

色组成风格不同的建筑空间，打破单调、重复地布局，注意空间的流动性。条形和塔式住宅适当结合、前后错落、高低搭配，提高了土地利用率，增加了空间的韵律和变化，居住建筑净密度为20871m^2/hm^2，规划人口毛密度为853人$/hm^2$。

居住街区中的建筑开始出现点状和条状相结合的形态（图6-12），打破了“行列式”的面貌，比上一阶段居住街区的空间肌理有所突破。

6.5.2　打破“行列式”的居住街区：武昌东亭小区

武昌东亭小区1985年动工，1988年基本建成。该小区位于东湖风景区附近，主要解决高级知识分子的居住问题，占地面积10.4hm²，总建筑面积12.4万m²，公建面积0.7万m²。武昌东亭小区以多层建筑为主，居住街区的布局打破了“行列式”的布局。

居住区由4个组团组成，居住建筑的群体组合呈行列式，住宅朝向基本北向，点式住宅和板式住宅相间布置。住宅层数是6～8层（图6-13），房屋间距为房高的1.1倍。公建配套设施有托幼和小学校各1所。基本商业网点包括副食店、百货店、邮政所、菜场、储蓄所等，均匀布置在小区中心地段，方便了居民的生活。东亭小区的空间肌理打破了“行列式”的布局（图6-14），街区中还有很多点式住宅。

图6-13　东亭小区住宅图
来源：自摄

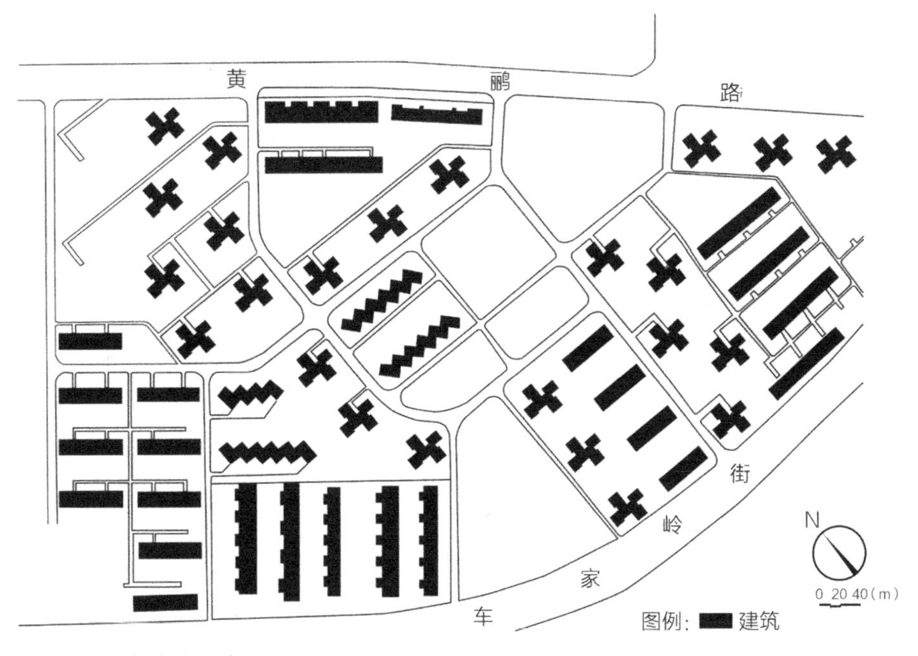

图6-14　东亭小区空间肌理
来源：李德伦 绘

对东亭小区内建筑进行问卷调查（图6–15、图6–16），结果显示：东亭小区内户型以两室一厅为主，建筑面积在70m²左右；住宅建筑的舒适度较好；绿化及环境景观状况一般；物业管理一般；具有良好的社区氛围。

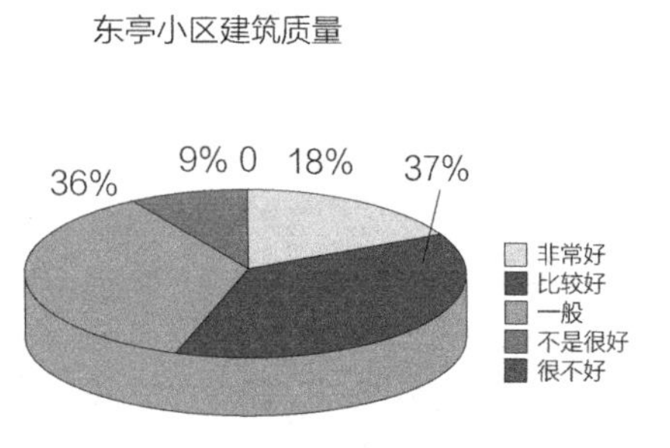

东亭小区住房内舒适度
0
0
0
36%
64%
非常舒适
比较舒适
一般
不是很舒适
很不舒适

图6-15 东亭小区问卷调查1
来源：武汉住宅百年变迁项目

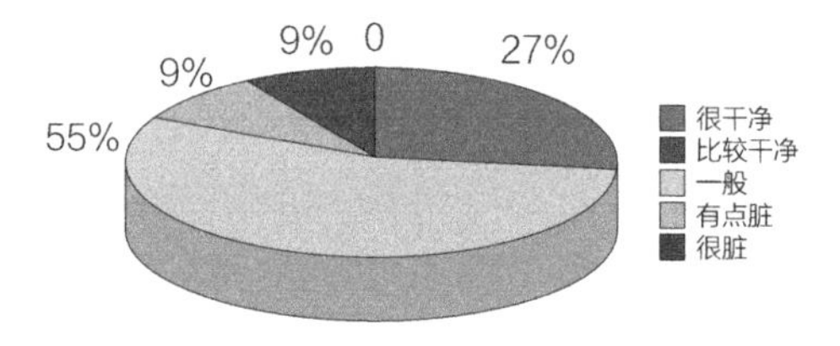

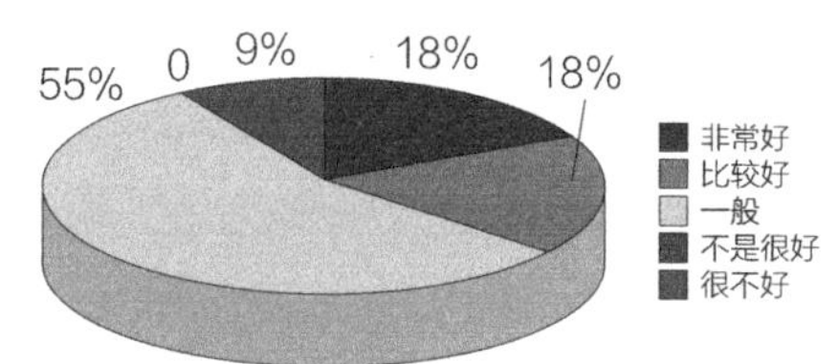

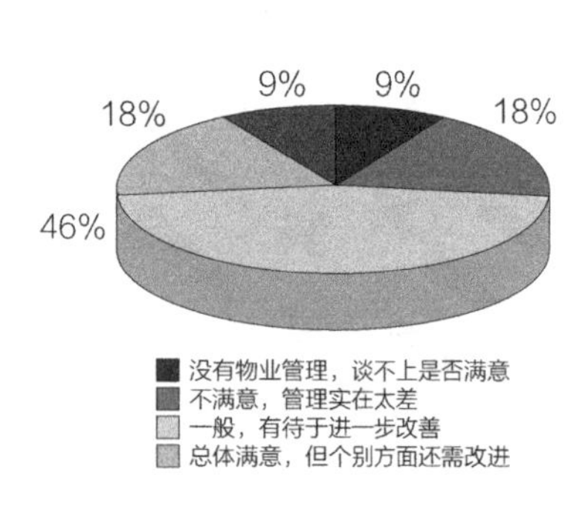

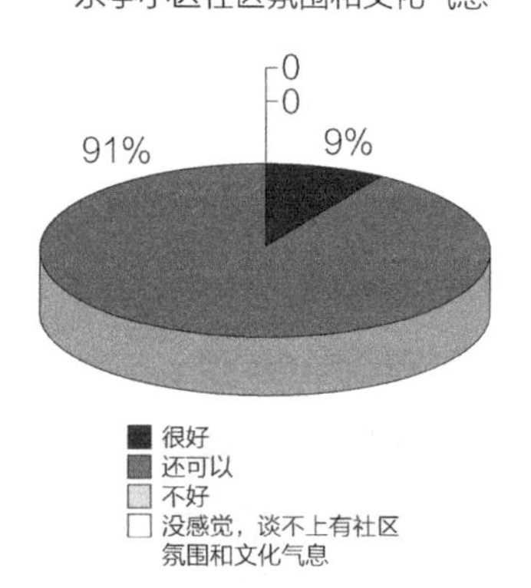

图6-16 东亭小区问卷调查2
来源：武汉住宅百年变迁项目

6.6 总结：改革开放初期的居住街区空间形态

1978年党的十一届三中全会胜利召开，这是我国城市建设和住房建设的转折点。居住街区空间形态受住房制度改革的影响，居住建筑开始了从计划经济向市场经济转型。

1．道路空间形态

居住街区交通组织主要有3种方式：人车分行、人车混行和分混结合。20世纪80年代武汉的私家车并不很多，道路交通规划主要考虑的是非机动车流线和人行的关系，所以这一时期人车混行的方式应用比较广泛。小区道路划分人行车道和机动车道来保障行人安全，成本低、施工难度小，与当时经济发展程度相适应。这种人车混行的模式，其道路设计同住区的分级规划一一对应，分为小区主干道、小区次干道、支路等。每种等级的道路宽度各不相同，目的是根据服务的人口数量控制车辆的可达性。因此，居住街区道路空间形态也严格按照住区的三级等级划分。

20世纪80年代居民私家交通工具以自行车为主，所以很多小区里建了自行车棚，有很多至今仍保留（图6-17）。这种自行车棚建在宅间的路旁，采取就近设置、分片区设置的原则，方便了居民的使用。虽然这一时期没有机动车停车场的硬性规定，但在住区规划上采取地面停车的形式。停车位多布置在住区出入口处，以减少车辆进入住区，并保持住区的安静以及降低机动车对行人安全的威胁等。

图6-17　东亭小区非机动车停车棚
来源：自摄

2．公共建筑服务设施空间形态

20世纪80年代开始，公共建筑及服务设施开始逐渐由计划配置向经营模式发展，所以其内容和形式也相应地发生了变化，延续了幼儿园、小学、绿地结合活动场地等基本配建模式，但是工人新村中配套建设的食堂减少。进行居住区规划时，越来越重视考虑配套建设的思想，一些办公、商业等设施也纳入住区设计中来。这些服务设施内容的增加打破了计划经济体制下住宅群围绕公共服务设施规划的布局。公共服务设施在考虑其使用功能、服务人群、对住区环境的干扰程度、使用者的可达性等因素后，综合考虑其设置位置。在20世纪80年代后，公共建筑服务设施按照其影响的服务半径均匀分布在居住街区中，武汉市的居住街区模式逐渐从小区模式向多元模式发展。

图6-18　东亭小区供水站
来源：自摄

这段时期很多居住小区内中心位置设置有大型基建设施，如变电站、供水站等（图6-18）。

3．绿化景观空间形态

20世纪80年代后，武汉市住区开始建设多层单元式住宅，住宅的组合更加灵活，出现一些新的组合方式如散点式、周边式，绿地景观的布局开始出现多变的用地形态，以及较大型完整的园林空间。

这一时期绿地主要分为两种形式：住宅建筑之间的宅旁绿地及整个居住区的公共绿地。公共绿地作为室外空间的活动场所服务于整个住区的居民。20世纪80年代，武汉居住区公共绿地一般位于住区中心，运用铺地广场、绿地、小品三种元素。公共绿地或采用以绿地园林为中心自由设计的形式，或采用规整型广场结合小品的几何构图。

20世纪80年代人们选择住宅时主要考虑室内户型，对户外景观并没有很高的要求，所以这一时期中心绿地的布局手法较为简单，以实用性为前提并满足人们的基本活动要求，而以水景为代表的观赏性景观并不多见。宅间、宅旁绿地的处理手法比较单一，主要布置绿化，较少布置小品，缺少场地设计，利用率也不高。

4．建筑群及单体建筑空间组织

这一时期的居住建筑以功能成套、扩大人均居住面积为目标，为了提高容积率和节约用地，户型平面设计和套型开始出现多样化趋势。居住区按照一定规模配套相应的基础设施（20世纪90年代之前，我国尚未制定成体系的居住区规划设计规范）。独立设置公共服务设施，公共服务设施的面积被严格控制，沿街的底层一般不作为商业门面使用。

20世纪70年代末居住区的总体规划沿袭行列式布局。从20世纪80年代开始，总体规划有了多样化的趋势。例如风车式的平面布局，在中央小一点的面积里布置花园。

为了提高容积率，只在总平面、户型平面上紧凑布局是不够的。这一时期，建筑的层数由原来的平均3～4层提高到6～7层，甚至有的达到8层。国家推行了大量的标准化设计，但结合地域风土人情的地方性设计和多余的装饰不被重视。武汉地区属于亚热带季风性湿润气候，传统的建筑是以坡顶瓦面的方式排出雨水和防止屋面积水和漏雨，但20世纪80年代武汉建的居住建筑以钢筋混凝土现浇结构的平顶建筑为主。

5．居住街区空间形态小结

改革开放初期，国家开始重视经济改革并关注民生。居住街区空间形态渐渐摆脱苏联的影响，居住建筑更加注重人的需要。这一时期国家并不富裕，人民生活水平还处在温饱线上，居住建筑仅仅注重功能的需要，忽略了审美、景观的需求。武汉市大多数居住街区以方方正正的“火柴盒”式建筑为主，虽然有些小区已经开始打破“行列式”的布局，居住街区内地配套较为齐全，但居住街区的空间形态仍然缺乏变化。

第7章 1992—1997年市场经济初期的武汉市居住街区空间形态研究

7.1 社会主义市场经济初期的历史发展背景

7.1.1 建设有中国特色的社会主义市场经济制度

1992年1月18日至2月23日，邓小平同志视察武汉、深圳、珠海、上海等地，发表了一系列重要讲话。邓小平同志的南方谈话对中国20世纪90年代的经济改革与社会进步起到了关键的推动作用。

邓小平同志视察南方的重要讲话分析了当时的国际国内形势，科学性地总结了党的十一届三中全会以来我国改革开放和现代化建设的基本实践和基本经验，进一步阐明了改革开放的重大意义，阐述了建立社会主义市场经济理论的基本原则，是把改革开放和现代化建设推向新阶段的又一个解放思想、实事求是的宣言书。这对我国的改革开放和社会主义现代化建设具有重大而深远的意义。

以邓小平同志的这次南方视察及谈话为起点，新一轮的改革大潮就在中国的大地上广泛而深入地开展了起来，其对中国社会的影响是巨大而深远的。邓小平同志的南方谈话确立了建设有中国特色社会主义市场经济的制度，住房市场开始向商品住房转型，居住街区出现多层住宅。

7.1.2 房地产业如火如荼及中央的宏观调控政策

1990年以来随着我国市场经济体系的建立和第三产业的迅速发展，中国的城市进入了快速发展的阶段，一方面城市用地的需求大幅度上升；另一方面城市建设的质和量都有了显著的提高。城市国有土地使用制度变成了土地有偿制度的根本性改革，开发主体多元化，全国上下掀起了开发区和房地产热。

20世纪90年代后，随着土地制度改革和市场经济体制的完善，房地产业已成为我国国民经济支柱产业之一。武汉的房地产开发主体从1990年26家以国有企业为主导，发展到2002年190家以私营企业为主导。但是，在社会土地资源紧缺的情况下，一味提高土地的开发强度，不但让城市的整体景观遭到一定程度破坏，而且土地的价值也未能得到完全的开发利用。因此，应当重新思考新的居住区规划模式。房地产业如火如荼的发展直接导致了新的居住街区空间形态的出现。房地产经济过热现象说明了深层次经济体制中供求机制发生紊乱，造成的问题有通货膨胀、国际收支的不平衡、人民币贬值、金融秩序混乱等。

1993年中央开始实施一系列房地产宏观调控政策，如内陆省份撤回在沿海投资的巨额资金等，房地产交易量有所下降、房地产投资势头出现减缓势头。

1994年，中央加大了住房制度改革的力度。中央的宏观调控政策一定程度上遏制了房地产业的快速发展，也减缓了高密度居住街区空间形态的发展势头。

7.2 社会主义市场经济初期的住房政策

7.2.1 住宅政策的制度化

20世纪90年代以来，我国经济快速发展，住房投资建设力度加大，住宅产业也逐步规范与发展。1991年6月，国务院发布了《关于继续积极稳妥地进行城镇住房制度改革的通知》，提出了将公有住房租金有步骤、有计划地提高到成本租金，并在规定住房面积内，职工购买公有住房采取标准价。1993年全国人大八届一次会议上提出要大力推进城镇住房制度改革。1994年7月国务院通过《关于深化城镇住房制度改革的决定》，提出建立与社会主义市场经济体制相适应的新的城镇住房制度，实现住房社会化、商品化；把住房建设投资由单位、国家统包的体制改变为单位、国家、个人三者合理负担的体制，把各单位建设、分配、维修、管理住房的体制改变为社会化、专业化运行的体制，把住房实物福利分配的方式改变为按劳分配为主的货币工资分配方式。一系列改革制度加快了住房建设，满足了居民不断增长的住房需求，改善了居住条件，促进了房地产的发展和商品住宅的建设。

1997年亚洲金融危机爆发，国家提出“住宅产业成为新的消费热点和经济增长点”的方针，以此拉动经济增长。随着我国住宅政策进一步完善，住宅市场发育成熟起来。1999年我国城市人均住宅面积达到19.4m^2，是1978年的2.9倍，一定程度上缓解了城市住房严重短缺的问题。

7.2.2 住宅投资机制的改革

商品房的购买并不代表真正的住房需求，一方面商品房大量空置；另一方面住房还十分紧张。解决这个矛盾的关键在于建立真正有效的供需体制，形成健全的生产、流通、消费的市场秩序，仅仅依靠国家补贴是不行的。因此，理顺住宅建设的投资体制成为必不可少的环节。[①]

20世纪90年代初期我国住房制度经历了一个从计划体制主导向市场体制主导的演变过程。国家在借鉴新加坡中央公积金制度的基础上，制定了自主原发的住房公积金政策。此外还有改革实物福利收入、提高租金和货币化分房政策和完善个人住房消费信贷政策。这些政策措施对我国住房的市场化改革起了积极的推动作用，并为日后提高居民住房条件和保障居民住房供给做出了重要贡献。

7.2.3 小康示范小区和安居工程

1. 小康示范小区

20世纪90年代中期开始，随着改革全方位、深层次地展开，以及新的住房、医疗等政策相继出台和落实，我国居民的生活水平由温饱型向小康型转化的步伐进一步加快，20世纪80年代初期，住宅严重短缺的矛盾已经得到很大缓解，但住房依然表现为相当程度的短缺，不是数量型短缺，而是结构性短缺。

1994年9月，我国启动了国家重大科技产业工程项目“2000年小康型城乡住宅科技产业工程”，小康示范小区作为一个重要载体，其规划设计必须适应居民生活水平的提高以及生活方式的变化，满足新时期居民的新需求。国家科委、建设部联合颁布《2000年小康型城乡住宅科技产业工程示范小区规划设计导则》，作为小康示范工程的第一个导向性文件，对指导我国住区的规划设计发挥了重大作用。

① 吕俊华，彼得·罗，张杰. 中国现代城市住宅1840—2000[M]. 北京：清华大学出版社，2005：253.

2．安居工程

安居工程是由政府负责组织建设，以实际成本价向城市的中低收入住房困难户提供的具有社会保障性质的住宅建设示范工程。

安居工程是政府的一项“德政工程”，是政府运用市场机制的基本原理，解决中低收入居民住房问题的一种手段，兼有调控住房市场、调节收入分配的作用，建设安居解困房，有助于逐步缓解居民住房困难、不断改善住房条件，正确引导消费、实现住房商品化，最终目的是解决城镇居民的住房问题，提高城镇居民的居住水平，体现了政府对住房困难户的关怀，体现了社会主义的优越性。

武汉市安居工程于1994年启动，市政府一次性划拨建设用地2709亩，并减免多种税费，使得安居工程每平方米造价比同一地区商品房造价低近300元。1994年全市竣工安居工程住宅20万m^2，1995年竣工安居工程住宅40万m^2。安居工程改变了过去无偿分配住宅、国家投资有去无回的被动局面，同时考虑到了中低收入者的经济承受能力，有利于资金的投入与回收的良性循环，加快了住宅建设的速度。

居住空间随工业布局调整逐渐由老城向新区迁移。经济房相当于平价房，其土地供应是不经过市场竞价的，而常常由市土地储备中心直接拿出储备地进行开发建设，以保证市民能够购买到平价房。

7.2.4 住房制度改革对居住街区空间形态的影响

1992年是我国市场经济开始重要转型的一年，自从邓小平同志发表南方谈话后，全中国出现一轮下海热潮以及房地产业繁荣。住房制度改革导致多层、高密度、高容积率住宅大量出现，居住街区空间形态开始出现转型：从以前“火柴盒”式单调的多层空间形态向多层次、多需求转变。

7.3 《武汉市城市总体规划（1996—2020）》及对居住街区空间形态的影响

1993—1995年编制的《武汉市城市总体规划（1996—2020）》（图7-1）根据武汉市城市对外开放与建设国际性城市的要求，确立城市性质为湖北省省

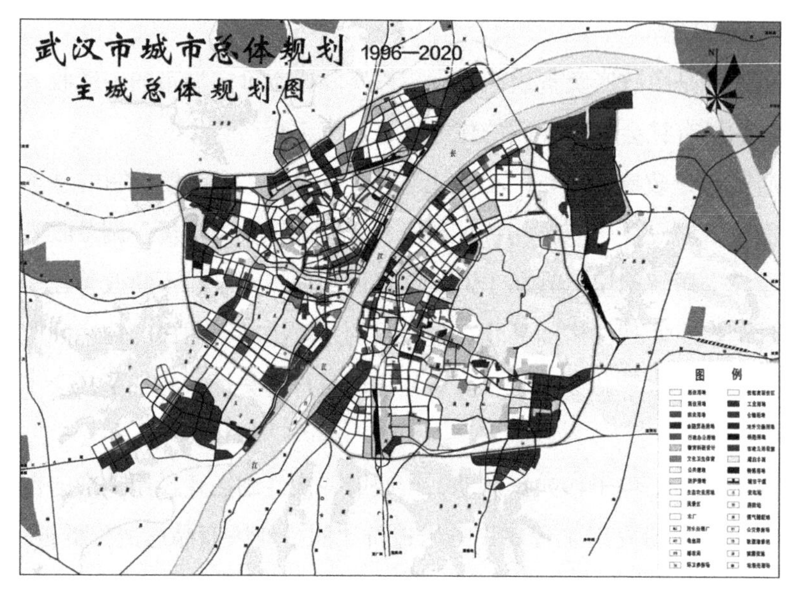

图7-1　1996年武汉市城市总体规划
来源：武汉市国土资源和规划局

会，我国中部地区重要的中心城市，全国重要的工业基地和交通、枢纽。[①]

1．居住用地布局[②]

规划主城人均居住面积至2010年从1994年的6.85m²增加到12m²；至2020年达到14m²，至规划期末，居民住宅面积总量将从1994年的4800万m²增加到1.26亿m²左右，住宅成套率达到98%。

居住区建设实行统一规划、综合开发，并按照居住区、居住小区、住宅组团的规划结构布置居住用地。规划至2010年，主城人均居住用地从1994年的17.3m²提高到22.7m²；规划至2020年，主城人均居住用地达到24.7m²。规划至2010年，主城居住总用地由1994年的56.1km²增加到94km²左右；规划至2020年，主城居住总用地达到111km²左右。

规划建设后湖、站北、长丰、四新、南湖、白沙等大型居住新区，完善建设核心区、中心区片的居住区、居住小区，逐步消除零星住宅插建，引导旧城人口向外围综合组团疏散，促进汉口、汉阳与武昌居住人口和用地相对平衡，

① 武汉市城市规划管理局，武汉市国土资源管理局．武汉城市规划志（1980—2000）[M]．武汉：武汉出版社，2008：47.

② 武汉市城市规划管理局，武汉市国土资源管理局．武汉城市规划志（1980—2000）[M]．武汉：武汉出版社，2008：54.

实现城市人口合理分布。至规划末期核心区、中心区片、综合组团的居住用地人口毛密度分别达到600～800人/hm^2、500～600人/hm^2、300～500人/hm^2。重点增加绿化用地，加强教育、商业等公共服务设施和市政基础设施配套建设，创造良好的人居环境。

2．居民住房标准研究[①]

参考《城乡住宅建设技术政策要点》（1985年）和中国小康标准，以及联合国人居中心和世界银行组织的《住房指标调研项目》研究成果，确定反映武汉市2020年住房建设的标准体系。核心指标为人均使用面积（m^2/人）和人均居住面积（m^2/人），相关指标为组织建设投资占GNP的比重（%）和住宅竣工量（万m^2）。根据武汉市城市总体规划修编中心预测，从1996年到2020年，武汉市经济将保持持续高速发展，到2010年相当于中等发达国家中心城市水平，居民住宅指标研究见表7-1。

居民指标研究表　　表7-1

指标	2000年	2010年	2020年
人均使用面积（m^2/人）	12.8	17.31	20.33
人均居住面积（m^2/人）	8.56	11.54	13.72
平均套型面积（m^2/套）	54～56	68～70	76～78
年末住宅建筑面积实有量（万m^2）	7192.4	10654	13211.7

来源：武汉市城市规划管理局，武汉市国土资源管理局．武汉城市规划志（1980—2000）[M]．武汉：武汉出版社，2008.

在规划控制的引导下，人均居住面积大幅度提高，居住街区的面积也大幅度增加。老城区杜绝住宅的插建，居住街区的空间肌理由零乱变为更加规整、清晰。引导武昌、汉口、汉阳的居住街区向郊区均衡发展。绿化用地的定额增加使居住街区中的绿地空间形态得到发展，产生了易于变化的绿地空间形态；教育、商业的发展使居住街区中公共设施空间形态摆脱以往单调的特点，方便了人们的生活需要。根据我国和国际住宅指标制定武汉市住房平均套型面积等规划指标，住房平均套型面积呈扩大趋势，居住街区建筑尺度也相应增加。

① 武汉市城市规划管理局，武汉市国土资源管理局．武汉城市规划志（1980—2000）[M]．武汉：武汉出版社，2008：69.

7.4 “欧陆风”的兴起和高层住宅的出现

20世纪90年代，随着住宅技术的不断进步和房地产业的迅速发展，居住区规划设计思想有了质的飞跃。住宅市场化，住宅面向单位或个人销售，20世纪90年代后期商品住宅在住宅市场上占据了很大比重。

市民购买住宅时不再那只关注住宅的户型了。武汉人对“家”的观念从简单地注重户型到把选择重点转移到住区环境、区位交通、配套以及小区的物业管理等因素。开发商及设计师为了迎合消费者这些新要求而创造出更多样式的居住区规划设计。

7.4.1 “欧陆风”的尝试和探索

“欧陆风”从香港开始，后来风靡内地，几乎影响到各种建筑。在当前房地产市场仍然可以看到各种广告词，如“东方巴黎”“德国小镇”“地中海风情”等。“欧陆风”是一种建筑样式和庭院等外部环境采用西洋古典式样处理手法的模糊商业用语。

20世纪90年代，居住区规划设计思想中最突出的表现在于对异国风格设计的尝试和探索。居住区规划设计吸收国外的设计元素，吸引消费者的是多样化的风格和令人耳目一新的感觉。当时“欧陆风”开始流行，即采取欧陆元素融合到居住区设计的手法。

“欧陆风”在居住区规划设计上的应用体现在环境景观和建筑类型上。建筑主要以复制粘贴古希腊、古罗马艺术符号为特征，在建筑外形上表现为山花尖顶、饰花柱式、宝瓶或通花栏杆、石膏线脚饰等处理，这些处理具有强烈的装饰效果。古典三段式的特征在这类建筑上得以体现，结合裙楼、标准层、女儿墙加以不同的装饰处理。可以总结为：粉红色外墙、白色线条、通花栏杆、外飘窗台、绿色玻璃窗。

20世纪90年代中期以后，全国范围内推行住宅小区建设试点，住宅和住区环境建设进入了一个较快的、质量不断提高的时期。武汉的住区建设开始广泛学习国外和我国沿海城市的经验，“欧陆风”影响了武汉的住区规划设计，大量住区户外园林景观设计和住区形式模仿西方国家的住区环境风格。

这种建筑风格并不是吸收传统建筑的精髓，只是欧洲古典建筑元素的拼贴和单纯的模仿。不可否认的是“欧陆风”让20世纪90年代的人们开阔了眼界，从满足于温饱和朴素的居住形式到开始追求居住环境和建筑形式的多样化。

“欧陆风”造型基础来自古罗马拱券和古希腊柱式，在欧洲有着几千年的发展历程，虽然它的美学及艺术价值是公认的，但并不是“放之四海而皆准”的。在当时中国的流行，只是一种在地域和时间上的错位。例如位于南湖花园的金秋千秋别墅花园，就采用了“欧陆风”的装饰设计（图7–2），结果与周围环境格格不入。

图7-2　金秋千秋“欧陆风”别墅花园
来源：自摄

7.4.2　高层高容积率模式的兴起

随着武汉市中心地价的飙升和建筑技术的发展，住宅层数有了进一步的提升。不同于20世纪90年代以多层住宅为主，高层住宅在20世纪90年代的武汉已经成为住宅建筑最普遍和典型的形式。这是住宅市场化的结果，因为在有限的土地空间里高层建筑可以获得更高的容积率，开发商就可以获得更多的利润。在容积率相同的情况下，高层住宅可以比多层住宅更好地降低建筑密度，住区内部可以有更多的空间布置绿化景观。此外，高层住宅比密集排列的多层住宅能获得更好的自然通风。

高层住宅的出现是以经济效益为出发点，所以也带来了一些城市问题，最大的问题就是高容积率的出现。20世纪80年代武汉市多以多层建筑为主，住区的容积率普遍小于3.0，但是到了20世纪90年代高层建筑出现，容积率开始飙升。虽然高层高容积率的住宅可以获得较高的绿地率和较低的建筑密度，但是从空间方面考虑，开敞空间的宽度和建筑高度的比值小于0.5，户外空间会有比较强的压迫感。另外，高层高容积率的住宅还有一个很大的弊端，就是对传统城市肌理起到破坏作用。

7.5 居住街区空间形态开始富于变化

7.5.1 半围合和点状空间相结合的居住街区：汉口常青花园四号小区

常青花园位于武汉市汉口北端城郊接合部，介于武汉市两大交通枢纽——武汉天河机场和汉口火车站之间，建成时是武汉市最大的安居工程，规划居住人口15万～20万人。总用地面积266.6hm^2，由15个居住小区组成。规划总建筑面积360万m^2。常青花园（图7-3）取四季常青之意，位于汉口郊区地段，现在毗邻轨道交通2号线出口，轨道交通的发展促进了小区新建筑的建设，提高了新建筑的密度、容积率。

图7-3　常青花园小区
来源：自摄

常青花园四号小区于1997年7月由建设部正式批准为全国第五批城市住宅试点小区。位于常青花园西北，距离新区中心600m。容积率1.25，绿地率40%，总套数2818套，居住人口9158人。1998年9月正式开工，2000年9月竣工，是全国规模最大的试点小区之一。

常青花园自建设以来一直不断有新的小区更新建设，也体现了20世纪90年代以来不同类型的居住街区特色。随着轨道交通的发展，小区和城市中心的联系增强了，新建小区开始呈现高层高密度特征，如常青花园八号小区。

常青花园四号小区周边的小区有五号、十二号、十三号小区，各小区建筑风格不同，但除了五号小区为30多层的高层高密度小区以外，其余几个小区均为6层的多层小区。常青花园四号小区和五号小区组成常青花园第三社区，幼儿园、小学设置在常青花园四号小区内，和周边小区共用。

常青花园四号居住小区由6个组团和1个中心组成，规划布局为辐射式结构。小区采用序列化空间，逐层递进，多层围合，这种小区的空间结构起源于中国古典院落式的结构空间。小区组团绿地采取小分散大集中的形式布局：中心绿地是小区共享的“公共客厅”，组团绿地以“绿肺”形式分散于各处，为今后改造地下设施留下了充分的余地。

1. 街块尺度与形式

常青花园四号小区呈五边形，其中每边长约400m（图7–4）。规划总用地27.52hm^2（居住区用地面积24.73hm^2），总建筑面积30.86万m^2（住宅面积27.88万m^2，公建2.98万m^2）。小区由6个组团组成，每个组团形状各异，大多为不规则形状，每个组团面积约4.8hm^2。

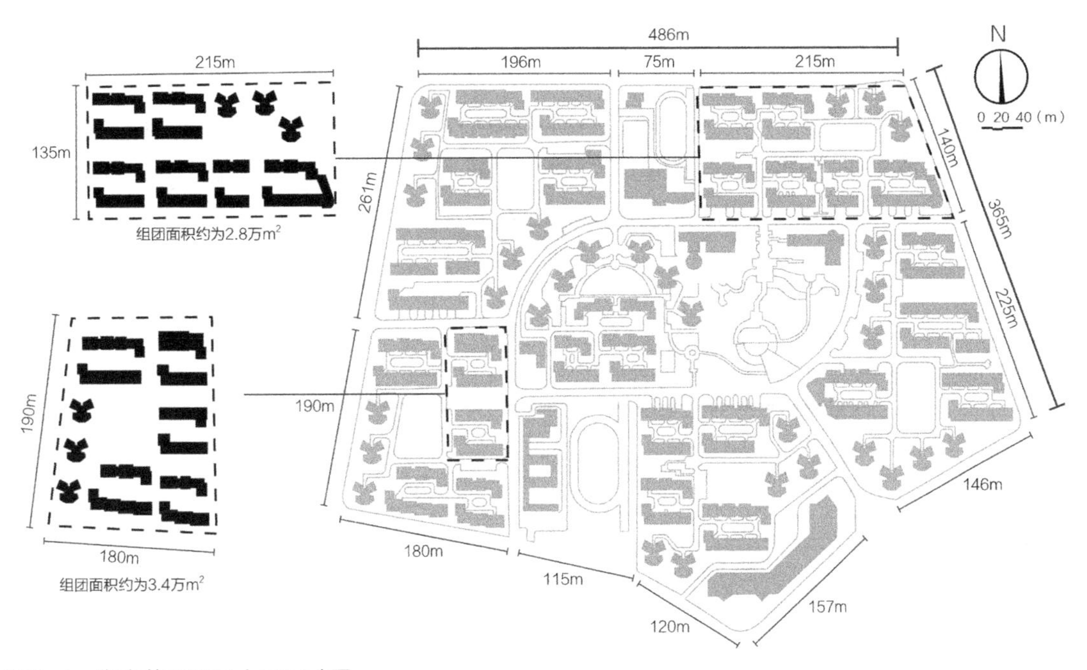

图7–4 常青花园四号小区尺寸图
来源：李德伦 绘

2. 土地利用

常青花园四号小区居住街区的用地性质主要是居住用地，其中又包括住宅用地、公建用地、道路用地（含地面停车场）和公共绿地四种用地性质（表7–2）。

常青花园四号小区土地利用表 表7-2

项目	数值（hm^2）
居住区用地	24.73
其中：住宅用地	13.864
公建用地	4.788
道路用地（含地面停车场）	3.157
公共绿地	2.921
总用地	27.52

来源：武汉市城市规划管理局，武汉市国土资源管理局．武汉城市规划志（1980—2000）[M]．武汉：武汉出版社，2008.

3．道路空间形态（图7-5）

常青花园四号小区主入口选择在南偏东直通汉口中心区的中环北路上，与小区中心联系方便；次入口设置在小区东西两侧，北面小学旁边设置辅助入口，方便就近上学；小区五边形地块，每边均有入口，交通便利。

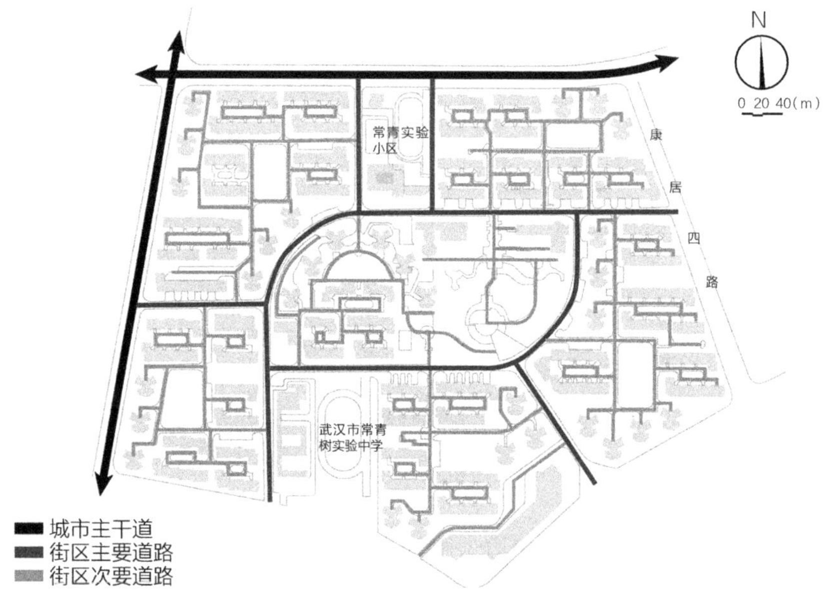

图7-5　常青花园四号小区道路空间形态图
来源：李德伦 绘

入口的选择确定了道路骨架的走向，入口与主干道相连，形成了通而不畅的辐射型环形道路骨架。主入口道路宽度为14m，小区主干道路宽11m，组团道路宽度为4.5m，宅前小路宽度为3m。

图7-6　常青花园四号小区步行道
来源：自摄

小区内采取人车分离系统，并在一些地方（如小区绿地中）设置了连续人行道（图7-6）。街区在一部分住宅底层架空和综合服务楼地下室设置停车场，泊车位203个，地面停车位507个；在组团绿地结合人防工程或中心区建设地下停车库，停车位约406个，占总户数的39%。在小区部分架空层内安排自行车的停放。小区内车流、人流合理分流和布置。

4．地块的空间布局和肌理

常青花园四号小区均为采取6层楼高的建筑，建筑间距与建筑高度之间的比值$D/H=1$，空间具有亲和密切的关系。

常青花园四号小区中的每个组团建筑主要有两种类型：①主体部分由两排设置转角的建筑组成半围合、半封闭状的小型院落空间，中间设置小型方块形绿地；②边缘空地部分由独栋式住宅组成，对地块的非整块空间进行合理灵活的应用，配以活泼的绿地布局，空间显得富于变化。

常青花园四号小区地块（图7-7）是半围合的院落形态和点状建筑均匀布局。图底的面积大致对半分布。

5．居住空间的布局和小区减灾疏散互相影响

常青花园四号小区的居住空间布局和小区内减灾疏散系统（图7-8）互相影响：如在每个组团内，人易于到达处设置消防栓；在居住小区的边缘地带设置灭火器、消防带；在人车流较为集中的道路交叉口设置疏散指示牌；在小区内的公共中心处设置集中避难场所等。减灾疏散的设施一定程度上影响了居住街区的空间形态，居住街区的空间形态也一定程度上确立了建筑疏散设施地图。

在小区的公共场所设置小区减灾疏散图，以便在紧急情况下，让小区居民

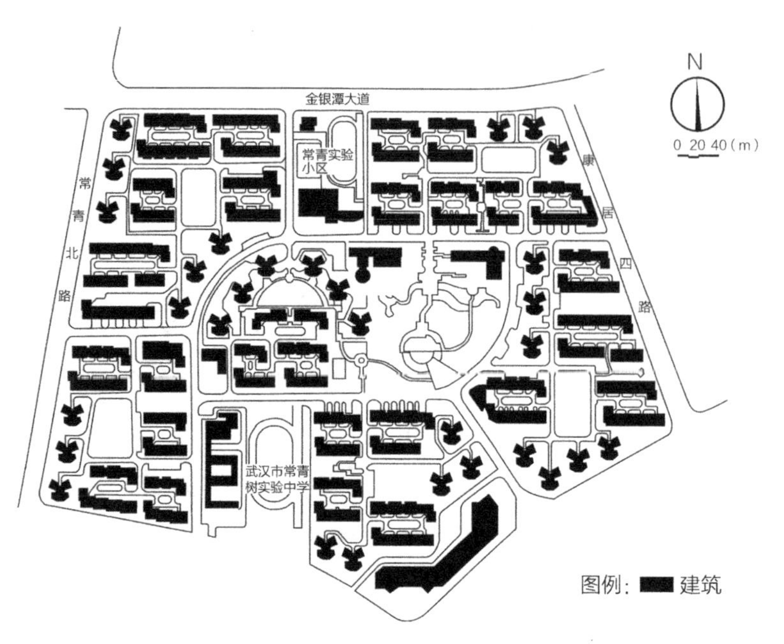

图7-7　常青花园四号小区肌理分析图
来源：李德伦 绘

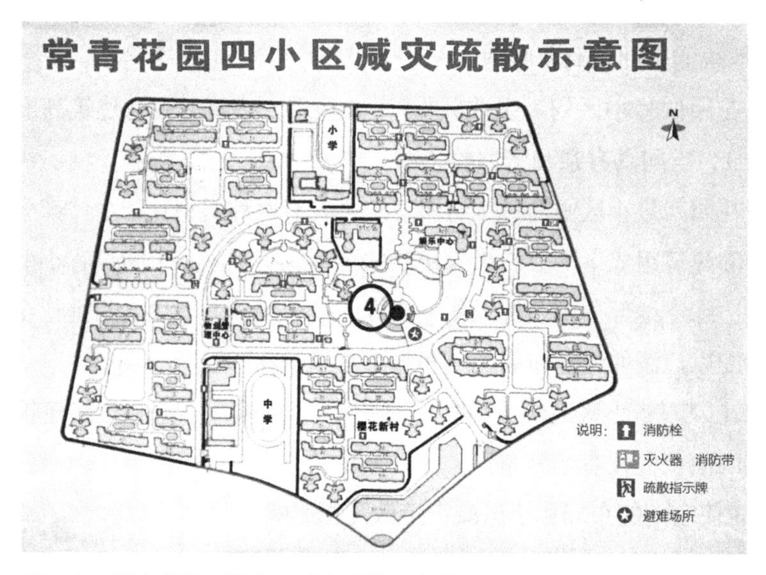

图7-8　常青花园四号小区减灾疏散示意图
来源：自摄

及时找到消防栓、灭火器位置，方便寻求场所避难。

6．小区的空间认知地图

根据凯文·林奇的空间认知地图理论，常青花园四号小区是个可识别性较强的居住小区。凯文·林奇提出的城市空间意向的五要素（路径、节点、边界、标志以及区域）在该小区的特征都较为明显：①小区拥有清晰易于识别的道路系统，采用小区内中心系统为车行道、组团内部道路为步行道的人车分离系统；②在小区中心设置有若干可以识别的节点设施；③四号小区拥有和外部其他小区相隔离的边界，即小区的边界处都种植有1m高左右的绿篱；④组团入口处设置易于识别的标志物；⑤每个组团建筑采用有差别的颜色予以区别，形成6片各具特色的区域，并取不同的名字，如桂苑村、梅苑村、芙蓉村、兰苑村等，避免各个组团千篇一律。

7．社区里和谐的社会特征

每个城市都有自己独特的魅力和地域特色，特定的地域文化中会有特别的地域群体，居住街区就应该体现当地的特色和文化。在常青花园中我们能够感受到武汉的地域特色和文化氛围，还有风俗习惯。在汉口一带有比较独特的“街坊节”。在这个社区独特的节日里面，平日里面很少见面的居民们彼此相识、相近、相助、相亲，极大地增强了社区的凝聚力、亲和力，从而形成一种共同认可的社区文化。规划中结合了该节日的举办要求，特别设置了较为开敞的中央花园，并与特意加宽的小区主要入口道路连为一体，作为节日活动的主要场地。花园周围的建筑出入口尽可能地朝向此空间布局，既方便了空间的共享，又增强了空间的内聚力。

7.5.2 半围合和点状空间相结合的居住街区：汉口百步亭小区安居苑

百步亭居住区位于距离黄浦路中心区4km、老城区中心区7km的汉口东北部。其中，安居苑是百步亭较早的小区，1999年建成。安居苑用地总建筑面积45.4万m^2，容积率2.5。

1．尺度和规模

安居苑的地块分为A、B、C、D、E5个组团区。其中，A区为较为规整的长方形，B区为较为规整的扇形，其他几个组团区都呈不规则的几何形状。街区尺寸如图7–9所示。

2．土地利用

百步亭小区安居苑用地分为住宅用地、公建用地、道路用地和绿化用地，总用地面积为25.5hm^2。土地利用见表7–3。

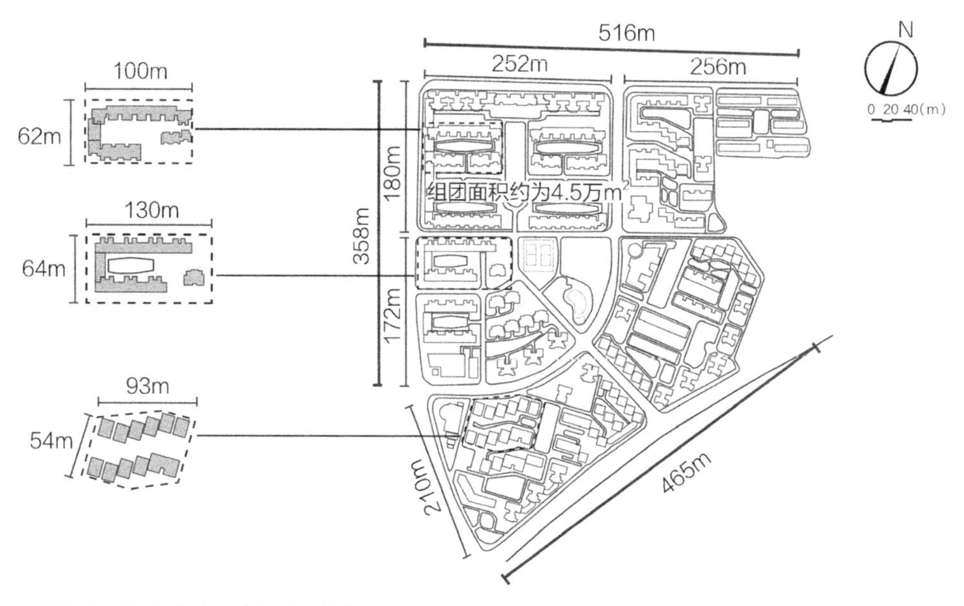

图7-9　百步亭小区街区尺寸图
来源：李德伦 绘

百步亭小区安居苑用地土地利用表　　表7-3

项目	用地面积（hm^2）
总用地	25.50
住宅用地	15.50
公建用地	5.20
道路用地	2.10
绿化用地	2.70

来源：武汉市城市规划管理局，武汉市国土资源管理局．武汉城市规划志（1980—2000）[M]．武汉：武汉出版社，2008.

3．道路空间形态（图7-10）

百步亭小区安居苑用地由一条曲线形车行道把小区分隔为两个大的地块。小区间、小区与组团间、组团与组团间通过邻里交往通道连接，形成等级各异的活动网络，增进了邻里间的相互交往。道路地面铺装、街景立面处理及人行道树的配置都进行各种重点处理。20世纪90年代的私家车并不多，在居住街区中都设置有大型集中布局的非机动车停车库（主要停放自行车和摩托车）。

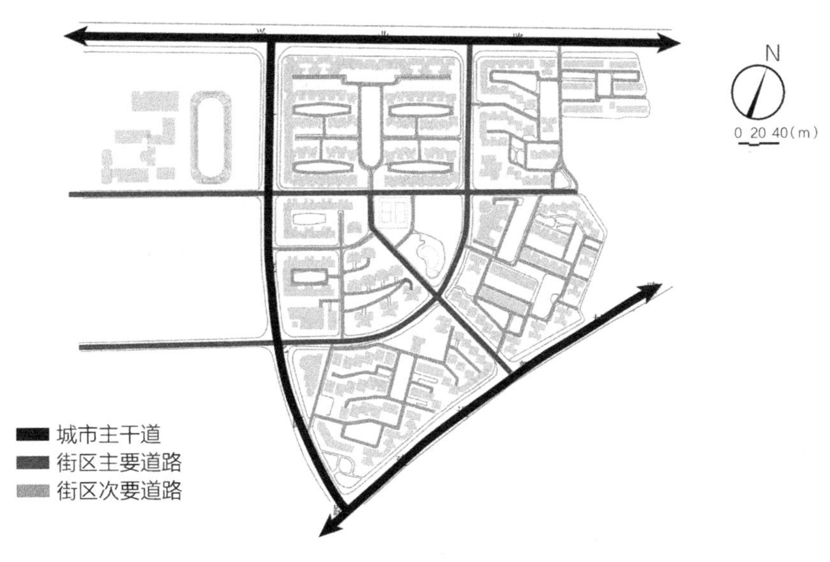

图7-10　百步亭小区道路空间形态图
来源：李德伦 绘

4．公共建筑空间形态（图7-11）

百步亭小区内公共建筑在小区入口处和小区中心集中布局。空间形态特征较为规整，为小区内居民提供了不同活动场所，满足各阶层居民的心理、生活需要。这一时期的居住街区中都设置有大型变电站设施。

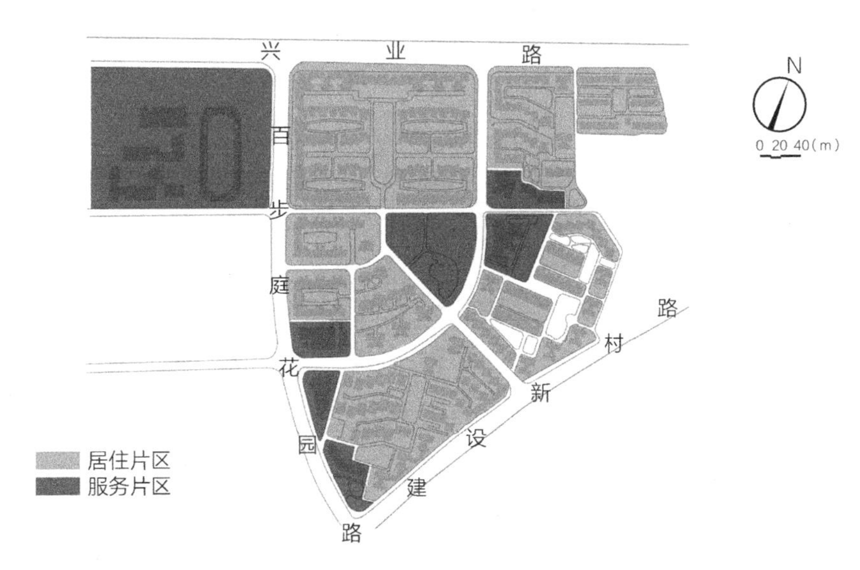

图7-11　百步亭小区公共建筑空间形态图
来源：李德伦 绘

5．空间布局及空间肌理

空间布局活泼多样，每个组团由不同点条形状组成，围合成三角形、梯形、方形等不同形状的院落。为居民提供一个内向型居住空间，让小区居民具有领域感、归属感、认同感及安全感。因为有很多联排住宅，空间肌理呈条状；居住空间呈半围合状，空间肌理均质分布（图7-12）。

6．绿地景观空间形态（图7-13）

百步亭小区安居苑中绿化覆盖率为38%。居住街区内的绿地分为小区中心绿地、组团绿地、住宅庭院绿地和房屋前后绿地等。居住街区中的林荫道、

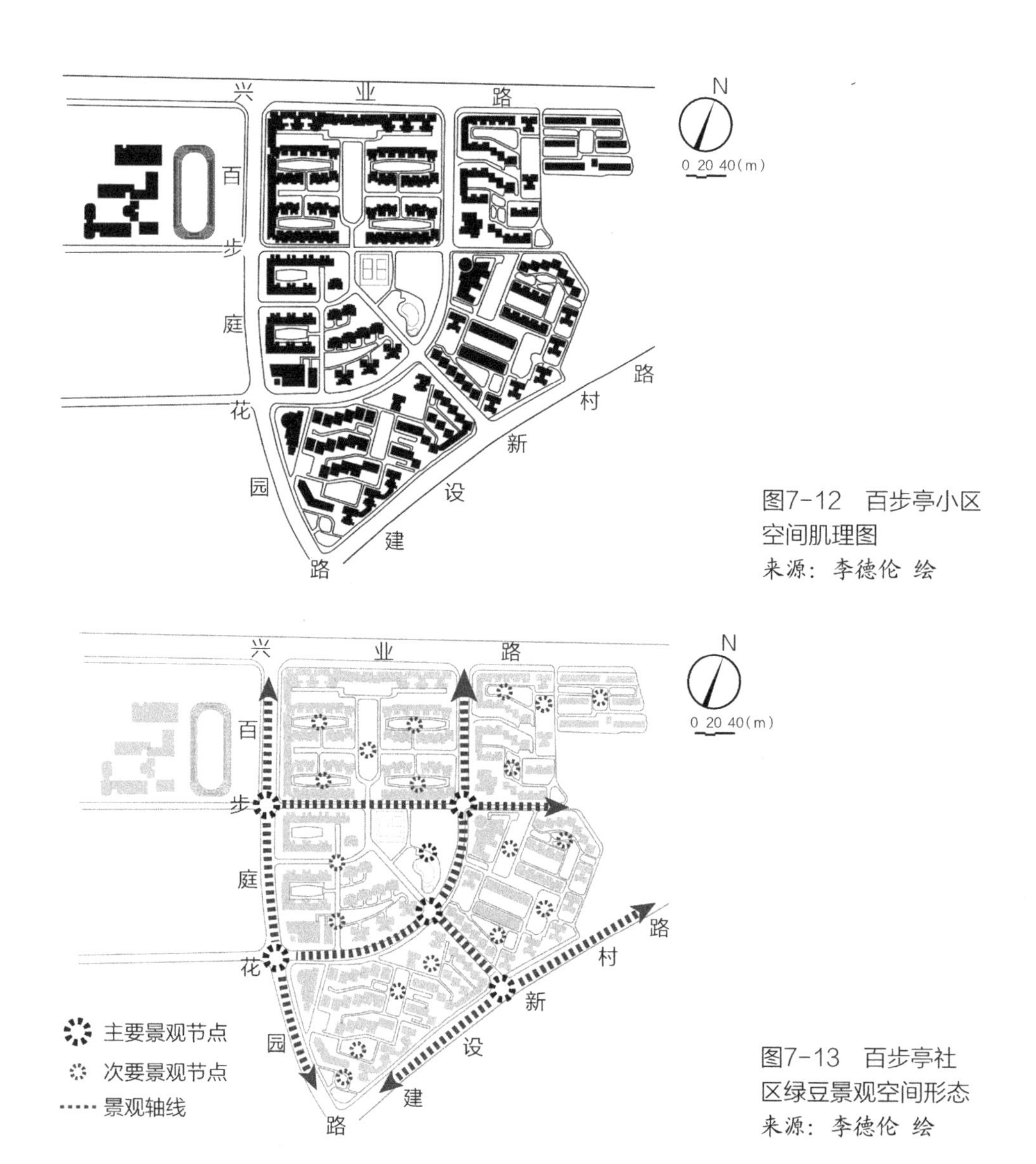

图7-12　百步亭小区空间肌理图
来源：李德伦 绘

图7-13　百步亭社区绿豆景观空间形态
来源：李德伦 绘

小区绿地、灌木篱笆和组团绿地相结合，共同形成点、线、面相结合的绿地景观。居住街区中结合院落布局拥有完整绿化空间，按照组团院落形成三角形、梯形、方形等不同形状。在这些院落空间中布置老年人活动场所及儿童游憩场所等一系列交往场所。组团绿地还和公共建筑相结合，种植各具特色的花草，成为组团内居民的休憩活动场所。在小区公共绿地中还有一些粗劣的“欧陆风”式小亭子（图7-14）。

图7-14 “欧陆风”小亭子
来源：自摄

7．建筑空间类型

百步亭安居苑的建筑均为6层和7层（图7-15）。空间的类型和汉口常青花园有类似之处，即在大面积的完整地块处安排半围合状建筑空间，见缝插针设置点式建筑。建筑户型图如图7-16所示。

图7-15 百步亭安居苑A区建筑
来源：自摄

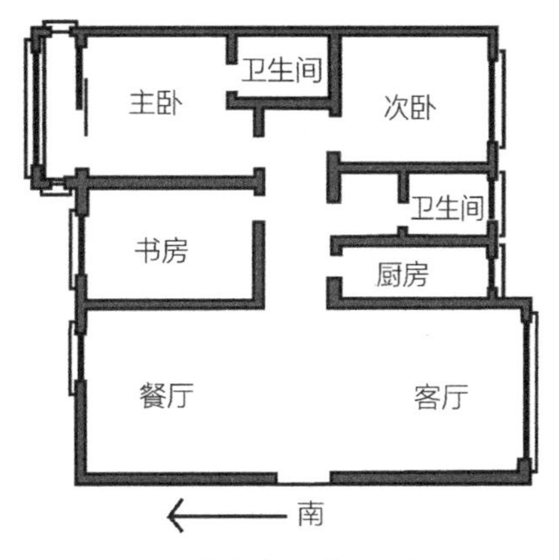

图7-16 百步亭安居苑A区户型
来源：亿房网

7.5.3 半围合和点状空间相结合及丰富的公共建筑色彩：武昌南湖宝安花园一期

宝安花园试点小区位于南湖花园西南部、巡司河路东侧，武昌南湖之滨。

南湖花园是武汉南湖机场迁移到天河机场以后，原266.7hm^2的用地规划为四大居住组团，规划居住人口约15万人，容积率1.12，区内建筑单体47栋，总建筑面积138151.1m^2，绿地覆盖率为34.31%，是市政工业设施配套完整的大型居住区。宝安花园试点小区一期工程12.21hm^2，1997年8月开工，2000年8月通过建设部全面验收，获得居住区试点小区金像奖。

1. 街区形式

南湖宝安花园的地块呈现为规整的长方形状（图7-17）。

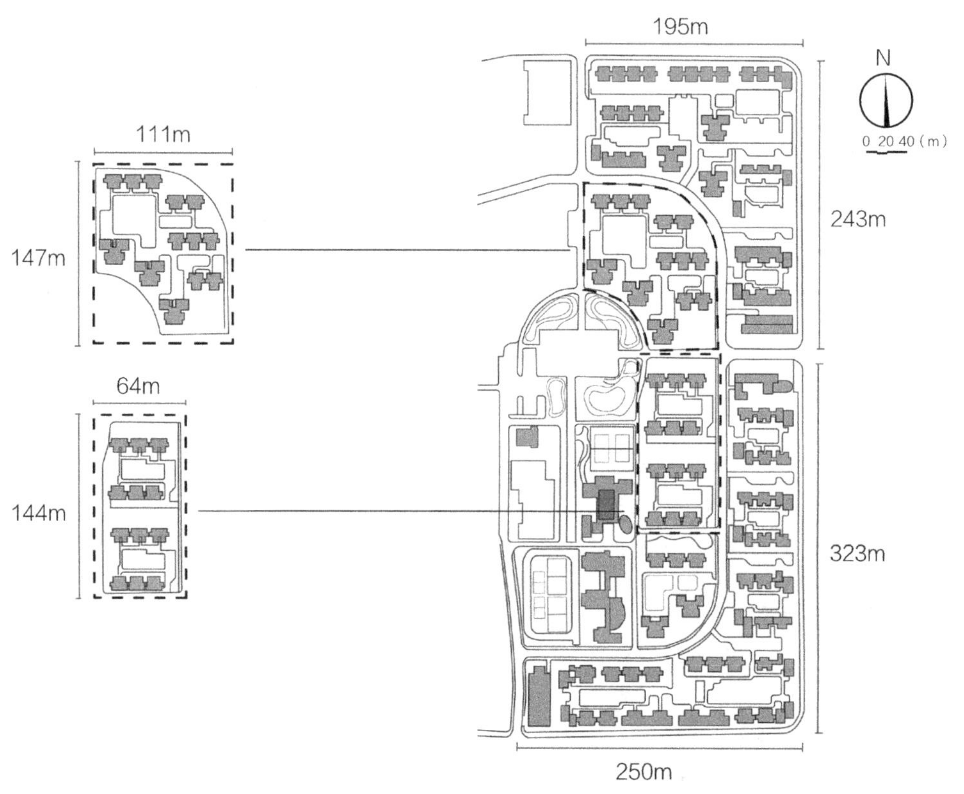

图7-17　宝安花园一期街区尺寸图
来源：李德伦 绘

2. 土地利用

宝安花园一期工程各类用地面积分配合理，结构清晰，功能分区明确。土地利用见表7-4。

宝安花园一期土地利用表　表7-4

项目	面积（hm^2）	比重（%）
小区总用地	12.21	100
住宅用地	7.35	60.2
公建用地	2.32	19.0
道路用地	1.52	12.45
公共绿地	1.02	8.35

来源：武汉市城市规划管理局，武汉市国土资源管理局．武汉城市规划志（1980—2000）[M]．武汉：武汉出版社，2008.

3．道路空间形态及停车场地空间形态（图7-18）

居住街区内道路骨架是两个环形道路的二级道路，实行人车分流体系：外环为车行道，内环为连接中心绿地和邻里单元的步行道。同时外环车行道和内环步行道之间、内环步行道和中心绿地之间均有若干步行道连接，行人可以在街区内自由穿行于中心绿地和其他区域。街区内设置有盲人引步坡道，体现出

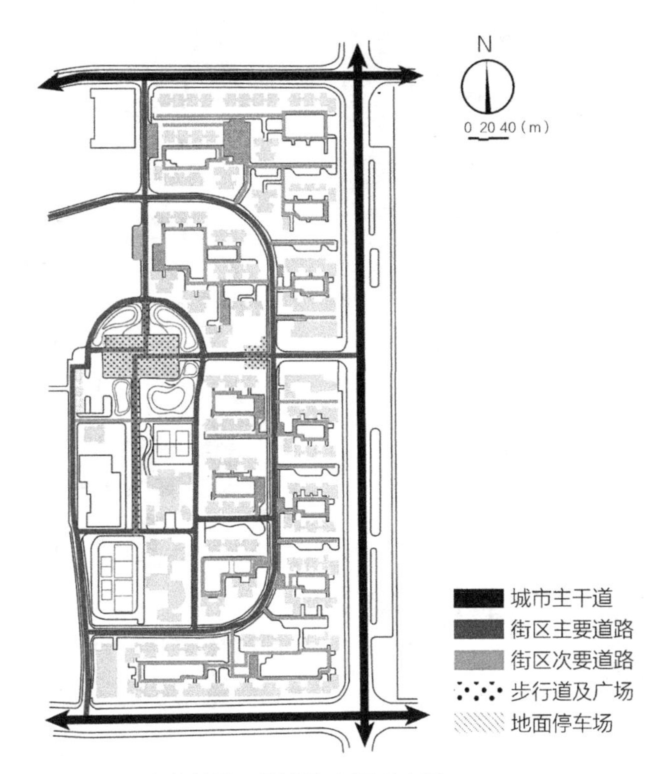

图7-18　宝安花园一期道路空间形态图
来源：李德伦 绘

设计者对残疾群体的关心。道路空间形态直线和曲线相结合，“通而不畅，顺而不穿”。

停车场地采取集中和分散相结合的方式。每个院落中的消极空间和邻里单位入口部分作为露天停车场（图7-19），部分住宅采取底层架空模式供私家车停放，利用错层单元和转角单元的底层停放摩托车和自行车。一期停车位226辆。

4. 公共建筑空间形态（图7-20）

公共建筑分为街区中心集中型和街区入口处分散型两种。居住街区内公共建筑有小学、幼儿园、商业楼、文化站等，它们环绕居住街区中心绿地布局。在居住街区入口处布置2栋小型商业楼，可以对外及对内服务；在街区中心则利用原有机场国内候机厅改建成新的商业设施。小区的公共建筑采用丰富鲜艳的色彩，如小区的幼儿园配合儿童活泼好动的特点，采用红、黄、蓝等跳跃的颜色（图7-21）。

图7-19　宝安花园一期地面停车场
来源：自摄

图7-21　宝安花园一期内跳跃色彩的幼儿园
来源：自摄

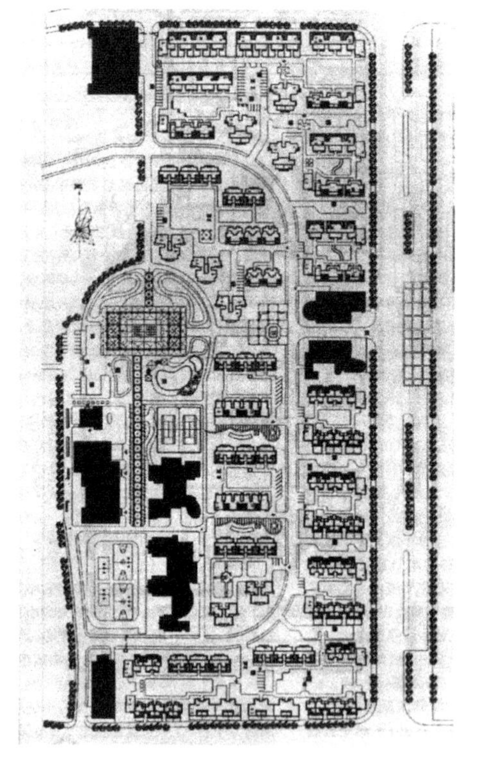

图7-20　宝安花园一期公共建筑空间形态图
来源：李德伦 绘

图7-22　半围合和点状空间的结合
来源：自摄

5．空间布局

居住街区的建筑空间主要由半开敞空间和独栋建筑形成的空间组成（图7-22）。

6．住宅空间形态

居住街区内住宅单体进深13m，南向晒台，顶层北向退台，顶层坡顶檐高降低，适当减少住宅间距。在部分住宅底层设置了2.2m的架空层，增加单元拼接长度，减少山墙间距，充分利用转角地段。居住建筑全面采用隔热、高效保温材料，并充分利用可再生能源，住宅布局关系考虑了采光和自然通风。单体住宅采用了新材料、新技术、新设备、新工艺四新技术，部分窗户采取中空玻璃的塑钢窗。充分节约用地和新节能技术的采用是住宅设计的特征，使住宅的空间形态更加利于可持续发展。

7.6 门禁社区的出现

7.6.1 门禁社区的定义及特征

1992年邓小平同志南方谈话进一步确立了社会主义市场经济体制，住房政策的改革给居住街区空间形态造成深刻影响。随着市场经济体制的逐步确立，武汉市新的商品房都具有门禁社区的特征。

门禁社区又称为封闭式居住小区，它已经成为一种全球现象，在美国、南非和中国发展尤为迅速。门禁社区（Gated Community），即为保障居民隐私与安全进行出入口管制（图7-23），用围墙等隔离设施将居住空间围合起来的居住小区，有些居住区的隔离栅栏上甚至设置了“飞刀”和高压电防护网（图7-24）等设施。此类居住区发端于欧美，常见于城郊大型住区，通常是富裕阶层的居住区和豪华别墅区。西方的门禁社区通常规模较大，内部提供一系列便民设施，如运动场地、野餐场地、泳池、浴场、公共洗衣设施、商店、餐饮店、商务会所等。在中国，门禁社区已广泛应用于城市居住区，和西方的门禁社区存在不同的历史背景和社会内涵。

图7-23　小区外的出入口管制及门卫（世茂·锦绣长江二期）
来源：自摄

中国的门禁社区最早来源于对西方邻里单位居住模式的借鉴，虽然开始于20世纪50年代，但是随着我国城市布局日新月异、城市化进程不断加快，这种封闭模式却越来越广泛地被采用。门禁社区的思想来源主要有两方面：①计划经济年代单位大院空间形态的延续；②门禁社区思想继承了现代主义建筑思想指导下的邻里单位模式，其指导思想可以追溯至1933年的《雅典宪章》。《雅典宪章》强调功能分区和明晰的组织结构，追求统一的功能主义的空间秩序，城市结构是纵向的、等级化的树状结构。

自20世纪90年代住房制度改革和实行社会主义市场经济以来，大量的私有

隔离栅栏上的“飞刀”（万科·城市花园）

高压电防护网（武汉天地御江苑）

图7-24　隔离栅栏及上面的“飞刀”和高压电防护网
来源：自摄

住宅开发取代了以前的公共福利住宅开发。在武汉，新的私有住宅通常采用门禁社区的形式。这些门禁社区的共同特征是有保安守卫在社区入口大门处，边界有围栏。

门禁社区作为典型的“飞地”空间形态，主要有以下三个特点：

（1）空间具有选择性封闭的特征。门禁社区用围墙、保安、电子监控系统等物理性的封闭性手段将居住小区的空间封闭起来，阻止无关的外部人员入内。

（2）社会结构的同质性。由于小区环境设计和价格杠杆等方式吸引共同志趣或某一特定阶层的人居住，在社会结构上具有同质性和封闭性。

（3）自治组织方式和集体化产权。门禁社区内部的休闲娱乐设施和基础性服务设施比较齐全，如小公园、开放绿地，健身设施齐全等。小区实行独立的管理方式，由私人物业管理公司、开发商和业主委员会共同管理。所以，门禁社区相当于一个“微社会”，一个完全脱离周边区域和邻里的社会子系统。

7.6.2 门禁社区造成的城市空间破碎化

中国的城市社会空间越来越破碎化，门禁社区的形式不仅出现在郊区的大型社区，而且城市中心区的新建居住小区也采取这种形式。可以说，几乎所有新建居住小区都有戒备森严的围墙和保安系统。伴随着我国住房制度的改革，福利分房已成为过去；商品房呈迅速发展之势，门禁社区也从数量上呈现快速增长之态。

因为代表一种“破碎的城市”，西方学者对门禁社区持负面态度，强调其对整个社会的负面影响，加速了社会的极化和居住的隔离。围墙不仅是一种物理边界，也是一种社会边界，它创造了一种排斥性的、封闭的空间。居民在门禁社区的围墙里同质性地生活，与周边的政治环境和邻里环境完全隔离。门禁社区导致了城市公共生活的消减，因为居民更乐于使用小区的内部空间，而不愿使用街道和市场等公共性基础设施。

中国城市在转型的过程中，人口、经济和社会的加剧变化给人们造成不安全感，催生了门禁社区。而且地方政府对市政服务的投入不足促使人们对俱乐部式的公共空间需求增加。单位大院式的传统空间结构通过门禁社区的形式在中国城市得到蔓延。研究表明，尽管大门作为一种实体形式在中国由来已久，但是其中的意义已经发生了转变。社会主义初期，单位大院强化了国家组织的集体消费形式；而在社会主义市场经济阶段，门禁社区代表了国家一定程度上退出对公共物品的供给后出现的消费俱乐部形式。

有学者指出，目前中国城市的空间形态逐渐成为被道路串联起来的孤立岛屿，这种物理环境的分隔正是由于社会贫富差距不断拉大和社会阶层分化所造成的问题。但是，由于中国独特的制度背景和文化背景，门禁社区的发展意义和其他国家虽然有着相似之处但却并不完全相同。

7.6.3 具有中国特色的门禁社区

门禁社区在不同的社会文化要素的制约下，对当地产生不同的影响。我国门禁社区与周边邻里间存在着功能性的互动，虽然一定程度上造成周边邻里被隔离和被歧视的心理，但地理空间上的邻近性也为不同生活背景和不同阶层之间的居民提供了相互融合、了解和沟通的可能和机会。

对于中国门禁社区的居民而言，围墙的重要作用之一是安全性。因为虽然只是一道墙，却将空间分隔为墙里、墙外两个不同的世界；墙里的世界是安全的，墙外的世界却充斥着很多不安全的因素。居住于大门里面的居民常常认为大门外面很不安全，门禁社区内居民同质性很高，而且有保安防守；但是小区外面人员复杂，治安问题无法得到有效管理。

生活在门禁社区内的居民对小区周边的居民无鄙视、敌意或防范意识，并不排斥与周边的村民接触和交往。因为保安和围墙的存在并非针对小区周边的居民，而仅仅是安全方面的考虑。集体身份也是围墙存在的一个很重要的原因。虽然“围墙”的物质存在的确造成了居住的隔离，但是这种空间的隔离目的并不是排斥周边的居民，其目的之一是围墙延伸了“家”的空间范围。在封闭社区里的居民认为，“家”是自己的居住单元，而围墙将“家”扩大到整个居住小区。围墙强化了小区内部居民的归属感和集体身份感。围墙的空间隔离作用并未给小区居民造成对周边居民的排斥，居住在围墙外的居民也没有感到围墙的隔离。

中国门禁社区围墙里和围墙外空间上的邻近，并没有妨碍不同社会背景居民的社会交往和接触。虽然中国门禁社区内居民和外部居民的社会交往并不十分密切，但在公共空间如周边饭馆、菜市场、休闲场所等地的接触中，相互之间的了解和融合时有发生，并发生了功能性的社会交往。

另外，小区的建设也为周边的居民带来了就业机会，如小区里的清洁工、保安、保姆等工作很多由小区周边居民承担。这些行为一定程度上促进了小区内外居民的交流，为增进邻里间的和谐共处创造了条件。

因此，中国门禁社区的产生和发展主要可归结为消费者的需求拉动，如追求更优越的居住环境、安全性、彰显个人身份等。

从形态上讲，各式各样的城市内部围墙和城墙是中国历史文化最显著的景观。与西方城市不同，中国城市从起源上来讲，政治因素大于经济因素。虽然门禁社区从管理方式上是新生事物，但封闭的管理方式和物理形式在我国已有上千年的历史，这种历史文化在当今社会转型和全球化的背景下再次通过门禁社区而充分展示和延伸。门禁社区的空间形态在我国的发展没有受到阻碍，根据建设部颁布的《全国物业管理示范住宅小区标准及评分细则》和《全国优秀管理住宅小区标准》，实行封闭式的小区管理可以得到加分。对于开发商来讲，对门禁社区的发展也持积极的态度。

从历史传统的价值观角度分析，虽然门禁社区与传统的封闭式住宅有本质上的不同，但是封闭的城市结构和居住形态在中国并非新鲜事物，这种封闭的形态和管理方式也很快形成市场的认同。

武汉市门禁社区的设计不仅是国际趋势的一部分，而且是由先前的小区设计演化过来的，门禁社区的设计形态是在现有居住小区形态框架基础上形成的。

7.7 总结：居住街区空间形态开始向多元化发展

20世纪90年代以后居住区规模比中华人民共和国成立初期以街坊模式修建的居住街区尺度小。

1．道路空间形态

20世纪90年代以后，随着人民生活水平的日益提高，许多家庭有了小汽车，住区规划也开始把机动车流线加入考虑范围。这一时期的人车分流思想体现了以人为本的思想，人车分流多采用双层道路系统的方式。车行系统设置在住区外围，而人行系统设置在住区内部。这种设计使人车分离，让机动车进入小区后可以沿外围车道行驶到靠近目的地的地下出入口，或者直接进入地下停车场，或沿路停放在地面停车处。这种人车分离的方式保证了居民在居住区内部行走时的安全性，在设计步行道时考虑到人们的多种行为方式，设计成同住区间绿地系统相结合的布局，并联系小品、公建、住区商业或各类文化活动建筑，户外活动场所以步行为主。

在道路线形的设计上，渐渐由20世纪80年代的平直线线形转变到以折线和曲线为主的道路线形，这种线形一方面体现了整体布局的美观；另一方面是因为折线和曲线线形可以降低车行速度，增加行人的安全系数。另外，随着小区物业管理的发展，住区慢慢由半开放或开放转变为封闭式管理，管理的加强降低了住区的出入口数量，同时住区的内部道路也变成完全的私有化。

20世纪90年代的设计中自行车棚渐渐向停车场库转变。居住小区的车位率在50%左右。由于技术水平的提高，车辆停放方式上，停车场也不仅仅局限于地面停车这种形式，而是采取住宅底层架空设置、地下空间设置及住宅底层停车库等形式。这些利用垂直空间停车的方式美化了小区的环境，同时节约并有效地用以建设绿化景观，并方便了车主在雨天停车。地下停车场车行出入口设置在住区内车行道路走向分区处，在人行出入口的处理上采用地面通道和直接入户这两种方式，并设置多个出入口方便居民就近使用。

小区仍然配建有一定比例的地面停车场，但地面停车在管理收费上略低于地下停车，这样居民的停车选择增多了，同时解决了临时停车的需要。地面停车的布局，开始结合绿地景观共同考虑，前提是良好的均好性，停车场不再集中大面积布置，而是均匀地设置在车行道附近。

2．公共建筑服务设施空间形态

20世纪90年代后住区分级结构规划开始弱化，公共服务设施的配套建设也发生了转变。在公共服务设施的布局上，从原来的按住区等级结构分级设置设施的方式，改变成把公共服务设施作为景观的一部分放进住区整体环境设计中，结合绿地、水景进行设计。一方面，可以满足居民的生活需求和休闲活动，提供了邻里交往的空间；另一方面，又把公共建筑作为造景的元素增添在住宅环境里丰富了空间层次。

公建设施的功能也由原来的计划式公建配套改变成以经营为主的公建配套，服务设施也转为市场化运营。住区的配套商业设施转变为社会和住区所公用，并且从原来的几何中心位置转移到住区边缘区，并且有经常的经营活动。公建设施的配置种类上也有所增加，如新增了会所、游泳池等设施。会所是20世纪90年代兴起的为人们提供全面娱乐活动的场所，可以说是将室内的客厅“扩大”的住区公共空间，为住区居民提供综合性的康体娱乐服务设施。会所在20世纪90年代建设的所有住区几乎都有设置，有的规划设计把会所当作整个住区构图的中心，绿地系统围绕中心布置。公共服务设施不再按照小区、组团等层级分布，中小型居住区只设置超市就可以满足人们的日常生活，公共服务设施随着居住区的区位和规模有了新的划分方式。

3．绿化景观空间形态

20世纪90年代初，随着住宅小区建设进入新的高潮阶段，政府要求小区绿化面积与总用地面积的比值不小于30%，如果小区规模在7000～15000人，就必须建一个小区公园，小区公园的人均绿地面积不小于1m^2。如果居住区人口超过1.5万人，居住区公园的人均绿地面积不小于2m^2。从20世纪90年代中期到2001年，建设部要求新建小区按照总建筑面积来缴纳绿化建设费，每平方米8元，要求开发商在前期规划时缴齐，如果小区建好后，绿地面积和质量达标，连同利息全额返还开发商。2001年为了杜绝滥收费，绿化建设费被取消，小区绿化建设成为开发商的自觉行为。

人们对住房的品质要求提高了，更加重视住区的环境景观设计。所以这一时期住宅市场上的竞争，很大程度上是环境的竞争，开发商的卖点从住宅转向环境设计。景观设计师在设计中应用的元素也不仅仅局限于小品、绿地和广场，开始把水景纳入设计中。

武汉市住宅进入高层化时期，建筑主要以高层和小高层住宅为主。这种高层住宅为了满足充足的采光和日照条件，增大了楼间距，使得建筑密度降低，绿化空间增加。随着住宅建筑排布得富于变化，绿地景观的空间形态也变得丰富多彩。

水景作为中心景观元素引入居住小区。水景是绿地的点缀，是一种规模较小的微型景观，如小瀑布、小水池、小喷泉等。这种人工创造的小型水景不仅增加了环境景观的层次感，而且加强了居民活动的趣味性。

4．建筑群及单体建筑空间组织

住区建设在20世纪90年代以来无论是在设计手法上还是在建设数量上都得到了前所未有的发展，在规划布局形态构成的每个层面都有体现。

1）空间组织

20世纪90年代后，武汉市的居住区规划结构由20世纪80年代的分级模式向多元化发展。在用地面积较大、人口较多的大型居住区仍采用“居住区—居住小区—组团”这种结构。这一时期的规划结构开始重视以景观环境为主要设计元素，提出主题设计的思路，并与地形相结合，一定程度上打破传统的分级结构向自由流线型发展。

武汉市很多大型住区仍然保留分级规划的结构，但是在组团内部住宅建筑布局的形式变得更加自由和灵活。常见的是在居住街区中由半围合式院落和独栋的点式建筑结合的空间（图7-25），在本书的案例中也由这两种空间组成。

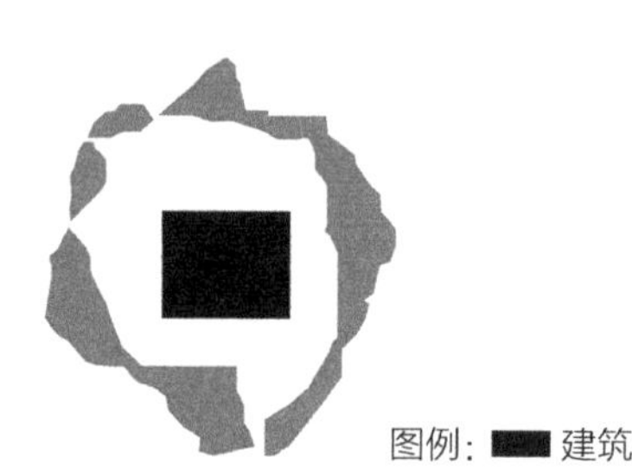

半围合式院落空间形态　　独栋建筑组成的点状空间形态

图7-25　两种不同的空间形态组合

自由结构模式在20世纪90年代开始起步，这种模式也可以称为流线模式。这一时期居住小区的规划设计开始尝试不严格按照分级模式的做法，并寻求更加自由的模式设计。但是大多数住区设计并没有完全模糊居住组团的概念，还没有出现完全自由曲线形式的规划设计，大多数设计都以规整的半圆形要素拼贴、组合。

自由模式相对于分级模式，更适合于中小型居住区。在住区形态上，自由模式有可以自由发挥的空间，更有可能带有鲜明而独立的风格特色。

2）住区布局形式

20世纪90年代，在以环境为导向的住区设计思想的影响下出现了向心式布局，这种布局应用在郊区大型综合住区规划和市区高层住区规划中。这种向心式设计手法在构图上以圆形为基础应用散点排布的建筑围合而成，内聚感很强。向心式的规划布局是为了获得更好的景观效果，因为人们开始重视户外景观环境，购房者选择住宅时考虑的因素之一是可以观赏到窗外精心打造的园林式景观。

第8章 1998年后多元化的武汉市居住街区空间形态研究

8.1 住宅制度完全市场化后的武汉市历史发展背景

8.1.1 武汉三镇形成各具特色的商圈

武汉三镇具有不同的历史渊源。在社会主义市场经济影响下，2000年前后三镇形成了各具特色的商圈：汉口仍然是武汉市的商业中心，形成以武广、江汉路、汉正街为主的商业云集中心；武昌是湖北省甚至华中地区的科教文化中心，拥有科研院所职员、高校教师、IT界精英以及学生等群体，也具有较强的整体消费实力水平，并拥有包括司门口、中南路、街道口、徐东为主的众多商圈；汉阳地区则是新老商圈共同发展，钟家村商圈和王家湾商圈成为汉阳地区的商业中心。随着武汉三镇各具特色的商圈的确立，周围逐渐屹立起高层、高容积率、高密度住宅群。

8.1.2 武汉市房地产市场郊区化

统计资料表明，武汉市房地产市场的郊区化趋势明显。例如，2002年武汉市计划竣工的600万m^2住宅面积中，有472.17万m^2的住宅就集中在城郊接合部。“住宅郊区化”是多种动力共同作用的结果。

武汉市城市中心区虽然有配套好等优点，但由于所需资金及土地成本高，经济适用房的建设由于低廉低价的吸引便走向郊区。20世纪90年代，居住用地向城市外围全面扩展，随着金坊、阳逻、北湖、蔡甸等卫星新城的建设，居住郊区化的趋势日益明显。

各种因素促进了武汉市居住街区呈郊区化发展趋势，住宅区建设逐步向城市外围发展，形成了三镇“七片”的布局（汉口地区的后湖片、金银湖片和新华下路片，以及武昌地区的东湖高新开发区、武青三干道和南湖三大片，还有汉阳地区的武汉经济开发区片）。

8.1.3 城市功能性基础设施的建设

武汉市加快了功能性基础设施的建设，进一步加强了城市综合承载力，如城市路网、过江通道、城市轨道交通的建设等。

1．城市路网及过江通道的建设

武汉市机动车拥有量持续快速增长，总量已超过70万辆；增长量主要来自私家小汽车，总量已超过19.2万辆，比2000年增加了约7倍。三镇鼎立、两江相隔、山体江河湖泊自然分割的地理条件，让武汉市交通压力持续增长。

从2010年前后起，武汉市投资近千亿元用于打通城市交通动脉、建设城市骨干路网、建设过江通道以及完善区域路网。例如，二七长江大桥、二环线汉口段、武汉大道、沙湖通道、白沙洲大道、三环路东段、二环线、三环线等工程。武汉市还建立很多城市立交桥，高速公路密集成网，实现干支一体化。

随着城市骨干路网和过江通道的建设，路网沿线新的居住街区也如雨后春笋般出现。例如二七大桥的建立，已经拉动大桥两端的土地和房产升值：在江北的三江航天地产的楼盘销售均价在2008年已经超过8000元/m^2，江南的青扬六和等楼盘在2008年也已超过6500元/m^2。大桥的建设使跨江购房者增多，二七大桥两端成为武昌及江岸两区房地产开发的主要片区。

2．城市轨道交通的建设

为缓解武汉市地面交通的压力，轨道交通的建设成为武汉市城市建设规模最大的重点基础设施工程。2006年4月，国务院批准了武汉市第一轮城市轨道交通建设规划（2006—2013年），规划在2013年前建成轨道交通1号线、2号线一期和4号线一期这三条线路。2011年1月31日，国务院批准了《武汉市城市快速轨道交通建设规划（2010—2017）》。随着轨道交通的修建和完善，将会给武汉市城市建设及居住区建设带来一系列重大影响。

8.1.4 城市的绅士化

绅士化运动（Gentrification）是始于20世纪60年代西方城市旧城区内的一种社会空间发展现象。美国学者尼尔·史密斯（Neil Smith）将绅士化解释为：富裕的中产阶级低价购买城市中心区的平民住房并对其进行改造更新的过程，结果导致城市中心区的贫民迁出中心区，使该区的物质环境、人口结构等都在较短时间发生剧烈变化。当这种变化达到一定程度时，就产生了城市的绅士化现象。

在中国的一些大城市（如武汉），以城市的绅士化为代表的当前城市中心区复兴（更新）正在成为一种新的社会空间现象。城市中心区新建的高档住宅中集中了外国人、中产阶级、高收入人群，武汉市的城市出现了绅士化的倾向，如武汉市中心武汉天地、楚河汉街等地带。城市的绅士化对城市中心区的居住街区布局产生了影响。随着城市中心区地价的飙升，竖立起众多高容积率高密度形态的高层住宅群。

8.1.5 在人口老龄化影响下形成老年社区

按照国际惯例，60周岁以上就被称为老年人，一个地区60周岁以上的老年人口总数占该地区总人口数的10%以上或者是65周岁以上的老年人口总数占该地区人口总数的7%以上，就被认为是人口老龄化地区。

人口老龄化问题是武汉市改革和发展过程中面临的重大问题之一。截至2012年末，武汉市60岁以上的老龄人口132.05万，占总人口15.96%。全市老龄人口的增长幅度大大高于全市总人口的增长幅度，全市13个区已全部进入老龄化。随着老龄化程度进一步加剧，社会养老负担加重，养老保障问题突出，社区照料服务需求迅速增加，人口老龄化问题的社会压力也日益增大。面对老龄化带来的一系列影响，制定应对人口老龄化的政策措施，建立相对完善的老龄政策法规体系，为实现“老有所养、老有所医、老有所教、老有所为、老有所学、老有所乐”的目标打下坚实基础。

经过7年的筹备，武汉市江夏区大桥新区汤逊湖畔崛起了华中地区配套最完善、规模最大的养老社区。该社区一期规划用地约260亩，总建筑面积13.88万m^2，此项目为3000名老人提供社区式养老服务，是“湖北省慈善总会老年公寓（康乐苑）项目”。公寓按照国际“持续照料退休社区”的标准建设，包括康复养生医院、老年大学、老年人活动中心、膳食坊、恒温游泳池、图书馆、开心农场、超市等，并设置幼儿园，解决老年人及其子女的后顾之忧。社区满足高层次人群“候鸟式养老”的需要。老年人社区居住街区的空间形态在房屋日照间距和公共服务设施上都有特殊特征。除了保利、万科等房产企业大力发展养老地产外，泰康、人寿等寿险企业也相继传来开发养老地产的消息。

和北京、上海、广州等一线城市相比，武汉市的养老地产的规模和发展速度较逊色，但随着老龄化时代的到来，武汉市居住街区的空间形态有新的发展，例如建筑户型会以60m^{2}以下的小户型为主等。

8.2 住房制度完全市场化及对居住街区空间形态的影响

8.2.1 福利分房制度退出历史舞台

1998年7月，国务院发布了《关于进一步深化城镇住房制度改革和加快住房建设的通知》，提出了“稳步推进住房商品化、社会化，逐步建立适应社会主义市场经济体制和我国国情的城镇住房新制度，促使住宅业成为新的经济增长点，不断满足城镇居民日益增长的住房需求”。并且明确提出，“停止住房实物分配，逐步实现住房分配货币化；建立和完善以经济适用住房为主的多层次城镇住房供应体系。坚持国家、单位和个人合理负担；坚持‘新房新办法，老房老办法’，平稳过渡，综合配套的基本原则”。福利住房政策正式退出了舞台，住房制度改革后，实施货币分房。住宅产业正式向商品化、社会化发展。1998年下半年，随着房改的深入，福利分房已成为历史。要住房找市场，要买房靠贷款。饱受房困之苦的武汉人终于看到了希望①。

按照“新区开发与旧城改造并举，商品房与保障性住房同时进行”的思路，一度疲软的房地产开发成为新的投资热点。房地产开发投资逐年增加，2003年武汉市房地产开发投资达到169.55亿元，其中住宅投资124.83亿元，房地产开发竣工面积682.6万m^2。武昌南湖、光谷新区和汉口后湖、金银湖等地的一片片建筑拔地而起。符合现代居住要求的智能住宅、环保住宅涌现江城，一个满足不同收入阶层需要的住房供应体系初具雏形。全市人均居住建筑面积由1977年的7.8m^{2}上升到2003年的23.94m^2，比全国城镇住房平均水平高出近1m^2。房地产业增加值占全市GDP的比重由1990年的4%上升到2003年的10.2%②。

① 皮明庥，陈钧，李怀军，等. 简明武汉史[M]. 武汉：武汉大学出版社，2005：461.

② 同上。

8.2.2 住宅市场的调控制度

推行住宅的市场化促进了我国经济的蓬勃发展，但也带来了诸多问题，诸如房价过高、住房供给结构性矛盾等。为了解决这些矛盾，2000年前后我国开始对住宅市场进行调控，不断修改和完善我国的住房制度，引导和规范住宅市场的稳定发展。

1998年，《国务院关于促进房地产市场持续健康发展的通知》，提出“增加普通商品住房供应……采取有效措施加快普通商品住房发展，提高其在市场供应中的比例……努力使住房价格与大多数居民家庭的住房支付能力相适应”。同时重新定位了经济适用房：“是具有保障性质的政策性商品住房。”这项政策的出台使住宅全面市场化，标志着我国住房市场的根本转变。高速发展的房地产业导致了房价的快速上涨，也引发了如低收入群体住房困难突出等一系列社会问题，我国政府开始对住房进行宏观调控。

2005年，为了抑制房价的快速上涨，国务院办公厅出台《关于切实稳定住房价格的通知》（即旧“国八条”），提出8项措施调控和引导房地产市场，抑制房地产投资过快。2006年5月，国务院常务会议出台了促进房地产业健康发展的六项措施（“国六条”），整顿房地产市场秩序和稳定房价，加强如90m^{2}以下的小户型建设以及把住宅供应的结构调整为重点项目等。为了调控房价又出台了各种调控措施，但是房价仍然呈继续上涨趋势，稳定房价的目标还是很难达到。2008年政府推出扩大内需十项措施（“国十条”）强调加快保障性住房的建设等。

8.2.3 多层次城市社会保障房体系的发展

保障性住房是指政府为中低收入住房困难家庭所提供的限定标准、限定价格或租金的住房，一般由廉租住房、经济适用住房和政策性租赁住房等构成。武汉市保障性安居工程在全市均匀分布（图8-1、图8-2），体现了政府推广保障性住房的决心。

2007年8月7日，《国务院关于解决城市低收入家庭住房困难的若干意见》出台，要求进一步建立健全廉租房制度，改进和规范经济适用房制度，逐步改善其他住房困难群体的居住条件，完善配套政策和工作机制。首次提出把解决低收入家庭住房困难工作纳入政府公共服务职能。逐渐落实住房分类供应，加

图8-1　2011年武汉市保障性安居工程建设项目分布图

来源：武汉市国土资源与规划局

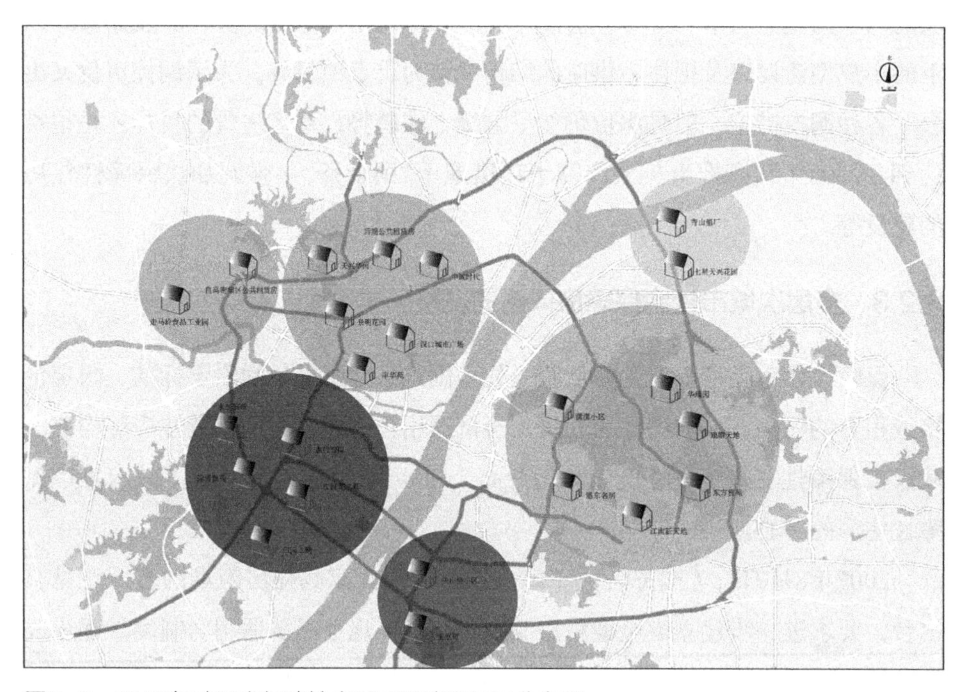

图8-2　2012年武汉市保障性安居工程建设项目分布图

来源：新浪武汉房产，https://wh.leju.com/zhuanti/bzfjdp/

快建设多层次住房保障体系。

1．廉租住房

《城镇廉租住房管理办法》1999年5月1日起施行，其目的就是建立和完善多层次的住房供应体系，解决城镇最低收入家庭的住房问题。城镇廉租住房是指政府和单位在住房领域实施社会保障职能，向具有城镇常住居民户口的最低收入家庭提供的租金相对低廉的普通住房，其来源主要包括：①腾退的并符合当地人民政府规定的廉租住房标准的原有公有住房；②最低收入家庭承租的符合当地人民政府规定的建筑面积或者使用面积和装修标准的现公有住房；③政府和单位出资兴建的用于廉租的住房；④政府和单位出资购置的用于廉租的住房；⑤社会捐赠的符合廉租住房标准的住房；⑥市、县人民政府根据当地情况采用其他渠道筹集的复合廉租住房标准的住房等。

2．经济适用住房

经济适用住房是政府以划拨方式提供土地，免收城市基础设施配套费等各种行政事业性收费和政府性基金，实行税收优惠政策，以政府指导价出售给有一定支付能力的低收入住房困难家庭。这类低收入家庭有一定的支付能力或者有预期的支付能力，购房人拥有有限产权。

经济适用房是具有社会保障性质的商品住宅，具有经济性和适用性的双重特点。经济性是指住宅价格相对于市场价格比较适中，能够适应中低收入家庭的承受能力；适用性是指在住房设计及其建筑标准上强调住房的使用效果，而非建筑标准。

自2009年颁布《武汉市经济适用住房管理办法》以来，武汉市经济适用房的申请条件（家庭人均收入指标）3年未作调整，即申请经济适用房的核心家庭人均收入在824元以下。但武汉市主城区最低工资标准已经从900元上升到1100元，按照此速度，2年后类似家庭就不符合经适房的购买要求；武汉已提出2015年主城区低保标准将达到920元/人，如申请条件维持不变，则低保家庭也不符合购买经济适用房的标准。

武汉市主城区的经济适用房由于登记不足，2009年前后上市的2000多套经济适用房，只有1017户认购，因此出现了众多“空房”。2012年武汉市保障房建设计划中，10万套保障房的建设任务，经济适用房只有6000套，不足一成。

湖北省房地产学会专家叶学平认为：保障房要满足中低收入者居住权利，而不是满足财产权利。全国的趋势是压缩经济适用房的比例，武汉市未来的趋

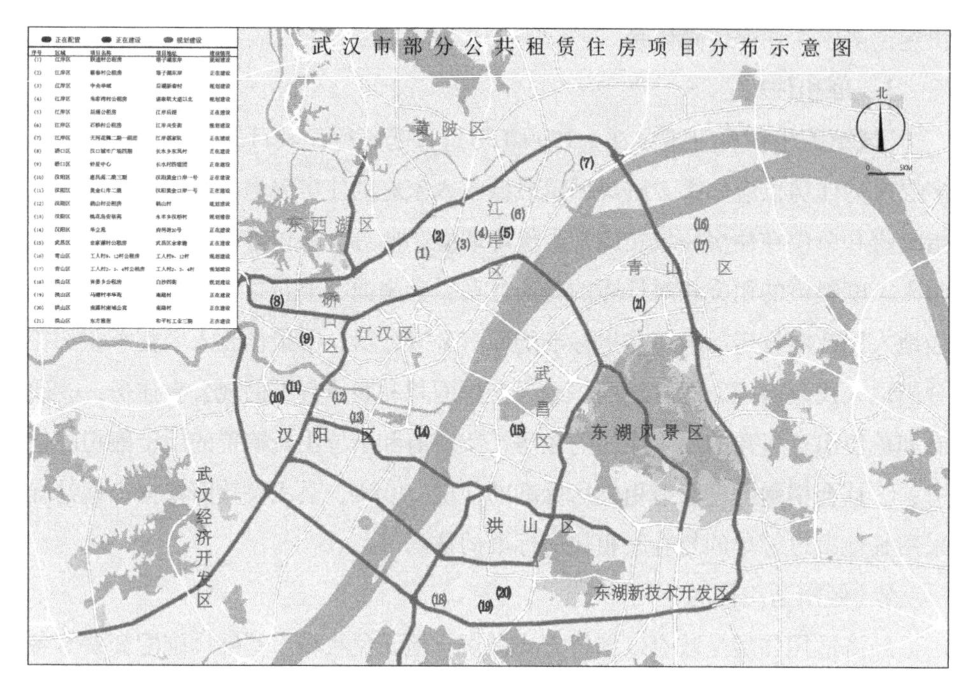

图8-3　2012年武汉市部分公共租赁住房项目分布示意图
来源：武汉市住房保障和房屋管理局

势会建更多具有交通优势、租金便宜的公租房。

3. 公共租赁住房（图8-3）

公共租赁住房指通过政府或政府委托的机构，按照市场租价向中低收入的住房困难家庭提供可租赁的住房。同时，政府对承租家庭按月支付相应标准的租房补贴。其目的是解决家庭收入高于享受廉租房标准而又无力购买经济适用房的低收入家庭的住房困难。经济适用房以租代售，即租赁型经济适用房可以说是将经济适用房变成“扩大版的廉租房”。

4. 康居示范工程

加快住宅建设，提高住宅和人居环境的质量，推动住宅产业的现代化是我国城市住区建设的重要任务。在这个关键时刻，我国于1999年4月实施了国家康居示范工程，以促进和提高住宅质量及住宅产业化水平。

国家康居示范工程是以推进住宅产业现代化为目标，旨在带动住宅建设新工艺、新材料、新设备、新技术的应用，提升住宅设计、施工档次、提高居住生活质量，达到健康居住的效果。武汉市的康居示范项目有：绿景苑、新地东方花都C区、黄埔人家长江明珠、武汉东福花都E区。

8.2.4 住房制度完全市场化以来对居住街区空间形态的影响

福利分房制度正式退出历史舞台对居住街区空间形态造成的影响是巨大的：一方面，各个单位都在抓紧最后的机会积极建造福利房造福职工，因此这一时期出现了大量福利房；另一方面，社会主义市场经济商品住房的出现导致新的居住街区空间形态类型的出现，如高层、高密度、高容积率的居住街区。住宅市场的调控一定程度上抑制了过快增长的房价，调整了住房供给的矛盾，也在一定程度上影响了居住街区的空间形态。如加强90m^{2}以下小户型住宅的建设，使住宅建筑的尺度减小，居住街区的空间肌理变得较为细腻。

8.3 武汉市城市规划疏导居住街区向郊区均匀分布

8.3.1 2000年《武汉市“十五”大型居住区布局规划》

以《武汉市城市总体规划（1996—2020年）》为指导，武汉市城市规划设计院于2000年编制了《武汉市“十五”大型居住区布局规划》（图8-4）。规划

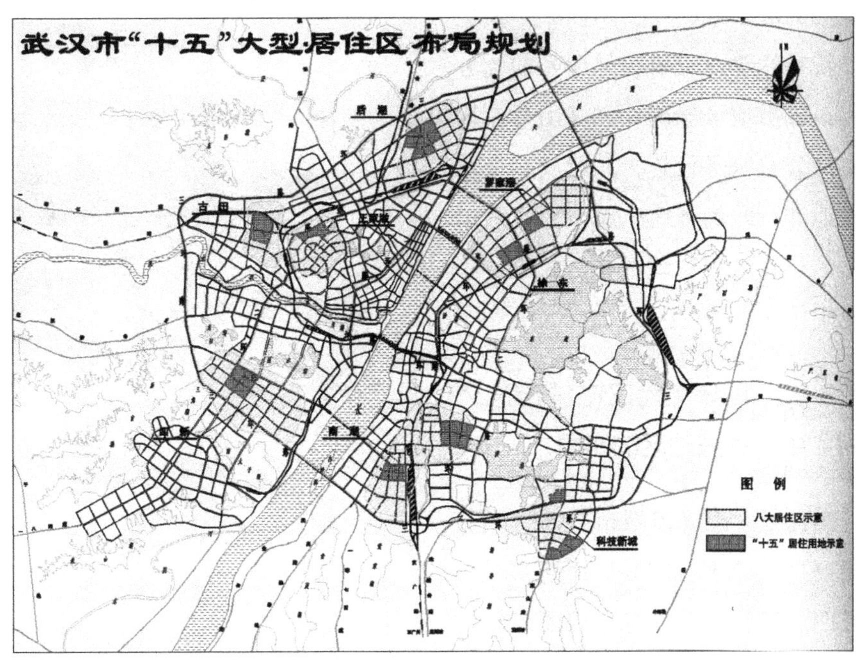

图8-4 武汉市“十五”大型居住区布局规划

来源：武汉市国土资源和规划局

了武汉市八大居住区，合理均匀地分布在武汉三镇，形成一个主城（三镇）功能提升、城乡环境明显改善的发展格局，奠定了大武汉城市地区的空间构架。

8.3.2 2005年《武汉市城市总体规划》中有关居住区的布局

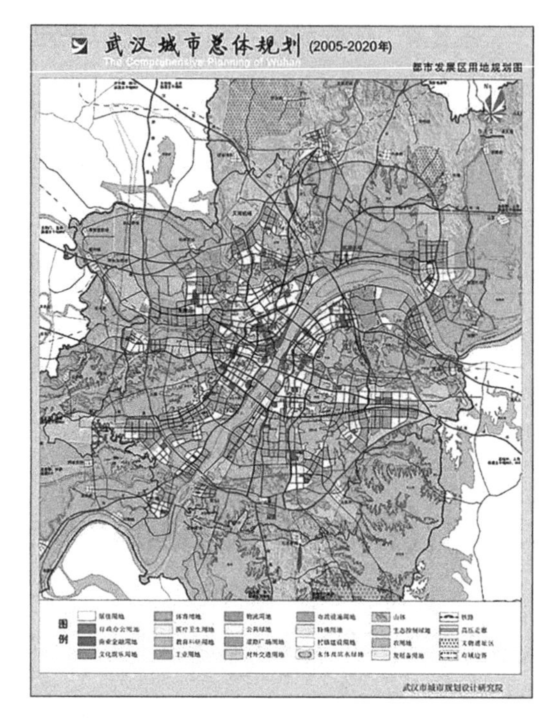

图8-5 2005年武汉市城市总体规划
来源：武汉市国土资源和规划局

2005年，武汉市对总体规划进行了修编，武汉市政府审议通过城市总体规划修编（2005—2020年）（图8-5），按照建设部审查组意见，将“我国中部重要的中心城市”调整为“我国中部地区的中心城市”。根据新的城市总体规划，到2020年，武汉市主城区常住人口502万人，建设用地450km^2。其中汉口地区王家墩片、新华片建设辐射中部地区的商务中心；武昌地区沙湖片和洪山片布局区域性公共服务设施，并建设企业总部基地和行政商务区；汉阳地区赫山片集中布置区级行政中心、商业贸易和现代化滨水居住区。

8.3.3 2010年《武汉市城市总体规划》中有关居住区的布局

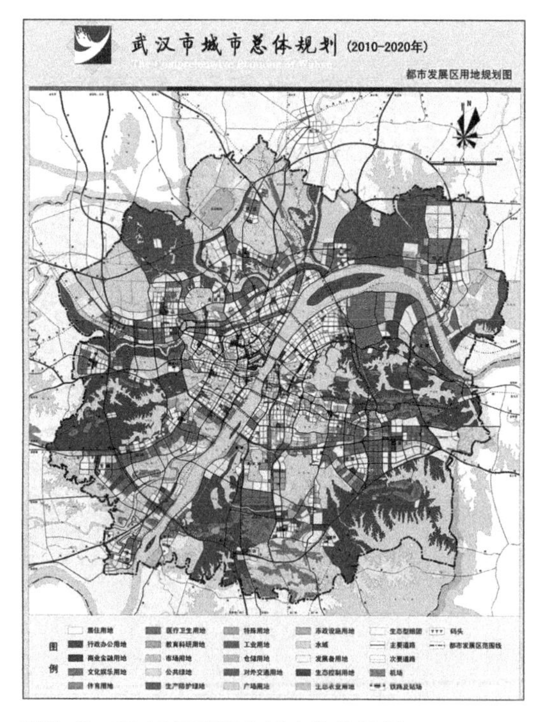

图8-6 2010年武汉市城市总体规划
来源：武汉市国土资源和规划局

2010年《武汉市城市总体规划》（图8-6）调整主城区居住用地布局，引导旧城居住人口向综合组团疏解，以后湖、古田、站北、谌家矶、南湖、白沙、四新、关山、杨园等为重点，集中成片规模化建设住宅区，严格禁止零星建设。规划主城区居住用地135.6km^2，人均居住用地27.0m^2。

居住区建设坚持居住和公共服务配套同步发展的原则，规模超过10万人的居住组团应设置组团中心，低于10万人的综合组团可设置1～2个社区中心，满足组团内部的公共服务需求。

发展目标：努力塑造多元化的居住社区，建立完善的住宅供给体系，满足不同层次的住房需求。提高居住区各项公共服务设施和公共绿化配置水平，建设交通方便、环境优美、生活舒适、配套齐全的新型社区，全面提升武汉市人居环境和住宅建设水平，创造宜居城市。到2020年，都市发展区居住用地总面积达到252km^2，人均居住用地面积达到28.7m^2，人均住宅建筑面积提高到35m^2，达到小康社会居住标准。

居住用地布局按照“环境优先、人口疏散、交通导向、居住职能相对均衡”的原则，依托公共干线和快速轨道交通，在自然环境良好、区域相对集中的地方布置居住用地，建立居住、就业、服务相对平衡的空间结构体系，引导主城区人口向外围疏散，形成分布合理、配套完善的居住用地空间格局。

主城区内鼓励高层、低密度、高绿地率的住宅建设，提高土地利用效率，严格控制零星建房。继续推进后湖、南湖、古田、东湖、沌口等大型居住区建设，新建四新、白沙、十升等大型居住区，完善站北、关山、青山等居住区的环境和配套设施建设。

住宅分类建设：加大普通商品住房的建设力度，优化大、中、小型住宅供应结构。普通商品住房在满足居民一般生活需求的基础上，逐步提高住房舒适度和功能配置，为广大居民营造安居乐业的舒适生活环境。适当提高经济适用房比例，近期结合后湖、古田、青山、常青等居住区进行安排，远期应在各新城内选址布置。建立廉租房供应制度，扩大廉租房的覆盖范围，解决低收入城市居民的安居问题。建立健全以财政预算安排为主、多渠道筹措的廉租住房资金来源渠道，采取租金补贴、配房租赁和租金核减等方式，保障低收入家庭的住房需求。

社区发展：社区是组织居民生活的基本单位，应合理配置社区资源，完善公共服务设施和公共绿化配置，大力发展社区事业，不断提高居民的素质和整个社区的文明程度，努力建设管理有序、服务完善、环境优美、治安良好、生活便利、和谐的新型现代化社区。

8.3.4 武汉市规划控制对居住街区空间形态的影响

2000年的《武汉市"十五"大型居住区布局规划》确立了武汉市中心城区居住街区分布的大格局。2005年、2010年《武汉市城市总体规划》从规划政策层面疏散了旧城区的居民，在郊区开辟成片居住组团。新开辟的居住组团，其公共设施分布合理。这两次城市总体规划对于居住街区空间形态的影响主要在于：城市郊区出现了大片大规模分布均匀的居住街区类型，并且分布在城市主要公共交通附近。

8.4 以可持续发展、生态理念为主导的居住区规划设计思想

8.4.1 可持续发展设计理念和"以人为本"的理念

2003年，党的十六届三中全会中提出了坚持以人为本，树立全面、协调、可持续发展的科学发展观。全球面临着日益严峻的资源危机和环境危机，世界各国特别是中国把生态、社会、经济的可持续发展放在了首要位置。同样，在居住区规划设计思想中也把可持续发展放在首位：合理使用和保护自然资源，并且为今后的发展留出发展空间；尽量保护自然生态环境，减少开发建设对自然景观造成的破坏；保留原有植被及地形地貌，景观设计及住宅设计都在原有风貌的保护下进行；合理有效地利用空间，满足不同家庭结构及收入水平对不同空间的需求，体现空间上的公平性；建设不同等级的住宅，控制20世纪90年代大肆建设的高档住宅，合理地利用土地资源以及配置，发展不同层次住宅设计的思想；充分利用有限的土地资源，借鉴国内外住区垂直空间集约设计的经验；建筑材料使用绿色环保建材，减少生态环境的破坏和资源的消耗等。

当住房作为一种商品进入流通领域让广大消费者去选择时，供求关系发生了重大转变，越来越多的开发商和规划设计人员认识到规划设计对住房销售直接且重要的作用，因而评价规划设计优劣的标准开始服从于市场，服从于消费者的选择。因此，在住区规划设计中逐步形成了以人为主体，适应人的多元化需要，完成多样化设计的"以人为本"、面向市场的规划设计理念。20世纪90年代以后，武汉市住宅设计更加注重"以人为本"的设计原则，在道路设计、景观设计、空间组织及层次营造上不但只考虑美观的效果，更加注重居

民的使用需求。经过20世纪80年代的尝试和摸索，20世纪90年代的创新和时间，21世纪的武汉在住区规划设计上迈上新的发展阶段。这一时期的住区规划思想主要对现有的生活环境进行思考，绿色、生态的自然环境又重新得到重视。

8.4.2 居住小区设计向多元化模式的探索

2000年前后，武汉市对于多元化的居住模式方式进行了探索，诸如对于传统院落模式的回归和探索等。现代院落模式构思，赋予院落新的生命力，让院落新陈代谢、扬长避短、有机更新。在一些新设计的示范小区中，已采用“居住小区—院落”的规划结构，这种结构丰富了居民的邻里交往，形成了具有特色的居住环境空间。例如建立组团及组团单元，表现为对居住区一定范围和程度上的围合，这样对组团的行政管理、识别、控制车流和安全因素等都有一定好处。合理的开敞和封闭对居住区是有利的，利弊是相辅相成的。

21世纪初期，当城市居民的基本物质生活得到满足之后，住区户外环境建设开始更多满足精神需求上的需要。住区景观环境建设在经历了初期的快速发展、模仿之后，出现了理性化、个性化趋势。住宅设计上多层次与多风格并存，如欧洲小镇、中式、日式等风格，还出现了不同价值取向的住区，如宜居性、智能型、自然型和环境友好型居住区等。

8.4.3 “新中国风”住宅——传统精神的回归

由于20世纪90年代人们处于刚从计划经济时代向市场经济时代的转型期，一开始异国风情在武汉大受欢迎。温饱型住区已经不能满足人们日益增长的物质需求，新出现的异国风格与原来朴素平实的风格形成了鲜明的对比，吸引了消费者和开发商的目光。

异国风情风靡全国，反对的声音也渐渐出现。人们渐渐发现自然元素和传统文化的重要，开始反思异域风格的建设。这一时期多层次住房供给体系的大力推行，政府开始向社会不同层次提供不同档次的住宅，这些措施都对建设异域风格的高档住宅有了控制作用。规划设计风格逐渐向传统风格发展，虽然还没有形成完整的现代中式风格建筑体系，但是设计风格有向理性方向发展的趋势。

2004年地产行业里最吸引人眼球的是中式住宅，“中式”成为一种时尚的住宅符号被运用了起来。中式住宅的兴起，是中国经济经历快速发展后文化价值回归的一种体现。20世纪90年代西式的设计形式完全压倒中式的设计形式，因为中国的经济地位不高，中式住宅不会变成主流。2000年后传统建筑文化渐渐呈现回归的趋势，中式住宅越来越显示出主流趋势，受到业界高度的关注。2004年，《中国建筑报·中国楼市》发起了“中国风”主题论坛和“中国新本土居住典范”活动，推出了一批具有中国风格、地域特色的中式住宅开发项目。2005年后，中式住宅日益走向成熟，开发商渐渐超越了中西建筑风格对立和交锋的思维，挖掘地域建筑特色、承接城市历史文脉、传承传统建筑文化、寻求新的建筑风格。

中式住宅和西式住宅的一个不同点：中式住宅是“天人合一”的。设计理论和设计史专家王受之认为：住宅建设的发展也是有阶段的。在初期发展阶段里，很多人会喜欢西方的东西，比如说自然的空间布局，比较大的公共空间，这些西方居住文化是符合人居要求的。现在很多住宅开发开始回归到中国的传统民居当中，虽然中国的传统居住文化中有些是不适宜人的，但是从审美的角度而言，从感觉上、材料上、装饰上，传统民居总是能够勾动我们千丝万缕的感觉。

我们可以理解“中国风”为探讨有中国风味、中国风格的现代建筑。长期以来被国外设计师挤压的中国建筑师开始探索中式设计住宅之路。开发商在追求经济效益的同时，也开始考虑与传统文化的对接，更重要的是在居住文化和居住模式上中国人开始走自己的路。建设有中国风格的建筑，这对于弘扬民族建筑文化有重要的意义。此外，“中国风”也不会成为一种风潮，它是中国住宅设计发展的大势所趋。

提到地域化，每个地方的建筑应该有当地的风格。但是，在武汉刮的“中国风”中，一旦提起住房，人们首先想到的却是“江南风情”四个字。江南民居在武汉已成为一道风景。2000年，武汉宝安房地产公司率先推出湖北地区第一个具有浓郁江南风情、充分体现中国文化且寓意深刻的住宅小区——“江南庭园”。这之后，武汉周边的玉龙岛、名都、美好苑景等园林式居民建筑如雨后春笋般出现，山水龙城、江南村还分别获得2005年中国地产金砖奖和建设部“中国名居”“中国名坊”称号。武汉今后开发的楼盘的风格应多一些本土特色，而不是江南风格的建筑。

8.4.4 别墅住宅区的出现

随着人们收入水平的提高，生活质量的改善，城市住宅由计划经济的福利分房模式转变为投资购买的方式，人们已经不满足于20世纪80—90年代解决温饱时的房型，开始追求更高水平的生活享受。2000年以后引进外资建设的方式逐渐成熟，中产阶级逐渐扩大，需要开发设计出不同的住宅满足不同层次人群的需求，兴起了低密度、低容积率的高级别墅住宅区。别墅，即别业，是居民的第二居所而并非第一居所，是居住住宅以外用来享受生活的居住场所。由于中心城区用地已经饱和，别墅区主要出现在郊区地带，如庙山地区有大片别墅群。别墅区的居住区规划布局形式更加灵活，设计手法不断创新，结合了原有地形条件进行规划设计，同时也打破了“居住区—居住小区—组团”的规划结构形式，规划设计向自由结构模式发展。别墅的空间形态也多种多样，包括独立式、联排式、叠拼式、双拼式等多种形式。

位于郊区的别墅容积率过低，同时侵占大量用地。2008年中央已经下文大中城市不得建设容积率低于1.0的居住区，遏制了别墅区的修建和蔓延。

8.5 多元化居住街区的空间形态

1979年以来，武汉市居住街区按照建房属性主要分为开发商主导建设住房、政府主导建设住房等类型。其中，开发商主导的建设住房按照层数、建筑密度、容积率可分为高层高密度高容积率居住小区、多层居住小区、低层低密度低容积率别墅区等类型。政府主导建设住房空间形态较为单一，开发商主导建设房的空间形态较为丰富。

武汉市开发商主导的建设住房在城市近郊地段呈现多层、低容积率等特点。随着城市的扩展，城市郊区地段逐渐纳入城市核心地带范畴，新开发的居住小区呈现高层、高密度、高容积率等特点。武汉市政府主导建设的住房主要有保障性住房，它在武汉三镇呈均质分布状态，这有利于缩小贫富差距，促进各阶层居民的融合。武汉市保障性住房形态较为单一，以行列式布局为主，天际线基本平行，缺乏丰富的空间布局。

8.5.1 城市中心区高层高密度高容积率的居住街区空间形态

由于武汉市中心城区用地紧张以及用地的出让政策、地价飙升等一系列原因，20世纪90年代以来武汉市在中心城区建设了大批高层高密度高容积率的高档居住小区。这些小区都拥有优良的地理环境。由于武汉三镇具有各自不同的职能，三镇中心区的高层住宅各具特色：武昌是武汉市教育、行政的中心，1998年以前以大面积单位福利分房为主，1998年废除福利分房后，开发商只能在寸土寸金的城市中心区开发了小地块高容积率以及高层高密度的豪宅，如位于武重宿舍的复地·东湖国际、毗邻水果湖省委的安顺家园、位于大学城旁的学区房银海雅苑等；汉阳地区主要有邻近长江的江景房小区——锦绣长江等；汉口有位于中心商圈的武汉天地项目等。这些居住小区一般30层以上，容积率在2.0以上。居住建筑采取大户型设计，一户建筑面积多为100m^{2}以上。

1．武昌高教区高层高密度居住街区

银海雅苑建于2006年，是位于武汉大学附近武昌三山一水核心地段的高层高密度居住街区，地理位置非常优越（图8-7）。小区层数在30层左右，容积率5.6，绿化率35.8%。

银海雅苑小区具有开放式庭院，北高南低，依山面水并向南敞开。总建筑面

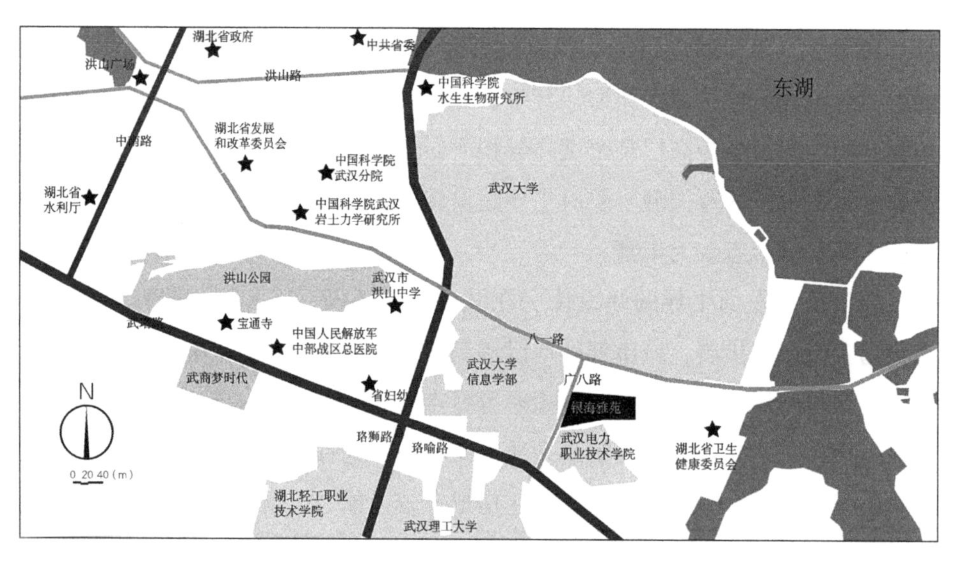

图8-7　银海雅苑区位图

来源：秦浩然 绘

积约15万m^2。设计充分地考虑采光、通风及景观因素，其外墙以大量弧形流线板装饰，纵向是大幅绿色玻璃幕墙，色调清新、视野开阔（图8–8）。

图8–8　银海雅苑模型图
来源：自摄

1）尺度与形式（图8–9）

银海雅苑一期位于城市中心的寸土寸金地段，小区形状是略微窄小的近似长方形。小区占地面积26700m^2。小区边界用围墙和外界分隔，是典型的门禁社区。

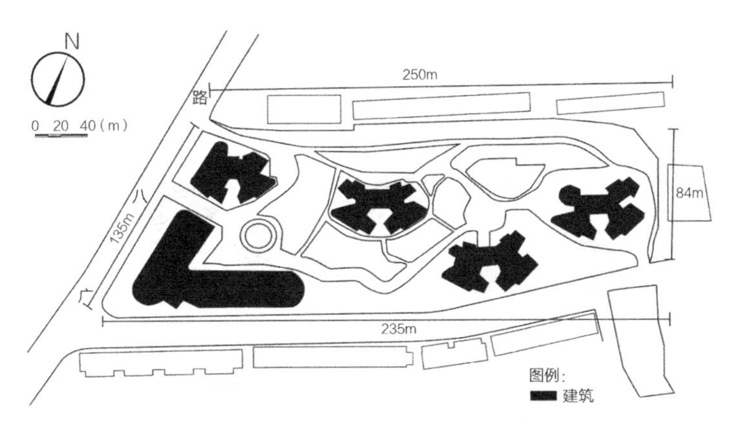

图8–9　银海雅苑尺度图
来源：李德伦 绘

2）道路空间形态

居住小区内的道路系统按照三级道路系统布局。因为小区内有水系景观，加上点式住宅呈独立式布局，空间开敞，道路布局也呈不规则流线型。

小区的停车系统分为地上停车、地下停车两种。在小区西侧入口空地处供小区居民地上停车。整个小区设置一个大型地下停车库，有停车位500个，它服务于整个小区居民。地下停车库的出入口在小区南侧（图8–10）。

3）空间肌理（图8–11）

银海雅苑的空间肌理完全呈点状分布，一期由5栋32～33层的高层住宅组成，整体规划呈开放流线型布局。小区完全没有围合的感觉，比较像勒·柯布

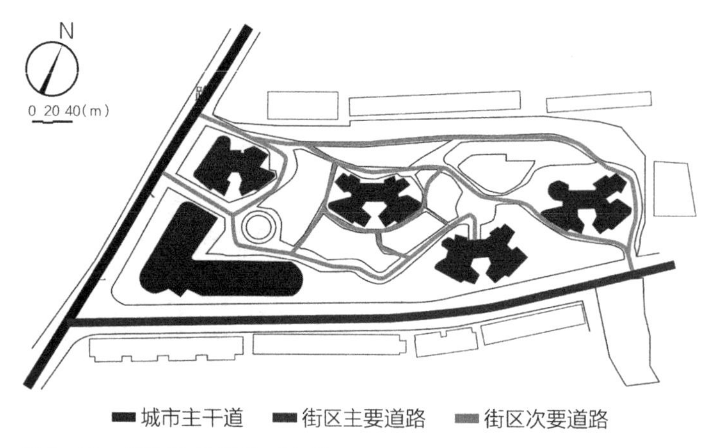

图8-10　银海雅苑道路形态图
来源：李德伦 绘

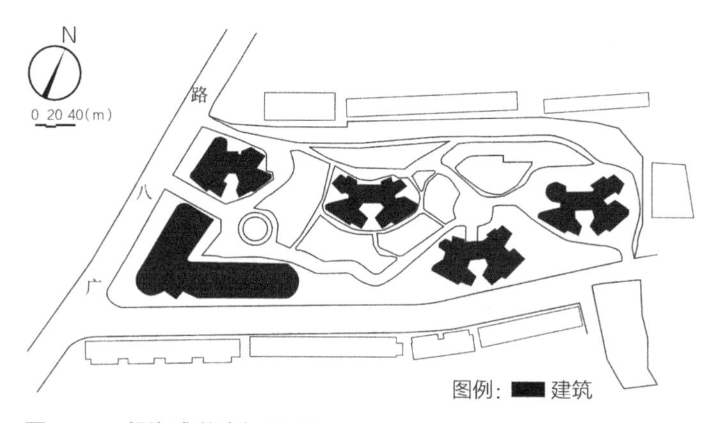

图8-11　银海雅苑空间肌理图
来源：李德伦 绘

西耶想像中的光明城市图景：由竖向建筑组成的街区。

4）绿化景观空间形态

小区内宅前绿地呈点状分布（图8-12），绿地也随水景呈流线型分布，绿地与水景相得益彰。小区内绿化景观较为丰富，有堆砌的假山，还有小桥流水等景观（图8-13）。

5）公共服务设施空间形态

小区所处地段优越，小区居民可以和城市附近的大学、社区共用公共服务设施：商业设施有亚贸广场等，金融设施有中国工商银行等，幼儿园、中小学有华中师范大学幼儿园、卓刀泉中学等，医疗机构有武汉大学中南医院等。

图8-12　银海雅苑点状绿地图
来源：自摄

图8-14　银海雅苑底层架空处儿童设施
来源：自摄

图8-13　银海雅苑假山、流水图
来源：自摄

小区入口处有琴行等服务居民的设施。小区内部的服务设施也较为高档，如室外游泳池、网球场等运动设施。小区内供儿童游戏的设施设置在建筑底层架空处（图8-14）。

6）建筑户型

单体建筑面积184～377m^2。建筑的户型有五房二厅二卫、四房二厅三卫、五房二厅三卫、五房二厅四卫、五房二厅三卫、复式这几种类型。户型的特点是房间较多（有四房、五房），有二厅（客厅、餐厅分开），卫生间较多（有二卫、三卫）。这和中华人民共和国成立初期的多家共用一卫以及后来的一房一厅、两房一厅的状况相比有了很大改善，显示了社会主义市场经济体制下对家庭私密空间的重视（中华人民共和国成立初期提倡集体的生活方式）。

7）冷清的社区氛围

高档小区内虽然居住着城市中的有钱人，但小区很冷清，路上没有什么人，和20世纪50年代如“红房子”里面融洽和谐的邻里氛围形成鲜明的对比。门禁社区是喧闹城市中的一方孤岛，邻里间互不认识，也不来往，体现了现代社会以及城市里门禁社区冷漠无情的一面。

2．汉阳临江超高层居住街区

我国《民用建筑设计统一标准》GB 50352—2019里规定凡是超过100m的建筑都称为“超高层建筑”。超高层建筑一般位于城市的黄金地段，具有商务及景观等多重优势。这些建筑一般是超级豪宅，价格不菲；建筑有高耸入云的外形，成为城市天际轮廓线的重要组成部分。

武汉世茂·锦绣长江居住区地理位置优越（图8-15）：坐落于长江之畔鹦鹉洲，位于离汉阳钟家村商圈不远的位置，是位于汉阳地区的超高层江景房。片区占地858余亩，总建筑面积约160万m^2。世茂·锦绣长江始建于2006年，分为4期，均采取条式高层、超高层住宅（图8-16）。4期居住区每期风格各异，其中第三期建筑采取法国古典式Art-Deco风格（艺术装饰风格），并拥有10万m^2法式花海园林。

1）尺寸和形式

锦绣长江的地块由于近邻长江，呈长条形布局。每期地块大致呈长方形，

图8-15　锦绣长江区位图
来源：亿房网，http://www.fdc.com.cn

图8-16　锦绣长江分期图

图8-17　锦绣长江沿江立面
来源：亿房网，http://www.fdc.com.cn

一期约为200m×380m，二期约为240m×250m，三期约为250m×300m等。

2）沿江立面

锦绣长江采取错落有致的沿江立面（图8-17），形成沿长江界面跌宕起伏的天际线景观，成为城市景观中的一道独特风景线，也成为武汉市独特的沿江特色景观。

3）道路空间形态

道路系统采取人车分流，沿小区外围一圈是曲线型环路的车行道，内部设置四通八达的人行道。第三期小区内建筑采取底层架空停放非机动车。小区内很多居民拥有私家车。小区内停车采取地面停车和地下停车两种。整个小区拥有一个大型地下车库，为第二期、第三期地下车位。

4）公共设施空间形态

小区公共设施主要和周边地区公用，因此小区内公共设施较少，主要有幼儿园为小区居民服务。

5）绿地景观空间形态

三期内小区入口处为10万m^2的法式园林（图8-18）。园林设计中轴线对称，呈几何形状布局。小区内部也为法式园林设计的风格，绿地景观的空间形态呈规则几何状布局。

3. 汉口商圈街区式居住模式

随着武汉市中心区的崛起，商圈周围也建立了一些高档豪华型住宅，如汉口江汉路商圈永清街附近的武汉天地；武昌中南路商圈附近的水果湖楚河汉街附近也建起了武汉市的中央文化区，这里有汉街·壹号公馆等住宅等。

这其中有一些居住空间表现出街区式的居住模式，这种街区式的布局形态

图8-18　三期内法式园林设计
来源：自摄

表现出与一般居住小区不同的设计思路。瑞安房地产建造的“武汉天地”项目位于武汉市汉口中心城区永清地块，东临长江，面向江滩公园。“武汉天地”参照上海太平桥地区重建项目的发展模式，打造成集住宅、办公楼、酒店、零售、餐饮、娱乐等多功能设施的市中心综合发展项目。武汉天地已开发的小区有御江苑和御江璟城，都为高层高容积率高密度住宅，并且采取街区式的居住布局模式。居住街区内建筑分为高层、小高层、多层这几种类型。居住街区容积率3.56，绿化率12%，总户数为300户，总建筑面积约150万m^2，项目占地面积61万m^2。

这种街区式的居住形态具有如下特征：①街区内规模尺度不大，大致控制在适合人步行的范围内，70m×（100~160）m；②街区围合或半围合布局，形成宜人的庭院空间；③建筑临街面设计，形成连续布局的街墙；④街道处转角半径按照人的步行尺度设计；⑤为了强化转角处的空间感，建筑中街道转角处不切角。

武汉天地老街区的开发是武汉市城市中心绅士化的过程，老街区中的居住建筑经过再重新利用已变成城市中心的高档商业区，其中有高档餐饮、商店、电影院等一系列设施。借助城市中心区的绅士化，武汉天地以北开发有御江苑街区和御江璟城街区（图8–19）。新开发的御江苑街区和御江璟苑街区拥有相似的空间肌理（图8–20），即街区地块由高层建筑围合而成，形成相对封闭的地块，局部底层为商业店铺。

图8-19　武汉天地新老街区图

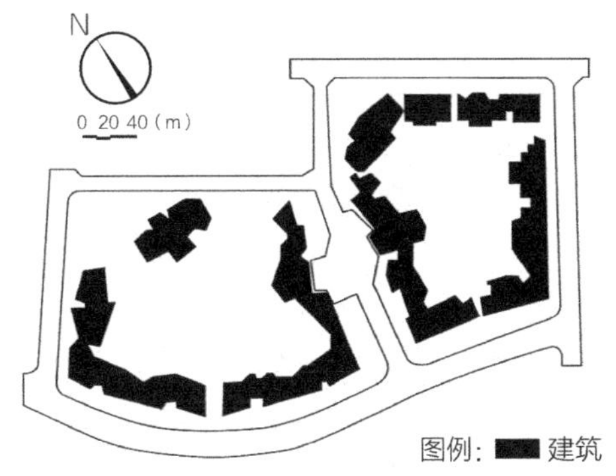

图8-20　御江苑空间肌理图
来源：李德伦 绘

8.5.2　城市边缘地带多层及小高层居住小区

在城市的边缘地带和郊区地段，当地价还不太高的时候，建立了一些容积率相对较低的住宅，例如万科·城市花园（以多层和小高层住宅为主）、金地·格林小城等；后来随着城市的扩展，这些地段慢慢纳入城市中心区范畴，区域附近建设起高层高密度小区，例如在万科·城市花园附近建立起万科·红郡（以高层住宅和别墅住宅为主）。

万科·城市花园位于关山一路南端，首期占地600亩，毗邻城市中环线、大学科技园区，地处中国·光谷中心腹地。在这个武汉城市发展轴线上的未来中心区上，万科城市花园一期产品2004年销售火爆，并在第六届中国住交会获得2004年度“中国名盘”大奖。

一期中，基于对用地规模、区位等分析，保留和延伸了2条城市道路，都市核心路和绿脊构成的城市主线贯穿整个项目，交错的道路网将其自然分成了一个个街区。万科在街区设计中运用了“新城市主义”的理念，并提出“都市核心路”：在沿城市道路以及其道路延伸部分设置会所、商业等公共设施，成为街区的“生活轴”。会所、幼儿园、小学、城市博物馆、儿童主题公园、一站式主题购物公园等设施配套设施齐全，这里成为光谷的新兴商业、文化、教育、居住、社交、休闲中心。

1．土地利用

万科·城市花园以住宅用地为主，住宅用地中各类用地面积合理分布，见表8-1。

万科·城市花园土地利用表　　表8-1

指标		面积（hm^2）	占比
规划总用地面积		42.0318	
住宅用地总面积	住宅占地面积	22.12	62%
	公建用地面积	5.0916	14%
	道路用地面积	5.6443	15.8%
	公共绿化用地面积	2.964	8.2%
	合计	35.82	100%
其他用地（特征道路）		6.2118	

2．道路空间形态

居住街区内部的道路和周边的城市道路形成一个整体，成为整个城市道路的一部分。居住街区及其周边道路系统可以分为城市干道、都市核心路、城市级道路、社区内环路、组团级道路（图8-21），居住街区内人车分流设置。居住街区在坡道处进行无障碍设计，体现了人性化设计的特点（图8-22）。

3．公共服务设施空间形态

公共设施采取在中部集中布局和沿街分散布局两种（图8-23）。公共建筑的形态各异，如位于街区入口处的会所采取较为新颖的建筑形态设计（图8-24）。

公共设施的功能主要有商业服务、会所、管理、小学、幼托等，建筑面积见表8-2。从表中可知，商业服务面积占比最大，小区内商业设施合理分布，为居民提供方便。

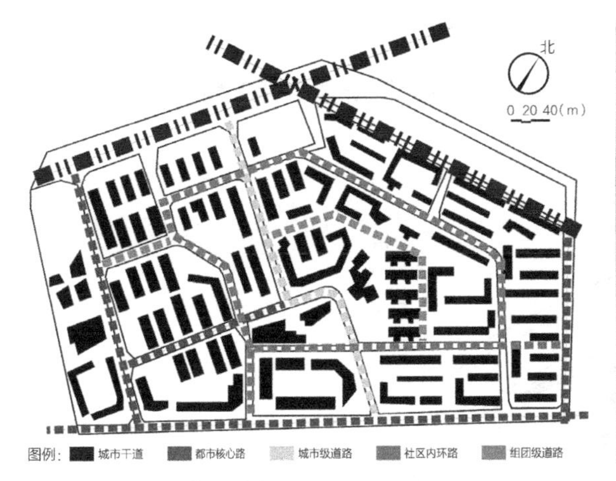

图8-21　道路交通分析图
来源：秦浩然 绘

图8-22　小区内无障碍设计
来源：自摄

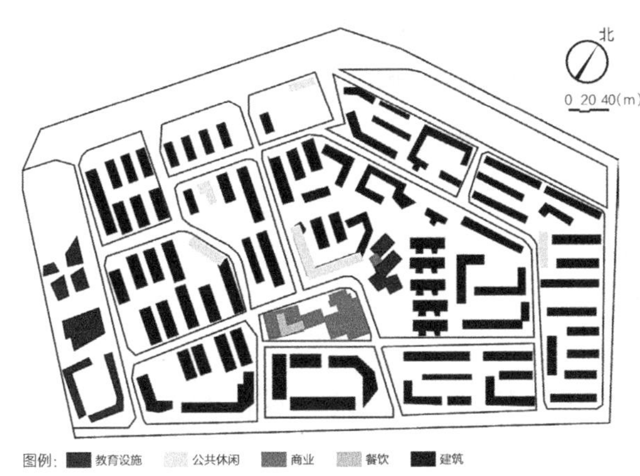

图8-23　公共设施分布图
来源：秦浩然 绘

图8-24　小区内会所
来源：自摄

公共设施建筑面积表　　　　表8-2

总面积（m^2）	21000
商业服务（m^2）	8000
会所（m^2）	5000
管理（m^2）	500
小学（1所18班制）（m^2）	4000
幼儿园（1所9班制）（m^2）	2500
其他（m^2）	1000

4．居住街区空间肌理

空间肌理为半围合状类似街坊的布局（图8–25），空间场所亲密性等特点有所回归。

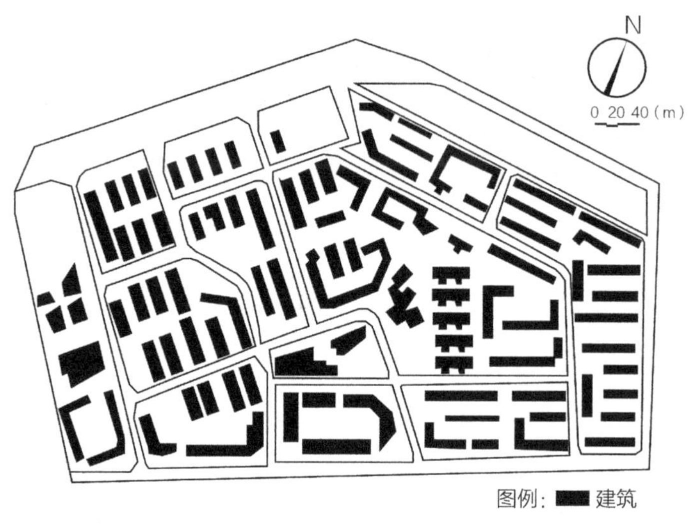

图8–25　万科·城市花园空间肌理

来源：李德伦 绘

5．绿化景观空间形态

绿化景观形态较为丰富（图8–26）。贯穿小区南北的步行道两旁设置林荫道，成为小区中心的景观大道；小区内步行环路两旁设置林荫道，成为小区内部林荫环路；小区中心节点处大量设置绿化，成为小区中心的景观节点。各个组团中心、院落中心设置中心节点绿地，形成小区内三级划分的绿地景观系统；小区内部大量设置穿越小区的绿轴，小区中心和入口处则设置集中绿化等。这些多样化的绿地设施让小区的景观显得更加生动。

6．建筑及立面形态

在城市的边缘地带，低价相对来说不如城市中心区那么昂贵。在这里的居住街区很多以多层及小高层为主，如万科·城市花园等。万科·城市花园的建筑立面采用多种颜色的色彩，并且立面处理较为活泼、不死板。各种类型的建筑有机组合，并采取层数的变化（转角部分为4层）。不同形态的街区界面构筑了变化且具有特色和识别性的建筑轮廓线。平屋顶、坡屋顶及退台相结合的立面造型，以及注重设计的细部处理等，使得社区富于变化、步移景异。

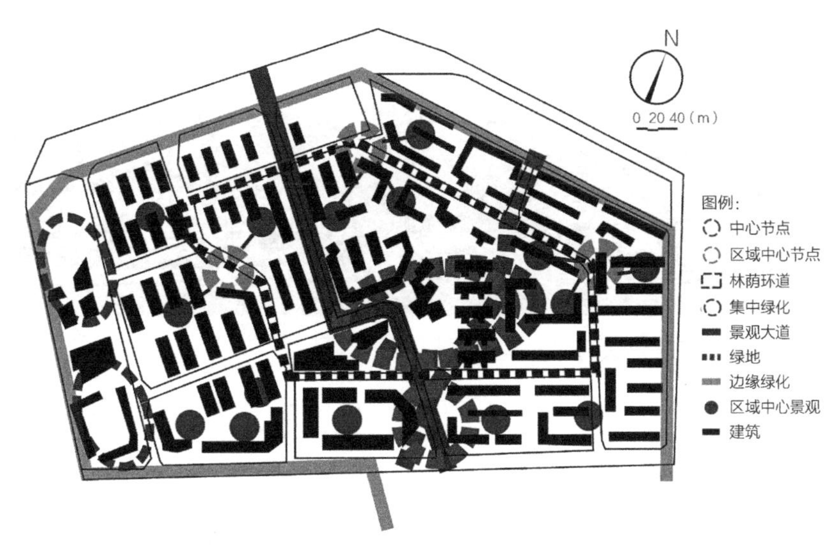

图8-26 景观绿化结构分析图
来源：秦浩然 绘

8.5.3 城市郊区地带低层低密度低容积率别墅区

一方面，武汉市在城市中心区建了大量高层高密度高容积率的高档小区；另一方面，武汉三镇在市郊建了大量低层低密度低容积率的别墅区。例如武昌在位于庙山一带的郊区建了大量别墅区，玉龙岛即是武昌地区较早的别墅区；汉阳在位于后官湖一带的郊区地段建了世茂·龙湾等高档别墅区；汉口在位于金银湖一带的郊区地带建了别墅区等。

武汉市的别墅区一般是富人购买的第二套以上住房，大多数别墅区位于郊区，拥有较好的自然环境资源，较早的别墅内部公共设施并不丰富，但购房者一般拥有私家车，解决了周边配套设施不太完善的缺陷。这些小区建筑一般在3层以下，容积率在1.0以下。

玉龙岛花园建成于2005年1月，是武汉市较早规模较大的别墅区，它是建于汤逊湖一不规则岛屿上的别墅区，因为岛屿形态曲折似玉龙而得名。其大门设计体现玉龙岛特征（图8–27）。小区容积率0.67，建筑以低层板楼别墅为主。该别墅区虽然位于城市郊区，但交通较便利：别墅区到鲁巷广场仅8分钟左右车程，别墅区门口有武汉到咸宁的城际铁路。

图8-27　玉龙岛龙形图案大门
来源：自摄

1．尺度与形式（图8-28）

玉龙岛花园占地面积大，约49hm^2。玉龙岛是个不规则形状的岛屿，因此玉龙岛花园形态也呈近似椭圆形不规则形状。玉龙岛花园长约1157m、宽约420m。

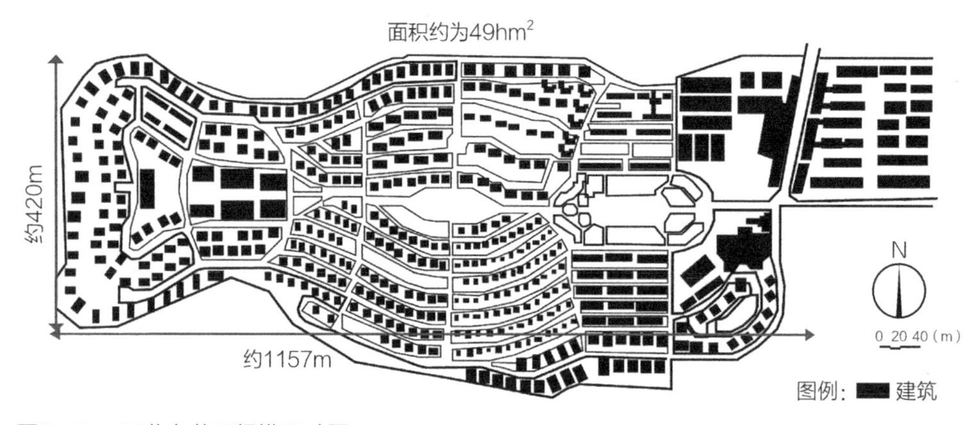

图8-28　玉龙岛花园规模尺寸图
来源：秦浩然 绘

2．道路空间形态（图8-29）

在不规则地形上建别墅，玉龙岛花园的道路空间形态也顺应地块的形状呈不规则曲线流线状态。在玉龙岛花园中心有“九龙呈祥广场”（图8-30），它把花园划分成南北两部分。

“九龙呈祥广场”的边缘采取了富有特色的象棋状车行道和步行道的路缘石设计（图8-31），它体现了居住街区空间的特色。

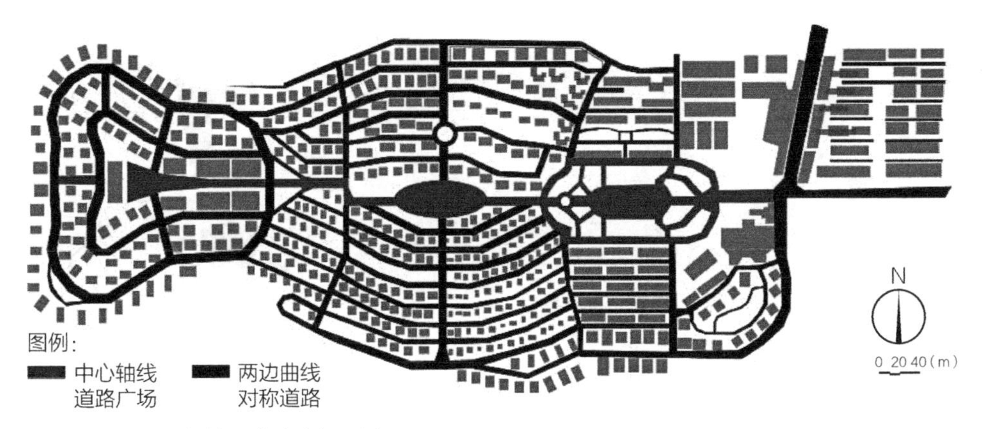

图8-29 玉龙岛花园道路空间形态
来源：秦浩然 绘

图8-30 玉龙岛花园中心“九龙呈祥”广场
来源：自摄

图8-31 象棋状路缘石设计
来源：自摄

3．公共设施空间形态（图8-32）

居住街区内公共设施较为匮乏，主要在街区入口处和街区内部呈分散式布局。公建设施有独立幼儿园（图8-33）、老年人健身中心、钓鱼台，小区门口有中百超市和百货门面、餐厅。别墅区的居民大多有私家车，街区内只设置基本公共设施，居民购物可以驾车去附近大型超市。

4．绿地景观空间形态

玉龙岛内绿地景观较多，绿化率达到52%。绿地空间依照地形呈流线型布局形态。

5．空间布局

别墅区内的建筑独立分布。建筑物四面临空，对于采光、日照和通风都有便利条件。独立式布局对于空间的适应性较强，但用地不够经济，所以别墅区一般位于郊区。

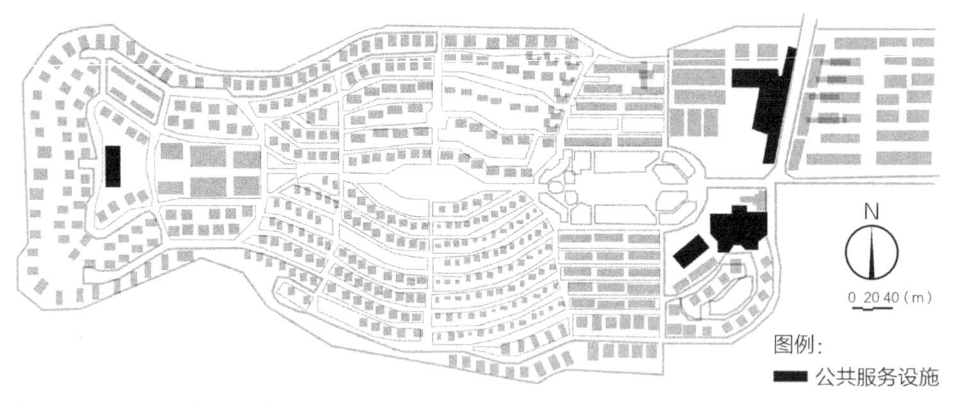

图8-32　玉龙岛花园公共设施空间形态
来源：秦浩然 绘

图8-33　玉龙岛花园幼儿园建筑及设施
来源：自摄

6．空间肌理（图8-34）

玉龙岛花园里的住宅多是低层别墅，公共建筑不多，空间肌理呈点块状分布。别墅区有大量中轴线空间。中轴线南北两侧别墅顺应地形呈均匀弧线分布，呈现出均质状态点块状肌理分布特征。

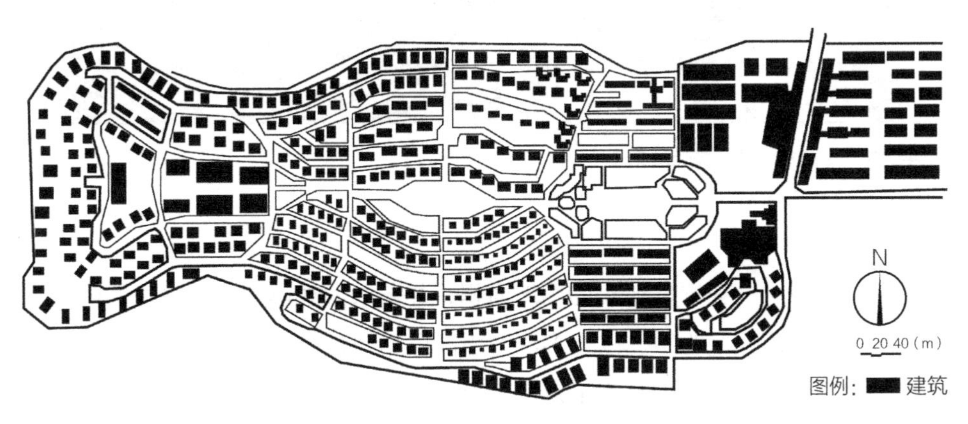

图8-34 玉龙岛花园空间肌理图
来源：李德伦 绘

8.5.4 以政府为主导建设的居住街区空间形态

政府主导的居住主要以保障性住房为主，它面向城市中的中低收入人群；而以商业开发为主的住宅则面对的是城市中产阶级及上流社会人群。两者服务的对象不同，房价差别也大，其居住街区的空间形态也是不同的。

城市保障性住房面对的是城市中的中低收入阶层，因而大多采取小户型设计。例如2011年建设的武汉市首个公租房——后湖公租房项目，它拥有2000套房源，配套设施齐全，户型以50m^{2}左右的小户型为主，较为紧凑实用。其居住街区的空间形态则较为死板，并缺少变化。

绿景苑·港东名居位于武汉市青山区绿景苑小区西南，东邻园林路，南接武青四干道，西傍罗家港路，北邻北洋桥路。该项目被武汉市国土资源和房产管理局列入武汉市2008年经济适用住房建设投资计划，批准建设规模为42.33万m^2，其居住建筑的布局也以行列式布局为主（图8-35）。

总之，以政府为主导建设的居住区，由于受到市场经济及价格的影响较小，并主要面向中低收入人群。其特征如下：

（1）大规模化和集中化。政府保障性住房一般由政府规划选址建设基地，

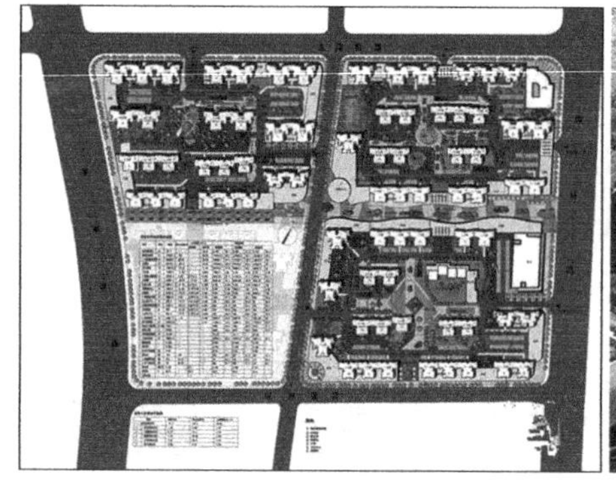

图8-35　绿景苑·港东名居项目
来源：武汉统建网站

然后分期建设。一般选取$1km^2$的用地面积，并采取大规模和集中建设的模式。

（2）以多层住宅为主，以及多层与小高层相结合。由于政府保障性住房给定的容积率一般不高，很多位于建设用地之外，而多层住宅相对来说节约成本和造价，得房率也比较高。在满足各项规划指标的前提下，政府保障性住房的规划布局大多以多层住宅为主。

（3）住宅户型较为简单化、标准化。政府保障性住房受到“按标准购置”或“按规定分配”等政策的制约，住宅的户型设计不提倡创新或多样化，只要满足动迁安置的需求即可，因此大多采用40～$50m^2$的小户型设计。这种户型设计紧凑，户型种类少而精。

（4）居住街区布局以行列式布局为主，而且空间缺少变化，大多数政府保障性住房的空间肌理都较为规整（图8-36）。

（5）居住街区内部的绿地景观形态也较为呆板，不太丰富。

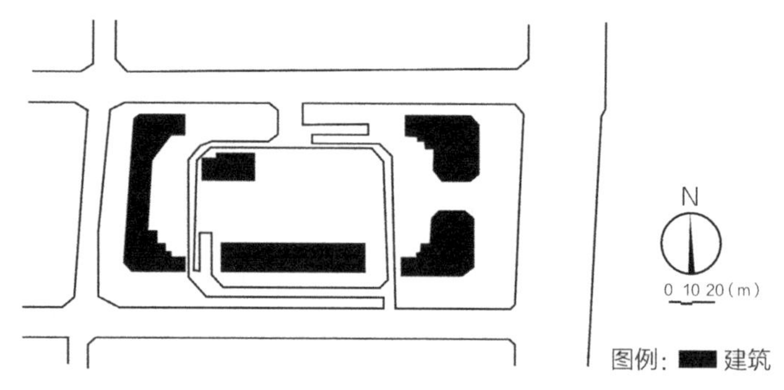

图8-36　后湖·公租房项目空间肌理
来源：李德伦 绘

8.6 总结：市场经济影响下的居住街区空间分异

1. 道

2000加了，居住区的动态交通组织普遍采用“人方面，比20世纪90年代的曲线线形更加自本”的思想。道路线形设计受住宅布局不穿，通而不畅”，并通过转折限制内部机区。

家庭中已经越来越普及了。为了节约用地，车方式。停车库的层数是1～2层。为了体现生半地下车库的方式，即把景观环境设计和车库设

不再采用集中停车布局，而是采用结合车行道的分散一方面降低了居住区里面的车流量，同时增加了有效便了居民的使用。这种停车方式引入了生态停车场的概。

务设施空间形态

区，以小型居多，并集约型发展。在公共服务设施的配建上的形式，较少独立建设，而是利用住宅裙房设置。

景观空间形态

场平稳发展。此外，政府积极推进多层次住房的体系建设，绿地景态从以前的注重视觉化向理性化转变。绿地景观设计从住区定位、自使用者的生活习惯出发，以绿色生态思想为主导，创造出丰富多彩的境。

这一时期以自然生态绿色设计思想为引导，注重利用和保护原有自然地貌和植被，人工景观设计结合自然地貌设计，因地制宜，营造符合当地自然地理条件的自然景观，减少对原有自然环境的破坏和干扰，带给消费者一种自然亲切的感受。例如利用原有场地进行绿化园林及绿地处理，保留原有的水域岸线及地形高差，适当地加以改造形成自然和人工结合得天衣无缝的居住区景观。

另外，惯用的设计手法是保留有代表性的植物和山体或水体，以此为主题进行设计。这是一种文化的延续，也是一种生态的保留。例如在设计中依托原

有山体走势，保留原生态树木，给人以生机勃勃以及亲近自然的感觉。如“巢NEST”，建筑依坡地地势而建，不要求严格的几何对称，在道路系统的自然延伸下，于随意中体现规则、自然划分，形成组团群落。

在人工景观方面，不同于20世纪90年代的华丽气派，景观更注重刻画细节，更接近自然贴近生活。以人为本设计细节从使用者的感受出发，创造不同层次的使用空间，适应人们不断转变和提升的生活质量和审美要求。

在这一时期，开始进行屋顶花园的设计。屋顶园林景观如空中花园、屋顶绿化等是随着建筑的多层化和城市密度的增大而出现的。它是拓展绿色空间、城市绿化向立体空间发展，以及扩大城市多维自然因素的一种绿化美化形式。屋顶园林景观融绿化美化和建筑技术为一体，突出意境美。利用主体建筑物的平台、屋顶、阳台、窗台和墙面等开辟园林场地，充分利用微地形、园林植物、园林小品和水体等造园因素，采用组景、借景、障景、点景等造园技法，创造出不同性质和使用功能的园林景观。

4．建筑群及单体建筑空间组织

居住区规划设计朝自由、个性、多元方向发展，因此居住街区的规划结构以及形式有了新的发展，并很少采用20世纪一直沿用的“居住区—居住小区—组团”的多级划分模式。规划形态趋于自然，充分利用原有地形地貌，讲究住宅内部形式与外部环境的和谐。

不过，这一时期大型规划还是保留组团的概念，有些居住区由多个组团组成。每个组团的形态、规模各不相同。因为受到绿色生态理念的影响，规划设计注重利用外部原有的自然要素，如水源、地形、植被等，讲究创造各具特色及个性的居住空间，采用自由流线型的构图形式。

作为一个整体规划设计的中小型住区，基本取消了分级或分组团的概念，采用自由结构的模式。规划构图上也不仅仅局限于直线，曲线、自由折线等形式也均有采用，住宅建筑的空间组合更加多元，居住区的整体结构更加灵活，空间塑造层次也更加丰富。

中华人民共和国成立初期，我国居住街区空间形态受计划经济和社会主义制度形态的影响，居住街区的空间形态呈现统一供给、分布均衡、同质融合的特征。随着“一五”“二五”建设项目的开发和社会主义改造，形成了靠近单位和工厂，以单位大院为特征的同质居住街区空间形态。在这种行政体制影响下，城市各项功能布局缺少规律性，居住区作为工业企业的配套多在城市外围工业区建设布局。知识分子、领导干部、普通工人居住于同一个单位大院，各个社会阶层差异不大、相对平等，居住空间的分异并不明显。在城市居住空间的“单位制”里，没有传统城市居住空间的社会阶级结构，城市内部也基本不存在由收入差异或经济地位所导致的空间分化现象。中华人民共和国成立初期的福利分房制度和计划经济体制所体现的平均平等的思想，使得各个居民区实行大批量、标准化的生产建设，居住街区空间形态形成统一单调的形象，只满足了居民的基本居住需求。

1998年终止的福利分房制度是导致居住街区空间形态分化的关键要素。随着逐步确立的社会主义市场经济和逐步实行的住房商品化，房地产业突飞猛进，新建了很多以房地产公司开发的物业管理型小区。中国城市化的进程不断加快，市场经济推动着社会的经济结构转型，土地的有偿使用，人们的生活水平的提高和不均衡性，以及诸多的因素都推动着以房地产开发为主导的居民小区向居住空间形态多元化转变。打破了以往行列式布局的单调模式，出现了弧线型布局、围合式布局、周边式布局等多种空间形态。城市结构框架、空间组织逐渐市场化，城市的管理、规划和发展也都市场化。因此，“单位制”的城市社会地理构架解体了，市场化主导的空间分异趋势愈演愈烈了。在社会主义公有制市场经济条件下，虽然可以在一定程度上保证社会各阶层基本的居住需求，但是城市的居住空间分异现象已日益明显。

以单位分房为主的传统居住模式在武汉市已成过往，富裕阶层开始迈出了买房置业的脚步。在市场经济发展和需求的推动下，城市内的土地利用和城市职能重新组织变化。城市内部的社会空间改变了原来的均质化状态，慢慢呈现出分化的局面，而且新的政策法规成为我国城市内部社会空间分异的促成因素。同时，廉租房、经济适用房以及限价房等社会福利政策既改善了城市贫困人口的居住条件，但也形成了城市贫困人口的聚居地，这是促成城市社会空间分异的一个因素。

改革开放后，建立在房地产市场经济基础上的异质化趋势越来越明显，不同社会阶层在居住区空间上也出现了分化，并且城市居民加大了在居住区空间上的流动性。个人在城市居住空间中的位置也从原来由单位决定改为由居住者家庭经济能力决定。例如位于汉阳江边的锦绣长江，占据了城市地段中心的优良地理位置。其街区以超高层建筑为主，与周边的低层建筑形成鲜明对比，成为城市中心的一个孤岛（图8–37、图8–38）。

图8-37　锦绣长江成为城市中心一个孤岛
来源：根据自摄照片绘制

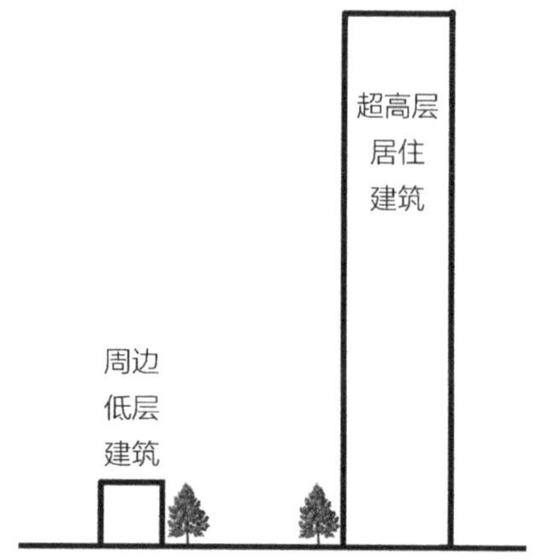

图8-38　建筑的空间分异对比图
来源：自绘

在住宅制度完全市场化后，城市中心区到城市市区和郊区的边缘地带以及到郊区的地价递减，形成了不同类型的居住街区空间形态：城市中心区形成高层高密度高容积率的居住街区空间形态，城市市区和郊区相接的边缘地带形成多层及小高层的居住街区空间形态，并在城市的郊区及边远地带形成了低层低容积率低密度的别墅空间形态。城市保障性住房和还建房是政府投资性质的住宅：为了尽量消除贫富差异，武汉市政府在全市内均匀建设了保障性住房，但保障性住房不受市场经济的影响，其空间形态较为呆板，往往缺乏变化、美观和特色。

3

第三部分

结论及展望

- 结论：武汉市居住街区空间形态的演变总结
- 展望：武汉市居住街区空间形态未来发展

第9章 结论：武汉市居住街区空间形态的演变总结

9.1 影响武汉市居住街区空间形态的主导因素

在1949—1978年和1979—2010年这两个大的历史阶段中，居住街区空间形态受到不同的主导因素影响，因此，产生了各具特点的居住街区空间形态：1949—1978年间，在政治因素及国家计划经济影响下，居住街区空间形态呈现内聚式、均质化的特征；1979—2010年间，在市场经济、全球化影响下，居住街区空间形态呈现竖向发展、开放和封闭并存等特征。简而言之，1949—1978年主导武汉市城市建设以及居住街区空间形态的主导因素是权力、集权主义；1979—2010年主导武汉市城市建设及居住空间形态很重要的因素是利益、房地产业的拜金主义。

9.1.1 1949—1978年内聚式、均质化的空间形态

1949—1978年，伴随生产资料收归国有，社会主义计划经济体制的确立，建筑成为反映意识形态的一个重要载体，政治因素是影响武汉市居住街区空间形态的主导因素。

在国家计划经济体制下，早期的居住街区空间形态表现为对苏联建筑思想的借鉴与学习。武汉市居住街区空间形态呈现出内聚式、均质化的特征。无论是政府管理者还是普通工人都是社会主义建设的参与者，新的社会应该取消人之间的差别，大家在社会上都处于平等地位，这种平等体现在居住空间的分布上。

中华人民共和国成立初期，政府将富裕阶层的住宅归公，并通过政府分配方式平均分配给城市中、下层居民。为了追求社会主义的平等图景，住宅的户型相差不大，在武汉很多地方的“红房子”建设中，均采用统一户型，并且取

消了厨房、室内卫生间等辅助功能性空间的建设，给居民生活带来不便。

后期因为与苏联决裂，中国开始了对学习苏联的反思。具体在城市建设及居住街区领域，城市规划师们认为中华人民共和国成立初期盲目学习苏联人均9m²的居住面积是不符合中国当时生产力低下的国情的，但当时采取极端的措施，建设了大量极度节约甚至是质量低劣的住宅。一些专家认为围合式街区适合苏联异常寒冷的地带，而不适合建在武汉这样冬冷夏热的中国中部城市，因为不适于通风散热。这一阶段后期建设了大量行列式为主的工人新村。

总之，1949—1978年在政治事件、政治运动，以及与苏联合合分分的影响下，武汉市居住街区空间形态由最初的围合式为主逐渐转为后期的以行列式为主。政治和权力是那个是时代的主旋律，忽略了人的需求以及个性的考虑。

9.1.2 1979—2010年，竖向发展、开放和封闭式并存的空间形态

改革开放30年以来，市场经济是影响武汉市居住街区空间形态的主导因素。随着全球化的影响、科学技术的发展，武汉市居住街区空间形态开始向规模化、多元化、利益化发展，武汉市进入了一个居住街区空间开放式和封闭式并存发展的时代。

受到市场经济因素的影响，一方面，城市用地的经济效益开始得到体现，城市居民的居住环境得到较大改善，人均住房面积由改革开放初期的4m²增加到2010年的33m²；另一方面，房价飞升、一批有武汉特色的居住街区，如“红房子”的存留走到了历史的交叉口。

由于城市用地的稀缺，武汉市中心城区的居住街区空间形态开始朝竖向式发展，容积率的升高虽然节约了土地但也是以牺牲优美的环境为代价的。在社会的开放环境中，多种居住街区设计思想的交融影响下，产生了开放式居住街区模式，居住街区的道路系统和城市道路系统达到同构，而不是像改革开放前的单位大院一样成为城市中心区的一个封闭的肿块。门禁社区的产生，虽然在一定程度上保护了中产阶级的财产，增加了中产阶级的安全感，但导致出现空间分异和封闭的居住街区空间形态，社会的两极分化现象日趋严重。

改革是一把双刃剑。改革开放以来，武汉市的城市建设及居住街区的空间形态发生了巨大的变化。改革引入了市场竞争，一方面产生了诸多优秀的居住街区，另一方面加大了贫富差距。武汉市改革开放30年来居住街区空间形态演变的三个阶段如小马过河般，摸着石头进行，且市场竞争的利益博弈越演越烈。

9.2 计划经济时期武汉市居住街区空间形态的演变

计划经济时期，武汉市的居住街区空间形态的演变主要分为两个阶段：

1949—1958年，武汉市居住街区空间形态主要受到苏联政治体制及思想的影响，具有代表性的居住街区呈现围合式。这一空间形态是特定历史条件下的产物，代表了当时特殊的历史阶段，因此这些具有特色的空间形态应该予以保护。

1958—1978年是武汉市居住街区缓慢发展时期，这一时期的居住街区主要呈现行列式，并且出现了一系列体现极度节约精神的住宅群。

计划经济时期，在特殊的社会经济条件背景下，产生了单位大院这一具有中国特色的居住形态。如今，在市场经济的大潮下，中国式单位大院正面临解体。

9.2.1 武汉市具有苏联特征空间形态的工人新村亟待保护

1. 保护价值

中华人民共和国成立初期，很多建筑遵循苏联"民族形式、社会主义内容"建筑理论。居住街区以围合式空间形态为主（比较适合苏联寒冷的气候特点，但并不适合武汉市），当然也有一些外围合内行列式、行列式以及低层密集型空间形态。其中，低层密集型空间形态一般是一些质量低劣的低层临时性工人新村，不具有保护价值；其他几种空间形态都存在一些保护价值。1958—1978年间居住建筑质量较低，很多建筑现在属于危房，大多数不具备保护价值。

城市中的单栋建筑不一定都具有历史古迹的特征，但是整个街坊和街道的建筑群是具有很大历史意义和艺术价值的，因为在这些建筑群中保留着那个时代的精神风貌。所以现在的工业区住宅改造尽量不要拆除旧的房屋建设新的建筑，而是更新和改造整个街坊和住宅街道，在延续和保留街坊居住模式整体布局前提下，进行保护性的改造。中华人民共和国成立初期的工人新村（无论是围合式，还是行列式）均受到苏联政治体制及思想的影响，是一个时代的历史缩影，存在多方面的保护价值。

1）历史文化价值

城市的历史文化代表了城市的特征，工业文化是历史文化的重要组成部分。中华人民共和国成立初期由于兴建工业，现在很多那个时期建设的工人新村都成为代表那个大时代的工业遗产。根据国际工业遗产保护协会（TICCIH）2003年通过的《下塔吉尔宪章》，工业遗产是指："凡为工业活动所造建筑与结构、此类建筑与结构中所含工艺和工具以及这类建筑与结构所处城镇与景观，以及其所有其他物质和非物质表现，均具备至关重要的意义……工业遗产包括具有历史、技术、社会、建筑或科学价值的工业文化遗迹，包括建筑和机械，厂房，生产作坊和工厂矿场以及加工提炼遗址，仓库货栈，生产、转换和使用的场所，交通运输及其基础设施以及用于住所、宗教崇拜或教育等和工业相关的社会活动场所。”

根据国际工业遗产保护协会（TICCIH）2012年通过的《台北宣言》，保护工业遗产不仅需要保护厂房设施等一系列具有核心工业价值的工业遗产，也需要保护工业的环境，关注工人的生活等一系列社会问题。因此，保护中华人民共和国成立初期具有独特苏联特征空间形态的居住街区刻不容缓。保护工业遗产，一方面，可以留下城市丰富的工业文化轨迹；另一方面，也可以给予城市未来的发展以启迪。工人住宅区代表了中华人民共和国成立初期建设社会主义国家的历程，原生态地保护工业遗产元素，不仅传承了工业文化文脉，也是一份活教材。例如青山区的“红房子”片作为一种历史遗存，真实反映了青山区建设发展初期的建设面貌，其邻里氛围、空间环境，也是一代产业工人艰苦奋斗、无私奉献的创业过程的记忆载体。居住街区特有的围合式空间形态，形成融洽的邻里环境，在现代城市生活中显得弥足珍贵。

2）经济价值

中华人民共和国成立初期，武汉市的大量工厂建在远离城市的郊区地带，具有苏联特色的工人住宅区也位于附近；但现在工人住宅区经历了城市化的快速建设后，地理位置已从城市的郊区趋于城市中心区，区域基础设施完备，改造投资小、回报率高。工人住宅区采用了大量红砖，在改建时利于拆移清理和创造性发挥，对其保护的技术难度和成本投入较低；其建造年代较短，建造工艺和当代建筑技术水平差异不大，在材料替换和结构加固方面难度都不大。

3）城市景观价值

20世纪50年代的居住街区以工人住宅区为主，工人住宅区扮演了“工人阶级客厅”的角色，是体现城市特色的重要风景线。其棋盘式道路格局、街坊式布局和建筑风貌都体现了那个时代的建设面貌和工人生活原貌。例如上海的曹杨新村、沈阳的铁西区工人新村现在都成为接待外宾的服务区，成为城市中重要的“外事旅游点”。对武汉市“红房子”片的保护，实际上是保护了中国居住街区发展史上“街坊—扩大街坊”这一重要环节的真实历史遗迹，起到标本展示的作用，而且有利于形成青山城区独特的城区风貌。

2．保护现状

现在，随着城市化进程的不断加速，武汉市具有苏联特色的居住街区空间形态（无论是围合式还是行列式）大部分已被拆除，另外一些价值突出的已被划定为工业遗产，成为保护对象。位于武汉市青山区的红钢城围合式社区实现了场所感、邻里感、安全感、空间的艺术魅力、尺度的和谐，街区现已成为重点改造的对象。

武汉大学李军教授少年时代住过的“红房子”10街坊，已经被一个名为“青扬十街”的楼盘取代（图9–1）。青扬十街的空间肌理、建筑风格和“红房子”没有任何联系，楼盘采取了高密度、高容积率的高层住宅形式，割裂了居住街区固有的历史。

武汉市对于青山区“红房子”的保护规划方案主要有：《武汉市青山区优秀历史建筑保护利用综合研究报告》（2006年）、《青山“红房子”片历史地段保护规划》（2008年，图9–2）、《武汉市城市总体规划（2006—2020年）》等。这些文本和方案都对青山区“红房子”的保护提出一些规划措施。

青山区“红房子”片历史地段，是《武汉城市总体规划（2006—2020年）》确定的“历史文化名城专项规划”的10片历史地段之一。保护范围主要划分为两片：①红钢城片区8个街坊；②红卫路片区8个街坊。方案在分析历史与现状资料的基础上，划定了“红房子”片保护区、建设控制地带和环境协调区，提出了保护控制导则，并制定了“红房子”片更新与改造策略。

2012年9月，武汉市从95处工业遗存中遴选出29处工业遗产作为武汉市推荐工业遗产的名单，分为3个级别进行保护。其中，青山区“红房子”入围二级工

图9–1　青扬十街
来源：自摄

1. 青山“红房子”片保护规划•视线分析图（2008年）

2. 红卫路片规划意向图（2008年）

图9-2 青山“红房子”片保护规划
来源：武汉市国土资源与规划局

业遗产名单，二级工业遗产意味着这类遗产需要在严格保护建筑结构、外观以及景观特征的前提下，对其功能可以做适应性改变，保护与利用必须与原有的场所精神相兼容，不宜于做大规模的商业开发。青山区“红房子”将改造成一个工业文化主题文创园区，将老厂房内部分割作为艺术家从事创意产业的场所。

武汉市外围合内行列式的居住街区武重宿舍，只留了下独具特色的苏联风格大门、烟囱和火车头见证曾经的辉煌。武锅居住区已整体拆除，除了由旧厂房改造成的403艺术中心，取而代之的是新建楼盘。武重宿舍的地块现在已经改名“复地”，崛起了一片高档住宅——东湖国际小区（图9-3）。新建小区采取高密度、高容积率的高层住宅，和原地块的肌理并无太大联系。但新小区打着“保护工业遗产”的名目而建，是自欺欺人的虚假工业遗产保护行为。老街区由于占据优良的地理位置，其拆迁正势不可挡。

图9-3　复地 · 东湖国际及小区模型

来源：自摄

3. 保护的问题

（1）对中华人民共和国成立初期具有苏联特色的居住街区进行保护，它们很多已成为现代工业遗产。这些街区的建设时期距离现在并不太远，工业住宅区带有“大众化”和“平民化”的特点，只有成片保护才具有保护价值。但若让居民选择，居民会选择新的居住小区而不是旧的工人住区。

（2）随着城市的发展，工人住区已不在城市的郊区而成为城市中心的一部分。在巨大房地产利润面前，工人住区有被拆除的风险。目前，武钢工人住区的第十街坊已经完全变成现代住宅小区，并且其街区肌理和原有肌理没有任何联系，其他街坊也面临各种经济利益的博弈。

（3）中国保护工业遗产的法律规范还不太完善，特别是对于工业住宅区。如沈阳铁西区工业住宅区，经过规划后，只剩下1个街坊。如果有了正确的保护意识，就能制定保护的法规制度，平衡各种社会效益、经济效益、环境效益，建立有效的运作机制，拓宽思路，使工业遗产保护切实可行。

4．保护的建议

虽然国际上有很多对工业遗产改造的案例，但是对工业区配套住宅的改造仍然不成熟。武汉市在20世纪50年代建设的一批具有苏联建筑特征空间形态的居住街区，承载了特殊的意义。

由于大多数居住街区是工人住区，并不是废弃的居住区，而是有使用功能的居住区，仍然有大批职工居住、生活在这里。改造的模式应该是在保护其居住功能、街区肌理、街区风貌的同时，适当置入新的功能和新的城市元素，使改造后的街区适应武钢现代人生活的要求，而不是一味地改造成纯粹的艺术商业街。

如法国波尔多Chartrons街区，是位于加龙（Garonne）河岸进行葡萄酒酿造和贸易的居住区，历史上曾位于城市的郊区。后来随着葡萄酒酿造和贸易的停止，街区丧失了其工业功能。随着城市的扩展，波尔多街区变成城市中心区的居住区。政府在保证原有居住区风貌的同时，把工业仓库改造成展示中心，并选取其中一小块街区进行新的社会住宅重建。新建住宅ZAC Des Chartrons保持了原有肌理的延续，给街区增添了很多新元素。该街区是成功的旧住宅的更新案例。对苏联风格居住街区传统的保护应该是在可持续发展的框架下进行的动态保护。应该意识到对居住街区传统保护的重要意义与价值，让老街坊获得新生。

9.2.2 武汉市具有中国特色单位大院社会空间形态面临解体

单位大院制是计划经济时期发展起来的。城市居民从属于不同的单位，每个单位形成小而全的或者相对大的小型社会，所有职工的生活、工作都被安排在这种单位大院内进行。家属大院或单位的职工住宅区就是在这种模式下形成的内向型居住模式。传统的中国城市单位不应仅仅被理解为简单的“生产综合体”或者“封闭大院”，而是应将它看作带有中国特色历史阶段的空间载体。

这种单位制度在百业待兴、投资有限、社会不安定等特定历史条件下对于促进社会经济发展、组织生产、管理市民的社会、政治及家庭生活等方方面面都起到了十分重要的作用。同时，也产生了诸多问题，诸如形成的土地利用不经济还有居住生活环境质量难改善等。

在城市规划领域，在回顾中国的规划历程时，大多数学者对计划经济时代以单位为基本单元的规划模式持批判态度。研究认为，“文化大革命”前源于苏联的工业选址思想和空间规划存在城市破裂和各部分间难以调和的弊病；

“文化大革命”十年，“无规划”形成了城市基础设施欠账、人居环境无序和恶化等恶果。对单位的批判在于：单位大院各自为政，成为城市中的“毒瘤”，阻碍了城市公共交通、风道等的顺畅发展。

单位制社区主要特征：

（1）生活环境比较封闭。大院的范围往往由道路和院墙所界定，一般有1～2个对外大门，具有比较安静的内部环境。其中的公共空间具有交流、休闲以及处理社区事务的功能。这种居住形态相对封闭、独立，造成了不同职业不同层次间的个体缺少交流，阻碍了城市的发展。

（2）生活方式相对简约。在单位大院内，人们的基本生活需求可以得到满足，城市生活在大院内高度浓缩，节省了小区居民的开支和出行时间。

（3）居民有很强的集体意识。在单位大院居住的人具有共同的职业背景和居住环境，对大院有强烈的荣誉感和集体意识。这种长期的大院关系造成集体主义感的同时也伴随有排外的色彩。

单位大院一般比较封闭，因为大院由围墙封闭，空间形态有点类似于中国传统建筑中的“院落”。内部不仅有办公楼这样的办公机构，还有职工住宅楼及其配套生活设施等，大型的还有商业设施和教育设施等。单位内的住宅楼大多分布在院内较安静的位置，形成院内的居住区。中华人民共和国成立后到全面推进住房制度改革之前，单位大院内地居住区一直是居住区建设中的重要组成部分。

单位大院这种内部多元化功能和独立的外部特征，造成了单位和社区在意识和地域上的重合。工作空间、生活空间和心理空间的相互重叠造成单位制度下居民间社会活动单一化，阻碍了居民在不同交往环境下交流。从社区的情感角度来讲，人们的重心和归属感都在单位，社区情感处于一种不健全的状态。

单位大院这种形式自出现以来，由于社会政治、经济的变革，经历了多次变迁。单位大院行政体系上的变迁不仅导致单位大院边界的变化，也直接导致单位大院居民的变动。

如武汉大学原为一所文、法、理、工、农、医的综合性大学。1952年院系调整时，水利水电学院、华中农业大学等都分离出武汉大学；2000年武汉大学、武汉水利电力大学、武汉测绘科技大学、湖北医科大学又合并成新的武汉大学；2013年为迎接武汉大学120周年校庆开展的大型工程建设对学校单位大院空间形态的变化进行新的调整。历次政策、制度的改变影响了武汉大学单位大院空间形态的变迁。

武汉大学周边的地块如杨家湾、东湖村等地也在历次变迁中和武汉大学单位大院渐渐融合：中华人民共和国成立时，武汉大学单位大院里居住的主要是教师及其家属；20世纪50年代后，武汉大学附近的杨家湾、东湖村等地的居民子女也渐渐在武汉大学附属小学、中学上学，慢慢开始成为武汉大学单位大院中的一分子；20世纪90年代，很多大学生在东湖村等地租住民居；2000年前后，杨家湾用地合并进武汉大学，至此杨家湾成为历史，杨家湾等地很多居民渐渐流入武汉大学单位大院。

单位大院住宅规模虽然没有工人住区大，但却折射出中国社会各个时代住宅的变迁历程。每个阶段的住宅在单位大院中都可以找到，在武汉大学单位大院甚至可以找到从美国建筑师开尔斯设计的住宅。随着政治、社会制度等的变迁，学校单位大院里的住户很多已不是学校职工（老教师渐渐过世，家属院里住的很多都是职工家属），学校里的年轻教师不住校内，大多在外购买商品房。2013年武汉大学校长李晓红提出："逐渐把学校内的附属中小学及医院分离出高校。"高校单位大院也慢慢转变了以往"大而全"的模式。随着高校聘用制度改革，未来的高校将解除终身制改为聘用制，武汉大学家属院也终将解体。

单位大院让一个完整的城市出现了割裂，阻碍了现代城市发展需要的文化碰撞和社会交流，是城市进化的一种障碍。单位大院往往体块大，内部道路不与城市道路相衔接，形成了对城市交通组织消极的影响，逐渐解体是一种不可逆转的历史潮流。在市场经济转型期间，单位大院由于住房政策、人口流动、房地产市场化等原因正在瓦解，将由单一、封闭型居住街区发展为混合、多元型居住街区。

9.3 改革开放以来武汉市居住街区空间形态呈现出不同特征

改革开放以来，武汉市的居住街区空间形态演变主要经历了三个阶段：①1979—1991年，改革开放的初期阶段，这一时期武汉市的居住街区主要解决量的问题，在质的问题上还没有显著提高，居住街区空间形态以多层住宅为主；②1992—1997年，市场经济初期，武汉市的居住街区空间形态开始出现转型，随着"欧陆风"和高层高容积率模式的兴起，居住街区的空间形态开始变化，出现了一些半围合和点状空间相结合的居住街区，并且出现了门禁社区；③1998—2010年，住宅制度完全市场化后，武汉市城市中心区形成了以高层高密度高容积率为主的居住街区空间形态，并且居住街区的分布逐渐向郊区发展，在市场经济的主导下，居住街区空间的分异现象日趋显著。

改革开放以来，由于政府的干预和调控从多到少，武汉市的居住街区空间形态由单一、单调、死板的布局发展到后来多变、活泼、兼容的局面。在政府对居住街区的干预、调控较多情况下，居住街区内部道路空间形态、公共设施空间形态、绿化景观空间形态等呈现较为规整的几何形状；在政府对居住街区的干预、调控较少的情况下，居住环境更加注重人的需求，居住街区开始注意环境的审美，并针对不同人群的消费能力产生了不同类型的居住街区空间形态，道路空间形态更加自由，公共设施空间形态分散布局，绿地景观中加强了自然的要素，引入水景的布局等。

在社会主义计划经济向社会主义市场经济的转型期间，不同阶段武汉市城市居住街区空间形态的分布表现出不同特征：1979—1990年，居住街区在政府职能的计划性生产模式下呈同质化圈层发展，形态特征表现为中心城区的圈层式；1992—2000年，出现企业导向的市场化生产模式，居住街区空间出现扩展与重构，城市在原有中心城区居住街区的基础上“圈层分级”；1998—2010年，居住街区在企业导向的市场化生产模式下空间产生扩展和重构，在政府导向的市场化生产模式下跳跃式发展，中心城区居住空间的“圈层分级”加剧，居住街区向郊区发展，城市在原有社区的基础上“消散外移”。

9.4 武汉市居住街区空间形态呈现拼贴城市及飞地形态特征

在政策、市场等多方面因素的作用以及居民、政府、规划师、地产商等多方利益相关者的博弈下，武汉市居住街区空间形态呈现拼贴城市及飞地形态等特征。后现代主义最显著的特点手法便是拼贴[①]。拼贴与城市结合在一起，是对现代建筑思想中的基本理性与整体叙事方式的一种破解。拼贴城市是驱除幻象，同时寻求秩序和非秩序、简单与复杂、永恒与偶发的共存，私人与公共的共存，革命与传统的共存，回顾与展望的结合[②]。

在不同时代不同因素的作用下，武汉三镇居住空间体现出拼贴城市的空间

---

① 詹姆逊．文化转向[M]．胡亚敏，等，译．北京：中国社会科学出版社，2000.

② 罗・科特．拼贴城市[M]．童明，译．北京：中国建筑工业出版社，2003.

形态特征，出现不同时代不同类型居住街区共存的现象：1949—1978年，武汉市在“以工业为主、建设生产性城市”的思想下在武昌和汉阳建设了工人住区，在武昌建设了高校单位大院，形成了城市工业区和高教文化区；1979—2010年，在市场经济的影响下，城市中心出现多层、小高层、高层等各具形态的居住小区，城市郊区出现低密度、低容积率的大片别墅区。

广义的飞地包括省际飞地、市级飞地、县域间飞地、行政飞地、经济飞地等。狭义的飞地指的是一个国家位于其他国家境内，或者是被其他国家领土所隔开但不与本国主体相邻的一部分领土，例如梵蒂冈这个小国家就是它所处地区的飞地。由于用地产权问题的异质性以及大量不同种类的封闭街区的存在，武汉市居住街区空间形态呈现出飞地形态的特征。例如工人住区、单位大院、门禁社区等居住街区和周围的城市空间显现出异质性，是一个个典型的飞地形态。

9.5 1949—2010年武汉市典型居住街区空间形态总结

1949—2010年武汉市居住街区空间形态的不同特征见表9-1。

1949—2010年武汉市典型居住街区空间形态总结　　表9-1

	历史阶段	影响居住街区的主导因素	典型居住街区	空间形态特征	地理位置	空间肌理
计划经济时期	1949—1957年	苏联政治体制及思想的影响	青山区“红房子”	围合式街坊空间形态布局	青山区、远离城市的郊区工业地带	 图例 建筑 道路 空地
			武重宿舍等	外围合、内行列式空间形态		

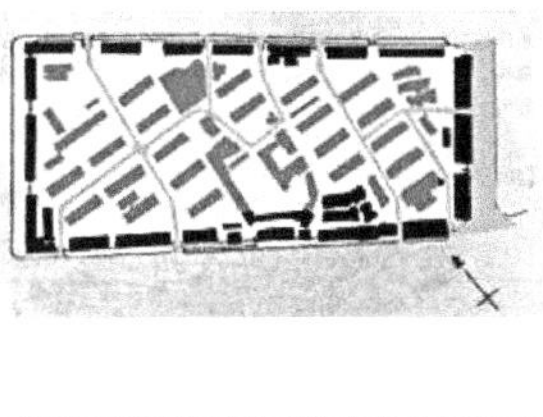

续表

	历史阶段	影响居住街区的主导因素	典型居住街区	空间形态特征	地理位置	空间肌理
计划经济时期	1949—1957年	苏联政治体制及思想的影响	建桥新村等	行列式	青山区、远离城市的郊区工业地带	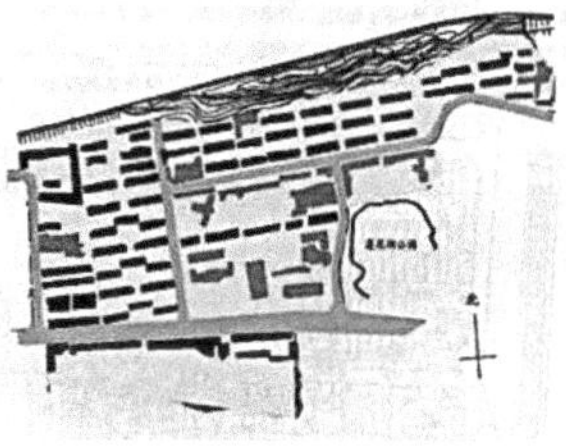
			建港新村等	低层、空间肌理密集型形态		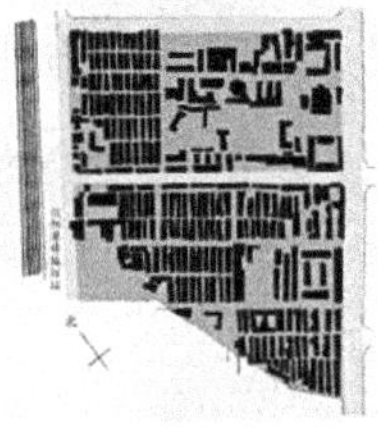
	1958—1978年	对苏联思想的反思推出适应本土国情的住宅设计	武东居住区等	行列式空间形态布局	青山区、远离城市的郊区工业地带	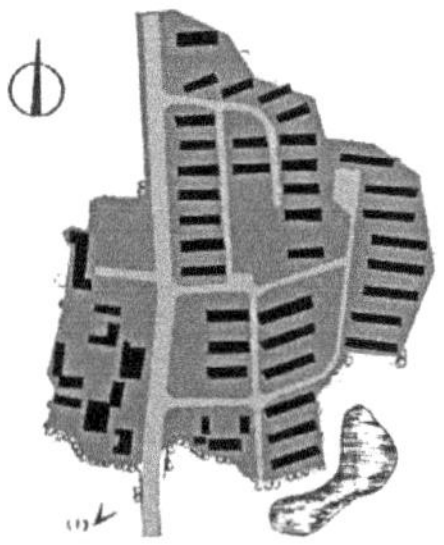
		不切实际及极简精神的影响	汉口解放大道航黄段住宅，凸字形、工字形住宅等	小户型住宅		—
市场经济时期	1979—1991年	住房制度改革的影响	汉阳江汉二桥居住小区等	以多层为主的居住街区，居住街区打破行列式布局	汉阳市区	

续表

	历史阶段	影响居住街区的主导因素	典型居住街区	空间形态特征	地理位置	空间肌理
市场经济时期	1992—1997年	住宅政策制度化的影响	常青花园四号小区等	半围合与点状空间相结合（空间形态开始富于变化）	汉阳市区	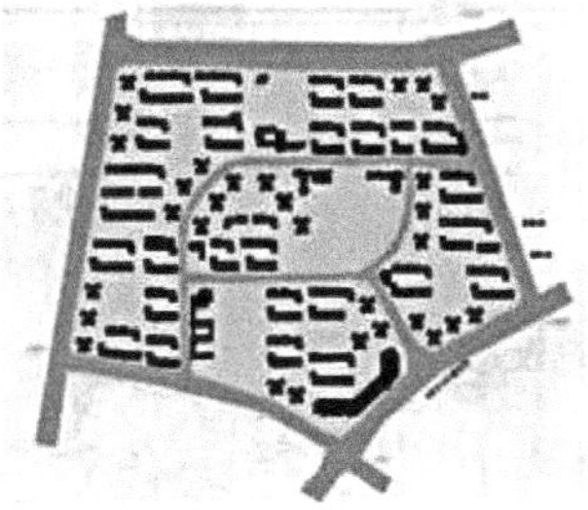
	1998—2010年	福利分房制度完全废除的影响	银海雅苑等	高层高密度高容积率	城市中心区	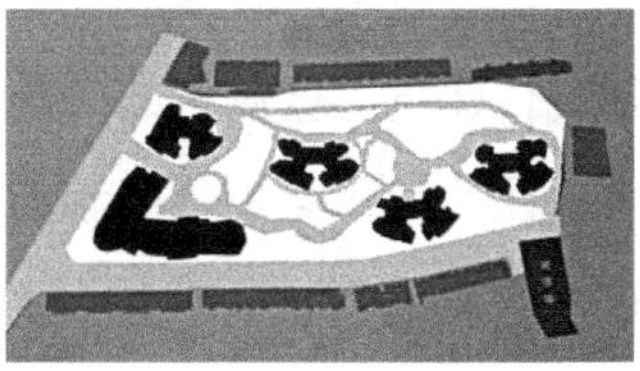
			万科·城市花园	多层及小高层	城市边缘地带	
			玉龙岛	低层低密度低容积率别墅区	城市郊区	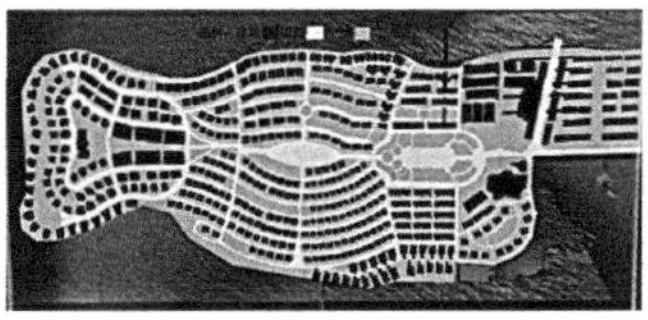
			后湖公租房	住宅户型较为简单、标准化，行列式为主	市区均匀分布	

第10章 展望：武汉市居住街区空间形态未来发展

10.1 信息化对居住街区空间形态的影响

信息技术的发展和变革对城市以及居住街区的影响是巨大的。在1933年国际现代建筑协会制定的《雅典宪章》中，提出居住是城市四大功能之一，并提出居住空间的集中分布和功能分区，其目的是防止各种功能之间的相互干扰。在信息化的影响下，居住和办公以及其他功能之间的界限日趋模糊，托夫勒在《第三次浪潮》中指出，以工业革命为标志的第二次浪潮将人们冲进办公室和工厂，而以信息技术革命为标志的第三次浪潮让人们又回到家中。互联网让人们在家中就可以接收各种信息，完成工作任务，社会上兴起了所谓的“SOHO”一族。此外，清洁化、小型化的生产空间对居住空间的不良影响大为减少，居住、办公、商务活动及其他各种功能出现兼容、混合化的特征。

现代城市在信息化发展下，城市功能的边界逐渐模糊，对居住街区空间形态主要有如下影响：居住空间和办公空间以及商业空间相互融合，居住用地和生产用地出现兼容化，城市的功能单元更加有机且具备复合性。城市的空间结构逐渐呈现分散化与功能边界模糊化等特征。

信息化时代的城市居住街区中某些社会服务功能转向虚拟化，例如居住街区中原来以实体空间出现的各种教育机构、医疗机构、娱乐设施等的很大一部分信息被信息网络所取代，城市中该类服务设施的用地比例将会减少。信息化对城市以及居住街区中的交通影响也十分明显，互联网构成的电子传输网络代替了部分现有交通系统承担的运输功能。城市以及街区中各种实体人流、物流交通不再是城市功能联系的唯一方式，部分通勤被信息流通、远程服务以及电话电视会议等电子通勤的虚拟形式所代替，大大缓解了城市及居住街区道路的压力。

信息化给城市以及居住街区带来的影响还在于，在网络结构中每个个体都成为网络的中心。社会的资源由集权化向分散化发展，因此居住街区、居民点日趋分散，但社区之间的联系有增无减。信息网络化可以一定程度上消除不同阶层之间的分异现象，增加不同阶层之间的相互理解，促进不同文化之间的相互交融，使得不同类型的居住空间单元边界逐渐模糊化。

工业社会时期，城市中各种组织将其形式、功能推向顶峰，学校系统、大型跨国公司、政府机构等成为社会功能、经济、权力等的中心机构。在信息化社会中，居民慢慢摆脱对城市中各种组织的依赖，更多依赖自己，人们的主体意识得到空前提高。自助化水平的提高使城市中某些为居民日常生活设立的专职机构消失，出现了更多提供这类信息，提供某些自助服务、培训的机构。城市中大型组织的瓦解一定程度上改变了城市土地利用的结构，并将这些集中（或分散）分布的城市公共机构用地转为他用，形成一些新型城市地域景观。

总之，信息化时代的城市是一个融合、多元的城市。信息化社会中城市更注重文化的个性，不同风貌的居住街区、不同模式的社区、不同风格的建筑将会融合于都市中，和谐共生。城市中的居住街区更加尊重其地域特点、历史以及传统。城市空间成为多元的共生体，并不是工业社会中所强调的单一功能体。

周春山在《城市空间结构与形态》中提出信息社会城市空间结构形态演变的总体趋势有以下特征：①大分散小集中；②从圈层走向网络；③新型集聚体的出现。并且总结出未来城市聚落模型的几种基本结构（图10-1）：

（1）平面方格网分散模式；

（2）蛛网模式；

（3）放射模式；

（4）卫星城模式；

（5）线型模式；

（6）环型模式；

（7）星系模式；

（8）多中心网络模式。

在信息化时代，武汉市的房产信息已录入信息化平台，出现了很多智能小区，人们生活更加方便、快捷。武汉市的居住街区空间形态也将受到影响，如武汉市的居住街区分布将更加分散，在武昌、汉口、汉阳将会出现多个分散

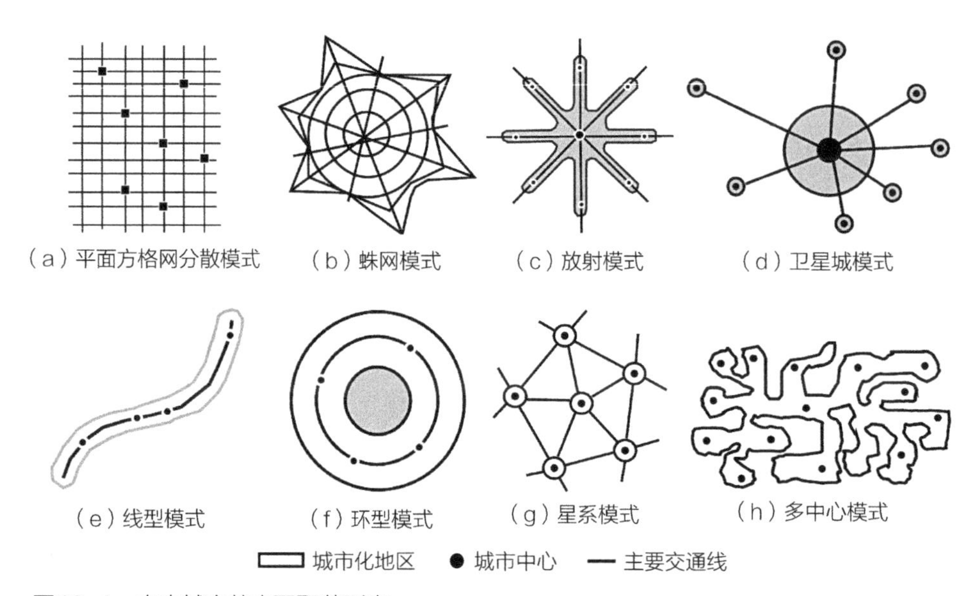

图10-1　未来城市的主要聚落形态

来源：BROTCHIE J, NEWTON P, HALL P, et al. The future of urban form[M]. Taylor and Francis, 1985.

型、小规模城市中心，人们在自己居住的街区附近就可以完成生活、办公、娱乐等多种活动，居住街区会由原来的功能分区型向多功能、混合街区发展；居住街区对城市交通的依赖将会减少，由于人们在居住场所就能完成诸多活动，很大程度上缓解了城市交通的压力，城市主干道附近如雨后春笋般林立的建筑会一定程度减少，居住街区向郊区多元化发展。

10.2 政府加大对房地产市场的调控政策及对居住街区空间形态的影响

房地产市场的如火如荼带来的后果是中国各大城市房价一路走高，工薪阶层买房的压力越来越大。2011年2月起，武汉市也和中国众多大中城市一样，出台了住房限购令：暂定对已拥有1套住房的本市户籍居民家庭（包括夫妻双方及未成年子女）、能够提供本市1年纳税证明或社会保险缴纳证明的非本市户籍居民家庭，限购1套住房（含新建商品住房和二手住房）；对已拥有2套及以上住房的本市户籍居民家庭、拥有1套及以上住房的非本市户籍居民家庭，无法提供1年本市纳税证明或社会保险缴纳证明的非本市户籍居民家庭，暂停在本市行政区域内向其出售住房。对违反规定购房的，不予办理房地产相关登记手续等。

中国各大中型城市实行了限购令，对房价的升高有一定抑制作用，但效果并不明显，城市中房价仍持续走高。2013年开年，中央提出继续加大控制房地产市场的调控政策，出台了“新国五条”。随着城市中心区的土地逐渐减少，武汉市居住街区空间形态仍然以高层高密度高容积率住宅为主；但在中央部署的调控政策下，住宅建设数量有一定程度的缓解。武汉市政府加大了保障性住房的建设，出现大面积多层的以政府主导建设为主的居住街区空间形态。

10.3 武汉市居住区规划设计思想朝本土化方向发展

居住区规划设计将继续刮“中国风”，“中国风”思潮不是建筑师们的心血来潮，而是建立在对中国传统文化的深刻认识和对快速城市化带来的巨大负面影响所产生的深刻反省基础上。新的设计理念是继承和传承中华传统建筑艺术文脉，结合现代技术、环境、建材、生活方式，融现代和传统为一体，古风新貌、古今一体，捡起现代人在城市化进程中丢失的有生命力的传统，让历史洋溢着鲜明的时代风情特点。

梁思成先生曾说过：“若想用我们自己建筑上优良传统来建造适合于我们新中国的建筑，我们就必须首先熟悉自己建筑上的‘文法’和‘词汇’，否则我们是不可能写出一篇中国‘文章’的。”在全球化的今天，如何创造有民族特色、传统风格的适合地域环境的建筑，不仅要求我们对传统文化有所了解，而且要求我们创造有时代特色的建筑文化。陈志华先生指出：“历史上，每一种成熟的建筑风格，都适应着它的建筑物所用的材料，结构方式等物质技术条件，并且相当大地发挥了它们的审美可能性。中国古典建筑的风格，同木质的梁架结构分不开……离开了这些材料和结构方法，这些风格都是不可能产生的。”“新的材料和新技术模仿旧形式，不可能有一贯性，因为这样的形式没有客观的依据，全凭主观的愿望。”

1998年以来，武汉市居住街区空间形态向多元化发展，但武汉市的居住街区仍然缺乏武汉特色。在武汉新建的居住街区到处都可以看到不同的风格，如“欧陆风”“江南风情”……但缺少武汉本土特色。文化和时代都发展了，忽略传统文化的深刻内涵，而一味在表面上模仿传统形式的做法是不可取的，例如有一段时间全国时兴大屋顶建筑，这就是一种表面模仿传统形式的行为。继承传统文化要发掘文化的内涵，并且结合新文化，让传统文化适应现代生活，使其顺应现代的发展具有新的生命力。刘敦桢先生的《中国住宅概说》中提到在武汉发现的四合院住宅类型（图10–2），他表示在新的住宅设计中，可以提炼旧住宅类型中的一些特征，给武汉市住宅设计提供一些启示。

在南方人口较稠密的城市中，住宅的平面立面处理方法与北方城市又略有不同。由于基地面积不大，而需要的房间颇多，只在中轴线上置长方形院子一处。同时因四面都是街道，不得不用高墙封闭起来，导致内部光线和通风不足，后部房屋因进深太大，这个缺点最为严重。不过它的正立面的处理手法，值得注意。就是在中轴线上开大门及左右小窗各一处外，又在墙的上部挑出四个墀头，而中央两个墀头较高，挑出也较长，夹峙于大门上部，自下而上逐层向外挑出，表示这部分的重要性，使与左右墙面发生若干变化。上部再以水平的人字形墙顶将四个墀头联系起来，而位置较墀头略低。手法很简单，却增加了艺术效果[①]。

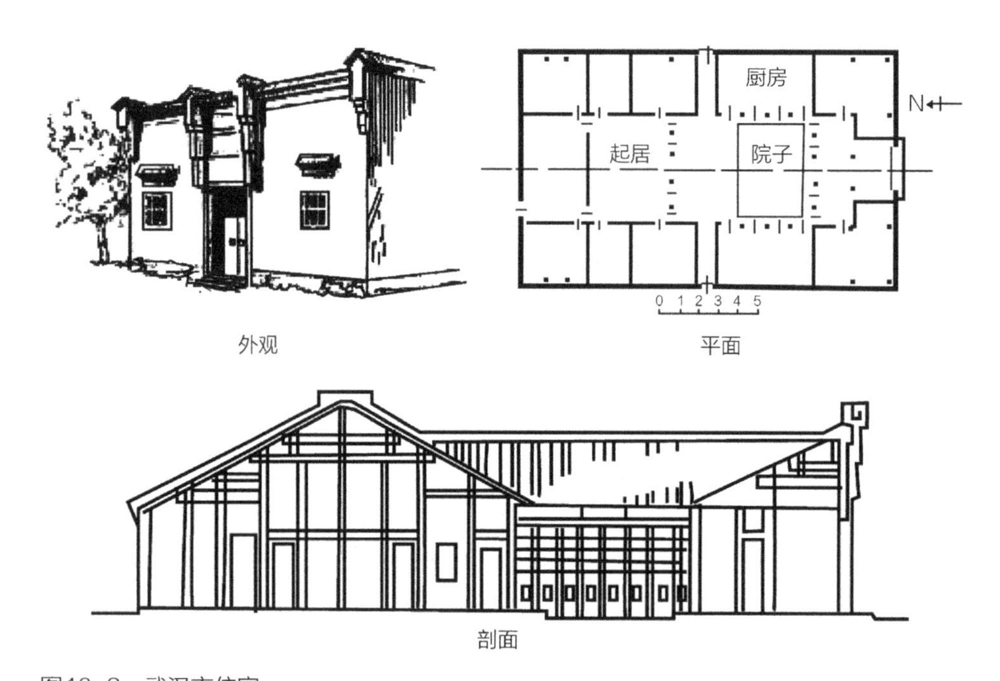

图10–2　武汉市住宅

来源：刘敦桢. 中国住宅概说[M]. 天津：百花文艺出版社，2004：136.

① 刘敦桢. 中国住宅概说[M]. 天津：百花文艺出版社，2004.

10.4 现行居住小区模式的弊端

当前，中国的居住街区中大多数仍然沿袭中华人民共和国成立初期的居住小区模式。这种模式代表的不仅仅是一种过时的居住形式，还代表了一种应该淘汰的城市形式，即所谓的花园城市，也就是现代主义的功能城市。它的主要内容包括城市功能分区、低密度的宽马路、大草坪上的行列式的大板楼等。今天欧洲的这些大板楼社区已成为欧洲城市中被摈弃的部分。确切地说，居住小区代表了一种混乱的城市模式：没有完整的城市结构；交通混乱和拥堵；城市景观呆板；缺乏适宜居住性等①。

居住小区代表了一种浪费资源的不可持续的城市模式：人、财、物无谓地在城市中奔波；对机动车交通的依赖；城市效率低下；城市土地浪费；能源过度消耗；污染大量产生。很明显，我们有限的资源不足以支撑这种发展模式，中国的国情要求我们必须找到一种更加有效的城市和社区模式②。我们几十年来的城市建设模式，几条大马路外加零乱的居住小区，这种20世纪70—80年代的理念，居然几十年一成不变。我们今天遇到的各种城市危机，包括城市资源浪费、能源危机、环境恶化、交通拥堵和居住质量问题都是落后理论的直接恶果③。此外，超大规模的居住小区不利于城市中形成风道通风散热。现在武汉市以及国内其他大城市，受到现代主义功能分区的影响，几乎所有新城设计都是300m × 300m的超级街区单元。

当前，道路结构不合理的一个重要原因是城市中延续了自计划经济年代的分区模式。大量的工厂企业、单位大院和封闭式居住小区不仅占地过大，而且互相连接，没有设支路。虽然现在有了城市更新，但是也没有对这种不合理的结构进行调整。超大街坊形态是指以大尺度街坊、地块为基本单位的城市中心空间结构形态。如我国城市主干道的间距一般为700 ~ 1000m，城市次干道的间距一般在400 ~ 500m，由城市主次干道围合成的超大街坊较为普遍，大街坊内部的地块则分隔随意，支路稀疏且不连续，形成以规整的主次干道和内部稀

---

① 杨德昭. 社区的革命：世界新社区精品集萃：住宅小区的消逝与新社区的崛起之三[M]. 天津：天津大学出版社，2007：2.

② 同上。

③ 同上。

疏的支路网为特征的二元形态肌理特征[1]。欧美城市普遍采用了以小尺度街坊为特征的组群形态城市结构。我国近代殖民城市中，殖民模式下的城市街区尺度较小，其典型街廓的短边为40～200m，其中多数在50～150m，与西方网格型城市的街廓尺度相当，而与我国城市传统的超大街坊形态形成鲜明对比[2]。在武汉以及其他大型城市平均700多米才有一个道路疏散口，而国外交通发达的城市，150m左右就会有一个疏散路口。芒福汀《绿色尺度》[3]中提出理想的街区尺度在70m×70m～100m×100m的面积范围之内。当前城市住区规划中，应该建立起居住区规模和城市道路结构之间相互联系的关系，住区规模应该和路网结构所划分的地块大小相适应，预防因住区规模过大所造成的城市交通阻碍。

10.5 未来理想的新社区居住街区的空间形态展望

社区城市是最理想的城市模式。与功能主义的城市花园相反，社区型城市是由社区组成，它被认为是节约型、舒适型和可持续发展型的城市模式。社区不仅提供了城市的经济、社会和环境质量，而且提供了最佳的适宜居住性和真正的花园环境。它由住宅、公园和学校组成，市政服务、商店、公共交通和工作都在步行距离之内。社区让人感到舒适的原因是人们居住在商业服务、公园、学校和公共设施功能相混合的环境内，在使用这些设施的过程中进行了社会活动，从而建立了社会关系，最后形成了社区。社区是由混合功能的多样化城市功能组成的，促进了城市经济的发展，增加了城市活力和效率，减少了浪费。同时增加了城市的多样性和活力，为所有人提供了更多机遇。社区城市最大程度促进了融合，增加了居民的社会联系和社会活动，为和谐社会创造了条件。最后社区相互连接的网状道路组织给人们提供了舒适的步行环境，通畅的交通给居民提供了良好的环境质量和适宜居住性。城市公园和空间给人们的交流提供场所，多样化的街道、街区和建筑让城市环境更有特色。

无论从城市还是居住区的角度来说，新社区居住街区都是顺应时代发展规律的。因为居住区的道路与城市道路相结合，可以为居民出行提供便利；公共

---

① 赵勇伟. 组群化策略：城市中心超大街坊形态探讨[J]，新建筑，2009（4）：87-90.
② 梁江，孙晖，模式与动因：中国城市中心区的形态演变[M]. 北京：中国建筑工业出版社，2007.
③ 芒福汀. 绿色尺度[M]. 陈贞，高文艳，译. 北京：中国建筑工业出版社，2004.

设施的建设和丰富的生活配套设施可以给居民提供生活便利；增加城市公共空间，外部空间亲切的处理方法和街道生活对居民开放的心态有利，而且可以促进和谐社会的形成。新社区居住街区的空间形态有以下特征：

1．居住区结构与城市结构同构

为了保证居住区道路的功能和城市支路有相当的功能，居住区道路的规划设计与城市支路的设计原则相同或相近，即居住区和城市的街廓有相同或相近的规划结构。大片的居住区是城市有机体组成的一部分。设计时考虑居住区和城市周边空间形态之间的关系，居住区的规划布局和城市整体相结合，在肌理、形态上顺应城市的发展，不仅满足居住区自身建设的需求，而且实现居住区和城市同构的关系。

2．“大开放、小封闭”的结构模式

新社区的结构模式易为开放式住区模式，即“大开放，小封闭”的形式，一般有两种模式：第一种模式分为3级，街区—小组团—院落模式，这种模式层次性较好，由小区级公共空间—居住组团级半公共空间—宅间的半私密空间组成；第二种模式分为2级，街区—院落，即小区级公共空间—宅间半私密空间的简单层次组成，结构清晰明确。

3．道路交通系统的空间形态

街区面积及尺度不宜过大，尽量分割成小的地块。社区设计的重要原则是保持社区尺度的人性化，杜绝出现超大街坊、街区。创造高密度的紧凑密集型社区，产生高密度的人流和车流，形成空间上的城市景观，高层建筑互相影响，保证最佳的人流、车流、居住以及景观等。

1）步行系统

步行系统非常重要，甚至比车行系统更加重要。因为住宅社区是提供给人住的社区，不是服务于机器的社区。形成舒适的步行环境，道路宽度一般在2m左右，并且提供适宜的绿化及其充足的遮阳和雨棚。充分使用街道，将建筑物的主要出入口放置在街道上，增加街道的使用率，布置街道茶座，增加街道人流并保证街道安全。

步行系统是方便每一栋楼房安全通达学校、公交车站、商业设施等处的路径，因此必须贯穿整个社区。当步行道穿越车行道时，应该设置降低车速的装置，如法国的做法是在车道上增添14cm高的特殊路面作为路障，以减慢车速。车行道可以和步行系统交叉设置，但必须设置连续的人行道。增加步行道的绿化，注意公共街道与私人建筑间的过渡。

小学入口应与主要步行系统和一条车行道相联系。小学入口应该预留一小块场地，用于上学和放学时间儿童和家长停留。如武汉市风华天城住宅小区就建设了完善的步行系统。风华天城小区利用城市道路，让小区车辆从外围进入地下车库，不让车辆从步行街穿越，给小区居民一个安全的步行环境。居民可以在街上随心所欲地闲逛，不用担心车来车往的威胁[①]。

2）车行系统

在“可持续发展”精神中，提倡车行系统和停车系统的优化配置，如“雷德伯恩”系统。地下停车入口设置在组团入口，避免为了停车驾车穿越组团。停车的入口应与建筑融为一体或完全隐蔽，并需要用绿化景观和建筑特殊处理。

3）公共交通

步行系统、公共空间和社区规划应与公共交通组成一个完整的整体，如步行系统的出入口设置应考虑与公共交通的通达性。

4．绿地及景观空间形态

考虑景观通廊的作用，通过提供有特色的街景，结合景观走廊，将社区周边的自然景观和建筑都纳入社区景观当中。一些重要的建筑在景观轴线的视觉终点得到突出，街区和社区的入口和重要交叉口都必须重点处理以充分体现社区丰富的景观和特性。

注意社区内外的通透性，即制造多个视线通廊，无论从社区外向社区内部看还是从社区内部向外看，都设置有特色的景观。设计从街区外向内看应是有特色的，尤其是在几个十字路口的转角处和对面街道的节点处。可以设置一栋精美建筑，或一处公共空间，或可看到街区内绿地的视线通廊，或步行道入口，或车行道……在街区里创造有特点的景观元素，在视觉景观上易于从街区外识别。

在社区重要位置设置绿地、公园和开敞空间，花园和开敞空间必须在围合的建筑下形成、在社区总体环境中取得，提供社区居民进行社会活动的场所。社区内形成整体性强、反映社区特点和性质的公共街道和公园系统，形成对公众开放的公共空间，提供多种多样的社区公共活动。

---

① 魏海波．居住区户外活动空间设计：以武汉市“风华天城”居住小区为例[J]．住宅科技，2005（5）：22-25.

5. 公共服务设施的空间形态

新社区住区的道路是对外开放的，在住区内外的道路沿线上建设一些商业设施，而且城市支路上不断增加的人车流量给住区周边带来了更多的商业机会，这些商业设施不仅方便了居民的生活，而且给住区增加了人气。开放式住区内部主干道的商铺也可以发展成城市向外扩张的动力，和城市融合成为城市中具有活力的一部分，居住气息和商业氛围相结合，交通量小，尺度亲切，可发展成为有活力的特色街道。

当代居住区设计的思潮已经从第二次世界大战后的现代主义设计转化为新社区设计。这两者最重要的区别在于：现代主义风格住宅小区的重点在于所谓的绿化环境，而新社区则强调场所精神。反映在社区形态上，现代主义风格住宅小区是大板楼行列式地布置在所谓的大草坪上；而新社区则将公园、住宅、社区的商业服务、街道、多种设施功能和开敞空间等有机地结合在一起，形成一个舒适有特点的社区。

在10分钟的步行范围内布置社区中心和商业服务、公共设施及图书馆，社区范围内的建筑、公园、各种设施和商业服务必须形成一个整体。社区中心是社区内社会活动和经济活动的主要集中地。社区中心集中了社区的商业服务设施和主要社会活动场所。

6. 建筑的空间形态

建筑的体量均匀适中，拥有人性化的尺度，在整个社区中形成一个整体。建筑物沿街的立面形成连续的街道。如有高层建筑，随着高度的增加，在保证街墙连续性的前提下高层建筑应后退，以减小巨大体量对街道的压迫感。建筑基座高度应保持在一个怡人的尺度范围内，即在街道45°视线内，形成街道的视觉的围合作用。建筑物的出入口设置在街道旁，这样不仅可以增加街道的活力还可以丰富街道景观。

高层建筑呈三段式，但保持建筑的多样性，形态各异：基座形成恰当的尺度，中段是建筑的主体，顶部可以体现建筑的风貌和特性，是城市天际线的重要组成部分。如巴黎老城区奥斯曼时期的建筑是30m左右10层的老建筑，整齐地邻街而建，在保持总体特征的三段式前提下每栋建筑在细部上都各不相同。和老建筑相邻的新建筑也保持三段式的特征，虽然采取不同材质，但是整体风格上可以保持神似。

道路的尽端形成视线走廊，应布置重要的建筑物或广场空间，如果是建筑物，建筑的风格要进行特殊处理。街区四个角的位置也是重点位置，可以布置重要建筑物或是开敞空间；开敞空间的四周也是重要建筑的位置。此外，建筑的转角处也应特殊处理，如巴黎的新老建筑转角处都进行了特殊处理（图10–3）。建筑的平面设计应反映社区的多样性，切忌采用大板楼式的扁平体形，采取小体量、多变的形体和尺度，并增加景观和阳台，使建筑的体量人性化。

7. 历史文化遗产的保存

居住街区里如有若干建筑见证了它的历史，考虑它们在设计框架中是否有值得保存的价值，注意以下两点；保持新建建筑与老建筑的协调一致性；保存历史建筑立面，置换建筑功能，设置历史文物建筑观赏游线等。

总结：当前武汉市以及全国流行的居住小区模式以及门禁社区模式虽然从某种意义上来说是符合中国的国情，并且符合中国社会、中国居民生活方式的，即一定程度上给人以安全感，但全球化背景下，中国的居住街区一方面要保持自己的特色，另一方面也要和世界其他国家的居住街区设计理念接轨。民族的也是世界的，未来武汉市的居住街区空间只有和世界其他国家居住街区一定程度融合后，取长补短，武汉特色的居住街区才能彰显其特殊汉味，形成具有中国中部地区独特风味、典型特色的空间形态。

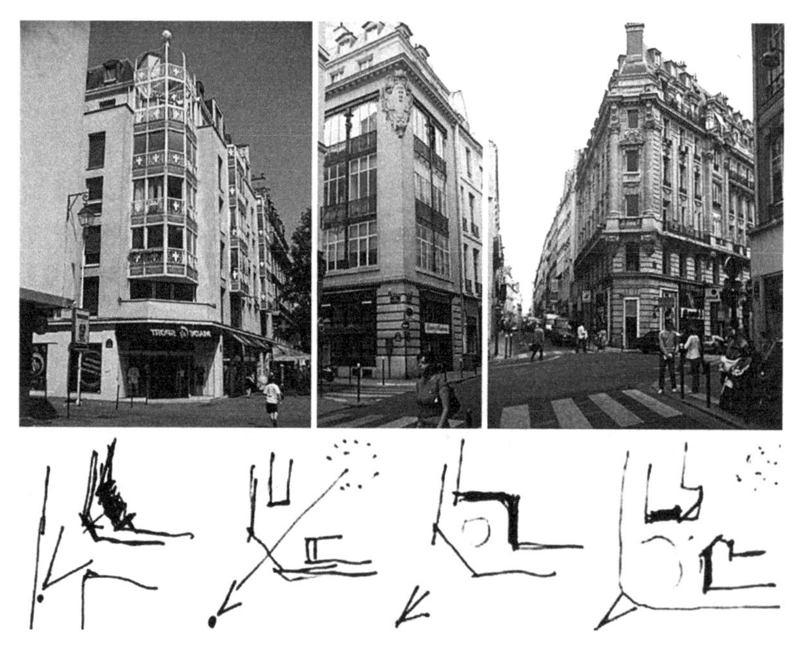

图10-3　巴黎建筑转角及街角处理
来源：杜安迪教授讲座图片

附录A 1949—1958年主要居住街区（8个）

居住小区名称	开工年份	竣工年份	总用地（hm^2）	总建筑面积（万m^2）	层数（层）	建设规划地址
武昌沙湖居住区	1950年	1953年				和平大道和内沙湖之间地段
和平里（重划区）	1951年5月	1953年		2.8	3	汉口沿江大道
简易宿舍					1	解放大道上段
武钢红钢城居住区	1956年					青山蒋家墩
武重、武锅居住区	1956年					答王庙
洪山路两侧居住区					3	
汉阳建桥新村	20世纪50年代中期		19.63	25.62		
汉阳建港新村	20世纪50年代末期		35	20		距江汉一桥约5km

资料来源：武汉市城市规划管理局. 武汉市城市规划志[M]. 武汉：武汉出版社，1999.

附录B 1959—1978年主要居住街区（5个）

居住小区名称	开工年份	建设规模（万m^2）	总建筑面积（万m^2）	建设规划地址
武东一村、二村、三村、四村	1959年		15	武汉市东北郊
白玉山小区	1975年	25.60		武钢厂区东南部白玉山
关山一村、二村、三村、四村				
辛家地“万人宿舍”				
北湖小区	1978年	11.04		武汉市江汉区新华下路东侧

资料来源：武汉市城市规划管理局．武汉市城市规划志[M]．武汉：武汉出版社，1999．

附录C　1979—1991年主要居住街区（38个）

居住小区名称	开工年份	竣工年份	建设规模（万m^2）	层数（层）	建设规划地址
鄂城墩小区	1979年	1985年	16.25	6	江岸区，汉口鲩子湖侧，紧靠建设大道
二桥小区	1979年		48.00	6	江汉二桥汉阳桥头十升路
渣家路小区	1981年	1986年	10.21		汉口江汉北路渣家左路
安静小区	1983年		12.06		
花桥小区（一期）	1985年		6.57		花桥北黄孝河侧
三眼桥小区	1985年		11.19		三眼桥路东侧
钢花西小区	1985年		48.25		
柴林头东小区	1985年		12.67		余家头地区
东亭小区	1985年		14.79		中北路东侧湖北日报社西侧
钢花西小区	1985年		48.25		
柴林头东小区	1985年		12.67		余家头地区
花桥小区（二期）	1986年		12.43		一期工程北侧
精武小区	1986年		6.56		精武路东侧
长湖小区	1986年		30.24		
球延东小区	1986年		11.13		
万松园小区	1986年		32.86		江汉区
球延西小区	1986年		8.94		解放大道以北球场路延长线西侧
常码头小区（一村）	1986年		5.60		汉西常码头地区
常码头小区（二村）	1987年		5.00		汉西常码头地区
陈家墩小区	1987年		20.15		易家墩汉江边
水陆街小区	1987年		20.87		武昌水陆街
荣华东村小区	1987年		9.13		
蔡家田小区	1988年		32.00		汉口发展大道南侧

续表

居住小区名称	开工年份	竣工年份	建设规模（万m^2）	层数（层）	建设规划地址
营房村小区	1988年		8.05		桥口区营房村
七里庙小区	1988年		15.14		汉阳大道南侧七里庙地区
平田小区	1988年		11.86		汉阳归元寺东侧
毛家堤小区	1988年		11.40		汉阳毛家堤
梅苑小区	1988年		16.99		晒湖小区东侧
青山49街坊	1988年		7.15		青山任家路
街道口小区	1988年		6.60		武昌武珞路南侧街道口地区
钢花东小区	1988年		49.25		钢花新村工业大道东侧
三阳小区	1988年		13.59		
简易小区	1988年		17.6		
解放公园小区	1989年		18.23		解放公园路侧
西马新村小区	1989年		8.00		汉口西马路
常码头小区（三村）	1989年		8.40		汉西常码头地区
新华下路小区	1989年		25.26		姑嫂树新华下路杨汉湖地区
中百小区	1990年		10.11		江汉路

资料来源：武汉市城市规划管理局. 武汉市城市规划志[M]. 武汉：武汉出版社，1999.
蓝宾亮，武汉房地志[M]. 武汉：武汉大学出版社，1996.

附录D　1990—2002年武汉市主城区10hm²以上（含10hm²）用地小区统计

居住小区名称	规模（hm²）	辖区
花桥三、四期	16.67	江岸区
堤角小区	16.51	江岸区
滨江苑	11.50	江岸区
新江岸铁路小区	11.89	江岸区
后湖生态花园	10.80	江岸区
东方恒星园	90.00	江岸区
德润大厦	11.00	江岸区
济生片	15.00	江岸区
百步亭居住区	100.00	江岸区
熊家台小区	16.00	江岸区
球中小区	13.00	江岸区
竹叶山还建住宅区	20.00	江岸区
球延东区	11.13	江岸区
蔡家田北区	31.70	江岸区
惠西小区	14.42	江岸区
燕马巷小区	18.60	江汉区
香江花园	20.11	江汉区
阳光花园	24.00	江汉区
新华下路小区	46.26	江汉区
富康花园	21.00	江汉区
华苑小区	10.00	江汉区
藕塘小区	30.00	江汉区
复兴村合作住宅小区	19.00	江汉区
武汉中心城一期	27.00	江汉区
常青花园一、二期	20.00	江汉区

续表

居住小区名称	规模（hm^2）	辖区
复兴村棚户小区	11.04	江汉区
新华家园	12.60	江汉区
常青花园	68.00	江汉区
天一大厦	14.01	江汉区
福星城市花园	18.74	江汉区
民权片综合还建楼	16.10	江汉区
复兴村南区	10.31	江汉区
红光小区	10.88	江汉区
常青路住宅小区	10.00	江汉区
济生港片	10.29	江汉区
武汉阳光大厦	10.10	江汉区
市政小区	10.00	江汉区
长春小区	10.00	江汉区
威宝小区	10.00	江汉区
古南小区	25.15	硚口区
天一小区	12.31	硚口区
建乐小区	17.50	硚口区
古田四路经济适用房	10.50	硚口区
多幅小区	18.00	硚口区
汉华花园商住楼	27.70	硚口区
古田四路安居楼	42.47	硚口区
东福商城	13.00	硚口区
华美楼	13.50	硚口区
上海商城	17.66	硚口区
金昌商业城	10.60	硚口区
民意住宅小区	25.06	硚口区
汉正街中心商城	14.54	硚口区

续表

居住小区名称	规模（hm^2）	辖区
丰竹园住宅小区		硚口区
武拖坊犁小区	10.92	汉阳区
丽水佳园	10.70	汉阳区
香榭丽舍	10.92	汉阳区
长江广场	15.30	汉阳区
鹦鹉花园	20.00	汉阳区
望江花园	11.10	汉阳区
平田小区	11.86	汉阳区
青石桥小区	13.00	汉阳区
南岸嘴拆迁还建	14.80	汉阳区
二桥西北小区	22.00	汉阳区
二桥西南小区	11.00	汉阳区
二桥西区一期	28.00	汉阳区
城市花园	15.00	汉阳区
紫荆花园	10.00	汉阳区
蓝湾俊园	19.00	武昌区
华锦城花园	35.00	武昌区
南湖花园安五区	23.00	武昌区
宝安花园	13.00	武昌区
南湖花园城松涛苑	26.00	武昌区
东湖山庄	50.00	武昌区
新华村小区	20.00	武昌区
金沙小区	39.00	武昌区
大东门片	11.00	武昌区
黄鹤楼小区	36.00	武昌区
武泰闸小区	17.80	武昌区
中央花园	26.00	武昌区

续表

居住小区名称	规模（hm^2）	辖区
东湖花园小区	10.00	武昌区
学府佳园	10.40	武昌区
惠誉花园	12.30	武昌区
尚隆地球村	16.60	武昌区
九龙井住宅小区	10.00	武昌区
梅苑小区（一期）	18.50	武昌区
49街坊住宅区	48.25	青山区
青翠苑	12.00	青山区
现代花园	14.32	青山区
鹤园小区	55.00	青山区
钢都花园	33.43	青山区
南湖学生公寓		洪山区
武汉升升学生公寓		洪山区
枫亭花园		洪山区
钢都花园		洪山区
紫菘学生公寓		洪山区
华城新都		洪山区
建湖学生公寓		洪山区
桂子花园		洪山区
珞狮小区		洪山区
卓刀泉小区		洪山区
紫菘花园		洪山区
虹景花园		洪山区
徐东欧洲花园小区		洪山区

资料来源：蓝宾亮. 武汉房地志[M]. 武汉：武汉大学出版社，1996.

附录E　1998年后武汉市城区部分小区规划

居住小区名称	占地（hm^2）	总建筑面积（万m^2）	住宅面积（万m^2）	公建配套（m^2）	容积率	绿化率（%）	建筑密度（%）	车位率（%）	竣工时间
世纪花园	40	52	47	50000	1.3	38	20	58	2002年10月
航天花园	6.67	11.9	10.93	9700	1.79	40.2	28.8	58.8	
丰竹园	7.39	12	11.15	8500	1.62	40.8	32	30	2001年8月
万科四季花城	27.3	10.2	9.5	5200	1.2	40	27.5	50	2002年10月
名都花园	67	76	68	80000	1.13	44	19.6	50	
蓝湾俊园	11.5	21			1.65	40.2	35	28.3	
都市经典	13.3	22	21.3	7000	1.65	58	16.6	62.4	
金色港湾	53.33	50	43.85	61400	0.95	45	37	50	
国信新城	9.25 一期1.56	24 一期3.2			2.05	36.7	28.3	41	2001年1月

资料来源：武汉市城市规划管理局，武汉市国土资源管理局. 武汉城市规划志（1980—2000）[M]. 武汉：武汉出版社，2008：222-223.

附录F　国家经济发展、城镇化、住房制度、住宅业发展演变表

年份	时期	国家经济和住房政策	全国城镇化	住宅业发展
1949—1957年	经济恢复和国民经济第一个五年计划	计划经济体制、福利和公有住房制度形成	城镇化健康有序、城镇化水平每年平均增加0.63个百分点	苏联标准设计方法、居住小区规划思想引入
1958—1965年	“大跃进”和国民经济调整	经济恶化和调整、福利住房制度加强	城镇化大起大落、1958—1963年，前3年城镇化水平每年平均增加1.45个百分点，后3年城镇化水平每年平均下降1.0个百分点	极端节约原则下形成大批劣质住宅，住宅设计重视民情和民需，住宅工业化体系发展
1966—1978年	“文化大革命”	经济发展停滞不前，出现失业现象	城镇化停滞不前，1966—1977年，城镇化水平不但没有提升，反而稍有回落	住宅建设停滞不前，住宅标准降低，但1973年后有所提高，出现高层住宅，住宅工业化体系发展，居住区密度提高
1979—1984年	改革开放初期	经济恢复和发展，开始以放权让利为取向的改革和住房投资、建设体制和分配制度改革、补贴出售公房	城镇化进入快速发展阶段，城镇化水平每年平均增加0.81个百分点	提高居住标准，改善住宅功能，关注住宅设计标准化和多样化
1985—1991年	有计划商品经济	经济被动发展、城市经济体制改革，城镇住房制度改革，提租补贴，房地产业迅速发展	城镇化处于快速发展阶段，城镇化水平每年平均增加0.54个百分点	完善住宅小区使用功能，实行城市住宅建设综合开发，城市住宅小区试点，注重居住环境，住宅设计多样化和高层住宅发展
1992—2000年	社会主义市场经济	经济快速增长，1997年实现“软着陆”，经济进入稳定增长阶段，深化城镇住房制度改革，多种形式推动房改，房地产业继续发展成为支柱产业	城镇化仍处于快速发展阶段，城镇化水平每年平均增加1.2个百分点	住宅建设从供给驱动转向需求驱动，住宅产业现代化，注重居住小区生态环境、物业管理、社区营造、交通通信，小康居住模式，住宅多样化

资料来源：吕俊华，彼得·罗，张杰．中国现代城市住宅1840—2000[M]．北京：清华大学出版社，2005.

附录G　武汉市居住状况调查问卷

您好！

首先，感谢您抽出宝贵的时间来填答这份问卷，这是一份关于武汉市居住状况的调查问卷，我们需要您宝贵的意见与建议。本问卷所有内容仅供学术研究，采用无记名的填答方式，敬请放心，并再次衷心感谢您填答这份问卷，您的答案将会对我们的研究有很大的帮助。谢谢您的支持！

第一部分　基本资料

1. 您的性别：

a. 男　b. 女

2. 您的年龄：

a. 20岁以下　b. 21～30岁　c. 31～40岁

d. 41～50岁　e. 51～60岁　f. 61岁以上

3. 家庭人口：

a. 单独一人　b. 2口人

c. 3口人　d. 4口人及以上

4. 教育程度：

a. 高中及以下　b. 大学　c. 大学以上

第二部分　居住状况调查

5. 您每天有多少闲暇时间可以在小区内进行闲聊、文体活动、散步等社交活动：

a. 1小时以下　b. 1～2小时　c. 2～3小时

d. 3～4小时　e. 4小时以上

6. 您经常停留的地方（可多选）：

a. 组团绿地　b. 小区中心广场

c. 社区活动中心　d. 道路转角或边缘

e. 组团入口　f. 楼道口

g. 其他

7. 您认为该小区的公共交通是否方便：

a. 方便　　b. 比较方便　　c. 一般

d. 不太方便　　e. 不方便

8. 您对绿化及环境的满意程度：

a. 满意　　b. 比较满意　　c. 一般

d. 不太满意　　e. 不满意

如觉得不满意，您觉得需要改进的地方是：______________。

9. 您对公共设施配套完善的满意程度：

a. 配套完善　　b. 配套比较完善　　c. 配套一般

d. 配套不太完善　　e. 配套不完善

如您觉得配套不够完善，需要添加的是哪些配套设施：______________。

10. 您对治安的满意程度：

a. 治安很好　　b. 治安较好　　c. 治安一般

d. 治安较差　　e. 治安很差

参考文献

[1] 白德懋．居住区规划与环境设计[M]．北京：中国建筑工业出版社，1993.

[2] 白梅，刘立钧．从“组团”到“院落”：住宅小区居住模式的探讨[J]．河北建筑科技学院学报，2000，17（3）：23–26.

[3] 曹永康，竺迪．近十年上海市工业遗产保护情况初探[J]．工业建筑，2019，49（7）：16–23.

[4] 陈丹．近代（1840—1949）武汉市城市公园形态发展演变研究[D]．武汉：武汉大学，2012.

[5] 陈怡．荆州城市空间营造研究：楚文化融合多族群的空间博弈[M]．北京：中国建筑工业出版社，2022.

[6] 陈泳．城市空间：形态、类型与意义：苏州古城结构形态演化研究[M]．南京：东南大学出版社，2006.

[7] 陈雨萌．武汉“红钢城”老工业住区生活方式与居住空间类型研究[D]．武汉：中南民族大学，2019.

[8] 楚超超，夏健．住区设计[M]．南京：东南大学出版社，2011.

[9] 邓卫，张杰，庄惟敏．2009年中国城市住宅发展报告[M]．北京：清华大学出版社，2009.

[10] 邓卫，张杰，庄惟敏．2010年中国城市住宅发展报告[M]．北京：清华大学出版社，2010.

[11] 丁桂节．工人新村：“永远的幸福生活”[D]．上海：同济大学，2008.

[12] 董鉴泓，阮仪三．名城文化鉴赏和保护[M]．上海：同济大学出版社，1993.

[13] 董鉴泓．中国古代城市二十讲[M]．北京：中国建筑工业出版社，2009.

[14] 段进，邵润青，兰文龙，等．空间基因[J]．城市规划，2019，43（2）：14–21.

[15] 方伟．社区视角下的二十世纪现代集合住宅遗产保护与发展研究[D]．南京：东南大学，2019.

[16] 方一帆．武昌城市空间营造研究[D]．武汉：武汉大学，2008.

[17] 高祥冠. 太原近现代工业遗产的价值认知与保护研究[M]. 北京：知识产权出版社，2019.

[18] 韩继红. 沪上·生态家解读[M]. 北京：中国建筑工业出版社，2010.

[19] 何思晴. 珠江三角洲甘蔗糖厂工人住区研究[D]. 广州：华南理工大学，2020.

[20] 何依. 四维城市[M]. 北京：中国建筑工业出版社，2016.

[21] 洪旗，陈静远. 建国初期工业住区的保护与更新（二）：武汉市青山“红房子”片历史地段的动态保护途径探索[J]. 城市规划学刊，2009（7）：148-152.

[22] 侯渭譞. 山西老工业住区适宜性改造研究[D]. 太原：太原理工大学，2012.

[23] 胡冬冬. 1949—1978年广州住区规划发展研究[D]. 广州：华南理工大学，2010.

[24] 胡珊，李军，杜安迪. 鲍赞巴克的设计理念与作品研究[J]. 沈阳建筑大学学报，2012（4）：353-357.

[25] 胡珊. 法国波尔多Chartrons城市街区改造研究[J]. 沈阳农业大学学报（社会科学版），2012，14（4）：484-488.

[26] 黄琼，冯粤. 封闭住区的负效应及解决方法[J]. 国外建材科技，2008（3）：54-56.

[27] 黄雅沁. 基于价值传承的工业遗产住宅区保护与更新研究[D]. 武汉：武汉理工大学，2019.

[28] 黄一如，张佳玮. 维也纳“红色住宅”初探[J]. 住宅科技，2018，38（11）：95-101.

[29] 黄志宏. 城市居住区空间结构模式的演变[D]. 北京：中国社会科学院，2005.

[30] 惠劼，张倩，王芳. 城市住区规划设计概论[M]. 北京：化学工业出版社. 2006.

[31] 季宏.《下塔吉尔宪章》之后国际工业遗产保护理念的嬗变——以《都柏林原则》与《台北亚洲工业遗产宣言》为例[J]. 新建筑，2017（5）：74-77.

[32] 姜斌. 快速城市化进程中城市居住空间形态演变与发展[D]. 大连：辽宁师范大学，2008.

[33] 蒋楠. 基于适应性再利用的工业遗产价值评价技术与方法[J]. 新建筑，2016（3）：4-9.

[34] 荆子洋，邹颖. 对当今城市居住形态的反思[J]. 新建筑，2003（3）：73-76.

[35] 蓝宾亮. 武汉房地志[M]. 武汉：武汉大学出版社，1996.

[36] 黎兴强. 住房建设规划：编制理论与技术体系研究[M]. 北京：光明日报出版社，2010.

[37] 李百浩，彭秀涛，黄立. 中国现代新兴工业城市规划的历史研究：以苏联援助的156项重点工程为中心[J]. 城市规划学刊，2006（4）：84-92.

[38] 李德华. 城市规划原理[M]. 第3版. 北京：中国建筑工业出版社，2001.

[39] 李浩. 八大重点城市规划：新中国成立初期的城市规划历史研究[M]. 第2版. 北京：中国建筑工业出版社，2019.

[40] 李军，等. 青山“红房子”片历史文化风貌街区评估报告[R]. 2014.

[41] 李军，何炼. 住区的封闭与开放：解读“中央花园”与“风华天城”住宅小区[J]. 新建筑，2007（1）：93–96.

[42] 李军. 城市设计理论与方法[M]. 武汉：武汉大学出版社，2005.

[43] 李军. 近代武汉城市空间形态的演变（1861—1949）[M]. 武汉：长江出版社，2005.

[44] 李睿煊，李香会，张盼. 从空间到场所：住区户外环境的社会维度[M]. 大连：大连理工大学出版社，2009.

[45] 李益彬. 启动与发展：新中国成立初期城市规划事业研究[M]. 成都：西南交通大学出版社，2007.

[46] 刘伯英，冯钟平. 城市工业用地更新和工业遗产保护[M]. 北京：中国建筑工业出版社，2009.

[47] 刘伯英. 对工业遗产的困惑与再认识[J]. 建筑遗产，2017（1）：8–17.

[48] 刘伯英. 工业遗产保护不应忽视工人社区[J]. 中国文物科学研究，2017,（4）：5–8.

[49] 刘伯英. 关于中国工业遗产科学技术价值的新思考[J]. 工业建筑，2018，48（8）：1–7+60.

[50] 刘伯英. 中国工业遗产调查、研究与保护：2018年中国第九届工业遗产学术研讨会论文集[C]. 北京：清华大学出版社，2019.

[51] 刘敦桢，中国住宅概说[M]. 天津：百花文艺出版社，2003.

[52] 刘继，周波，陈岚. 里坊制度下的中国古代城市形态解析：以唐长安为例[J]. 四川建筑科学研究，2007，33（6）：171–174.

[53] 刘燕辉. 住宅科技[M]. 北京：中国建筑工业出版社，2008.

[54] 刘义军. 武汉市城市形态研究[D]. 武汉：华中师范大学，2004.

[55] 罗岗. 空间的生产与空间的转移：上海工人新村与社会主义城市经验[J]. 华东师范大学学报（哲学社会科学版），2007（6）：91–96.

[56] 罗萍嘉，常江，张明皓. 跨越时空：芭蕉沟传统工人村的历史研究与保护规划探索[M]. 上海：同济大学出版社，2012.

[57] 吕彬. 城市居住区“开放性”模式研究[D]. 大连：大连理工大学，2006.

[58] 吕俊华，彼得·罗，张杰. 中国现代城市住宅1840—2000[M]. 北京：清华大学出版社，2005.

[59] 吕俊华，邵磊. 1978—2000年城市住宅的政策与规划设计思潮[J]. 建筑学报，

2003（9）：7-10.
[60] 苗艳梅. 城市居民的社区归属感：对武汉市504户居民的调查分析[J]. 青年研究，2001（1）：36-41.
[61] 缪朴. 城市生活的癌症：封闭式小区的问题及对策[J]. 时代建筑，2004（5）：46-49.
[62] 聂兰生，邹颖，舒平. 21世纪中国大城市居住形态解析[M]. 天津：天津大学出版社，2004.
[63] 欧阳康. 住区规划思想与手法[M]. 北京：中国建筑工业出版社，2009.
[64] 庞瑞秋. 中国大城市社会空间分异研究[D]. 长春：东北师范大学，2009.
[65] 彭一刚. 建筑空间组合论[M]. 第3版. 北京：中国建筑工业出版社，2008.
[66] 皮明庥，陈钧，李怀军，邓先海. 简明武汉史[M]. 武汉：武汉大学出版社，2005.
[67] 阮仪三. 历史街区的保护及规划[J]. 城市规划汇刊，2000（2）：46-47.
[68] 沈克宁. 建筑类型学与城市形态学[M]. 北京：中国建筑工业出版社，2010.
[69] 时雪莹. 中苏友好时期武汉城市形态演变研究（1949—1965）[D]. 武汉：华中科技大学，2017.
[70] 苏长梅. 武汉人口[M]. 武汉：武汉出版社，2000.
[71] 孙捷. 工业遗产社区价值评价研究[D]. 沈阳：沈阳师范大学，2015.
[72] 孙明伟. 我国城市居住区的发展模式研究[J]. 内蒙古科技与经济，2008（1）：41-42.
[73] 唐魁玉，唐安琪. 工业遗产的社会记忆价值与生活史意义[J]. 辽东学院学报（社会科学版），2011，13（3）：16-20+33.
[74] 田燕，李百浩. 方兴未艾的工业遗产研究[J]. 规划师，2008（4）：79-82.
[75] 田燕. 武汉工业遗产整体保护与可持续利用研究[J]. 中国园林，2013，29（9）：90-95.
[76] 田银生，谷凯. 城市形态研究的理论与实践：第16届国际城市形态论坛论文选[C]. 广州：华南理工大学出版社，2010.
[77] 王波，饶家渝. 我国住宅小区可持续发展研究概况[J]. 四川建筑科学研究，2001（2）：74-76.
[78] 王承慧. 转型背景下城市新区居住空间规划研究[M]. 南京：东南大学出版社，2011.
[79] 王栋. 街区式小区住宅：全新的居住理念[J]. 河南机电高等专科学校学报，2007（2）：103-105.
[80] 王纪武. 人居环境地域文化论：以重庆、武汉、南京地区为例[M]. 南京：东南大学版社，2008.

[81] 王景慧．历史街区：文化遗产保护的重点层次[J]．瞭望新闻周刊，1997（51）：31-32.
[82] 王军．工业历史地段保护与更新方法研究[M]．北京：学苑出版社，2019.
[83] 王俊杰．中国城市单元式住宅的兴起：苏联影响下的住宅标准设计，1949—1957[J]．建筑学报，2018（1）：97-101.
[84] 王乐春．城市居住街区模式研究[D]．长沙：湖南大学，2010.
[85] 王笑梦．住区规划模式[M]．北京：清华大学出版社，2009.
[86] 王昱．居住街区的内向性与外向性：上海—巴黎比较研究[D]．上海：同济大学，2008.
[87] 韦拉，刘伯英．从"一汽""一拖"看苏联向中国工业住宅区标准设计的技术转移[J]．工业建筑，2019，49（7）：30-39.
[88] 魏海波．居住区户外活动空间设计：以武汉市"风华天城"居住小区为例[J]．住宅科技，2005（5）：22-25.
[89] 魏薇，秦洛峰．对中国城市封闭住区的解读[J]．建筑学报，2011（2）：5-8.
[90] 翁芳玲．工业遗产社区转型建设发展之路：以南京江南水泥厂为例[J]．华中建筑，2009，27（12）：63-65.
[91] 吴良镛．北京旧城与菊儿胡同[M]．北京：中国建筑工业出版社，1994.
[92] 吴良镛．人居环境科学导论[M]．北京：中国建筑工业出版社，2001.
[93] 吴玥，石铁矛．旧工业居住区的更新改造实践：沈阳市铁西区工人村更新改造设计[J]．现代城市研究，2009，24（11）：65-69.
[94] 武汉地方志编纂委员会．武汉市志·城市建设志（上）[M]．武汉：武汉大学出版社，1999.
[95] 武汉地方志编纂委员会．武汉市志·城市建设志（下）[M]．武汉：武汉大学出版社，1999.
[96] 武汉市城市规划管理局，武汉市国土资源管理局．武汉城市规划志（1980—2000）[M]．武汉：武汉出版社，2008.
[97] 武汉市城市规划管理局．武汉市城市规划志[M]．武汉：武汉出版社，1999.
[98] 武汉市统计局．武汉五十年：1949—1999[M]．北京：中国统计出版社，1999.
[99] 武勇，刘丽，刘华领编著．居住区规划设计指南及实例评析[M]．北京：机械工业出版社，2009.
[100] 向旋．1949—1978江浙沪工人新村住宅建筑及其户外环境研究[D]．无锡：江南大学，2011.
[101] 熊剑平，刘承良，袁俊．武汉市住宅小区的空间结构与区位选择[J]．经济地理，2006（4）：605-609+618.

[102] 徐明．工业遗产视野下工人住宅区保护研究[D]．北京：北京建筑大学，2013.
[103] 徐苏斌，彭飞，张旭．城市土地政策对工业遗产保护与再利用的影响分析[J]．天津大学学报（社会科学版），2015，17（5）：385-390.
[104] 徐苏斌．工业遗产的价值及其保护[J]．新建筑，2016（3）：1.
[105] 徐轩轩，胡斌．混合：城市街区的多元化营造[J]．武汉理工大学学报，2010，32（24）：75-78.
[106] 严俊生，陈纲伦．居住区景观环境的创造："江南庭园"小区环境设计随感[J]．中外建筑，2001（4）：17-18.
[107] 杨辰．从模范社区到纪念地：一个工人新村的变迁史[M]．上海：同济大学出版社，2019.
[108] 杨德昭．社区的革命：世界新社区精品集萃：住宅小区的消逝与新社区的崛起之三[M]．天津：天津大学出版社，2007.
[109] 杨德昭．新社区与型城市：住宅小区的消逝与新社区的崛起[M]．北京：中国电力出版社，2006.
[110] 杨晋毅，杨茹萍．"一五"时期156项目工业建筑遗产保护研究[J]．北京规划建设，2011（1）：13-17.
[111] 姚汉臣．长春第一汽车制造厂厂前宿舍区外部空间形态研究[D]．长春：吉林建筑工程学院，2010.
[112] 叶博闻．城市公共空间与工业遗存关联性研究[D]．武汉：华中科技大学，2019.
[113] 于一凡．城市居住形态学[M]．南京：东南大学出版社，2010.
[114] 于泳，黎志涛．"开放街区"规划理念及其对中国城市住宅建设的启示[J]．规划师，2006（2）：101-104.
[115] 于志光．武汉城市空间营造研究[D]．武汉：武汉大学，2008.
[116] 张杰，邵磊．中国式住居的织补策略[J]．时代建筑，2006（3）：64-66.
[117] 张杰．论聚落遗产与价值体系的建构[J]．中国文化遗产，2019（3）：4-11.
[118] 张杰．论中国历史城市遗产网络的保护[J]．上海城市规划，2015（10）：23-42.
[119] 张杰．中国古代空间文化溯源（修订版）[M]．北京：清华大学出版社，2012.
[120] 张杰．作为城市历史景观的街区价值属性识别方法[J]．小城镇建设，2012（10）：47-48.
[121] 张静．武汉市居住小区环境景观评析[J]．中国园林，2004（3）：44-47.
[122] 张磊．促进交往的街区式住区交通设计初探[D]．长沙：中南大学，2009.
[123] 张荣华．城市扩张中"开放型住区"模式及问题探析[D]．杭州：浙江大学，2007.
[124] 张松．历史城市保护学导论：文化遗产和历史文化环境保护的一种整体性

方法[M]. 第3版. 上海：同济大学出版社，2022.
[125] 张松. 王骏编. 我们的遗产，我们的未来[M]. 上海：同济大学出版社，2008.
[126] 张一平，刘大平. 哈尔滨“156项”工业遗产研究[J]. 遗产与保护研究，2018，3（3）：83-89.
[127] 张毅彬，夏健. 城市工业遗产的价值评价方法[J]. 苏州科技学院学报（工程技术版），2008（1）：41-44.
[128] 张驭寰. 中国城池史[M]. 北京：百花文艺出版社，2003.
[129] 赵衡宇. 也谈开放与封闭：解读当前城市化现状下的老住区更新现象[J]. 华中建筑，2008（7）：119-121.
[130] 赵晓峰，邱爽，孙洁洋. 工业遗产社区绿色化改造策略研究：以天津市棉三宿舍为例[J]. 建筑节能，2019，47（2）：77-80.
[131] 赵勇伟. 组群化策略：城市中心超大街坊形态探讨[J]. 新建筑，2009（4）：87-90.
[132] 中共中央办公厅 国务院办公厅印发《关于加强文物保护利用改革的若干意见》[EB/OL].（2018-10-08）. http://www.gov.cn/zhengce/2018-10/08/content_ 5328558.htm
[133] 周成斌. 居住形态创新研究[D]. 哈尔滨：哈尔滨工业大学，2008.
[134] 周春山. 城市空间结构与形态[M]. 北京：科学出版社，2007.
[135] 周大鸣，刘家佶. 城市记忆与文化遗产：工业遗产保护下的中国工人村[J]. 青海民族研究，2012，23（2）：1-5.
[136] 周皇. 浅谈居住区人性化环境景观建设：以武汉市巴黎豪庭小区为例[J]. 安徽农业科学，2007（26）：8205+8209.
[137] 周均清. 快速城市化时期城市住区问题研究[M]. 武汉：华中科技大学出版社，2008.
[138] 周旭影，张广汉. 工业遗产居住型历史文化街区的保护更新[J]. 自然与文化遗产研究，2019，4（7）：23-30.
[139] 朱家瑾. 居住区规划设计[M]. 第2版. 北京：中国建筑工业出版社，2007.
[140] 朱介鸣. 市场经济下的中国城市规划[M]. 北京：中国建筑工业出版社，2009.
[141] 朱琳. 社会主义集体化空间的生产[D]. 天津：南开大学，2018.
[142] 朱文一. 空间·符号·城市：一种城市设计理论[M]. 第2版. 北京：中国建筑工业出版社，2011.
[143] 朱怿. 从“居住小区”到“居住街区”：城市内部住区规划设计模式探析[D]. 天津：天津大学，2006.
[144] 巴内翰，卡斯泰，德保勒. 城市街区的解体：从奥斯曼到勒·柯布西耶[M]. 魏羽力，许昊，译. 北京：中国建筑工业出版社，2012.
[145] 波特菲尔德，霍尔. 社区规划简明手册[M]. 张晓军，潘芳，译. 北京：中国建

筑工业出版社，2003.

[146] 蒂耶斯德尔．城市历史街区的复兴[M]．张玫英，董卫，译．北京：中国建筑工业出版，2006.

[147] 华揽洪．重建中国：城市规划三十年1949—1979[M]．李颖，译．北京：生活·读书·新知三联书店，2006.

[148] 拉普卜特．建成环境的意义：非言语表达方法[M]．黄兰谷，译．北京：中国建筑工业出版社，2003.

[149] 拉普卜特．文化特性与建筑设计[M]．常青，张昕，张鹏，译．北京：中国建筑工业出版社，2004.

[150] 拉普卜特．宅形与文化[M]．常青，徐菁，李颖春，等，译．北京：中国建筑工业出版社，2007.

[151] 里克沃特．城之理念[M]．刘东洋，译．北京：中国建筑工业出版社，2006.

[152] 凯文·林奇．城市形态[M]．林庆怡，译．北京：华夏出版社，2001.

[153] 凯文·林奇．城市意象[M]．方益萍，何晓军，译．北京：华夏出版社，2001.

[154] 芦原义信．街道的美学[M]．尹培桐，译．天津：百花文艺出版社，2006.

[155] 罗，科特．拼贴城市[M]．童明，译．北京：中国建筑工业出版社，2003.

[156] 罗西．城市建筑学[M]．黄士钧，译．北京：中国建筑工业出版社，2006.

[157] 芒福汀．街道与广场[M]．张永刚，陆卫东，译．北京：中国建筑工业出版社，2004.

[158] 米绍，张杰，邹欢．法国城市规划40年[M]．何枫，任宇飞，译．北京：社会科学文献出版社，2007.

[159] 赛维．建筑空间论：如何品评建筑[M]．张似赞，译．北京：中国建筑工业出版社，2006.

[160] 斯密．国富论[M]．郭大力，王亚南，译．上海：上海三联书店，2009.

[161] 索斯沃斯，本-约瑟夫．街道与城镇的形成[M]．李凌虹，译．北京：中国建筑工业出版社，2006.

[162] 万斯．延伸的城市：西方文明中的城市形态学[M]．凌霓，潘荣，译．北京：中国建筑工业出版社，2007.

[163] 亚历山大，戴维斯，马丁内斯，等．住宅制造[M]．高灵英，李静斌，葛素娟，译．北京：知识产权出版社，2002.

[164] 亚历山大，奈斯，安尼诺，等．城市设计新w理论[M]．陈治业，童丽萍，译．北京：知识产权出版社，2002.

[165] 亚历山大，西尔福斯坦，安吉尔，等．俄勒冈实验[M]．赵冰，刘小虎，译．北京：知识产权出版社，2002.

[166] 亚历山大，伊希卡娃，西尔沃斯坦，等．建筑模式语言：城镇・建筑・构造[M]．王听度，周序鸿，译．北京：知识产权出版社，2002．

[167] 亚历山大．建筑的永恒之道[M]．赵冰，译．北京：知识产权出版社，2020．

[168] HU S, LI J, DOUADY C-N. The conservation values of "workers' new village" of iron and steel factory, Wuhan China[C]//2012 Congress of The International Conservation for the Industrial Heritage (TICCIH) Series 1. Taibei: Chung Yuan Christian University, 2012.

[169] ICOMOS. Charter for the Conservation of Historic Towns and Urban Areas[EB/OL]. 1987. http://www.international.icomos.org/charters/towns_e.htm.

[170] Lefevre H. La production de l'espace[M]. Anthropos, 1974.

[171] The International Committee for the Conservation of the Industrial Heritage (TICCIH) The Nizhny Tagil Charter for the Industrial Heritage[R], 2003.

[172] The International Conservation for the Industrial Heritage (TICCIH). Taipei declaration for Asian Industrial Heritage[R]. the 15th International Committee for the Conservation of the Industrial Heritage (TICCIH), 2012.